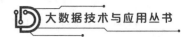

大数据技术与应用丛书

分布式数据库
基础与应用

闭应洲　许桂秋　刘　军　◎主　编
张　军　刘骧腾　李伟民　◎副主编
师春灵　汤海林

人民邮电出版社

北　京

图书在版编目（CIP）数据

分布式数据库基础与应用 / 闭应洲，许桂秋，刘军主编. -- 北京：人民邮电出版社，2024.2
（大数据技术与应用丛书）
ISBN 978-7-115-63487-0

Ⅰ. ①分… Ⅱ. ①闭… ②许… ③刘… Ⅲ. ①分布式数据库－数据库系统 Ⅳ. ①TP311.133.1

中国国家版本馆CIP数据核字(2024)第004719号

内 容 提 要

本书是一本介绍分布式数据库原理与技术的大数据专业类图书，力求培养读者对分布式数据库的应用技能。

本书采用原理+代码实例+综合案例的编写形式，清晰明了地介绍分布式数据库的原理、使用思路和方法、应用场景，做到了理论和实践相结合，让读者能够轻松学习和掌握分布式数据库的内容。

本书可以作为网络技术相关工作人员的参考用书，也可作为零基础人群学习分布式数据库技术的入门图书。

◆ 主　　编　闭应洲　许桂秋　刘　军
　副 主 编　张　军　刘骧腾　李伟民　师春灵　汤海林
　责任编辑　张晓芬
　责任印制　马振武

◆ 人民邮电出版社出版发行　北京市丰台区成寿寺路 11 号
　邮编 100164　电子邮件 315@ptpress.com.cn
　网址　https://www.ptpress.com.cn
　北京九州迅驰传媒文化有限公司印刷

◆ 开本：787×1092　1/16
　印张：20.75　　　　　　　　　　　2024 年 2 月第 1 版
　字数：346 千字　　　　　　　　　2025 年 1 月北京第 3 次印刷

定价：79.80 元

读者服务热线：(010)53913866　印装质量热线：(010)81055316
反盗版热线：(010)81055315

前言

数据是当今世界非常有价值的资产。在大数据时代，人们生产和收集数据的能力大大提升。但是传统的关系数据库在可扩展性、数据模型、可用性方面已远远不能满足当前的数据处理需求。因此，各种 NoSQL 数据库系统应运而生。NoSQL 数据库的类型多样，可满足不同场景的应用需求，因此取得了广泛应用。

NoSQL 数据库的基本理念是以牺牲事务机制和强一致性机制为代价，来获取更好的分布式部署能力和横向扩展能力，创造出新的数据模型，使 NoSQL 数据库在不同的应用场景下对特定业务数据具有更强的处理性能。

本书共 11 章，可分为以下三部分。

第一部分是基础应用，包括第 1~5 章。这 5 章通过介绍关系数据库 MySQL 的基本使用方法，以及分布式数据库 HBase、MongoDB、Redis、Neo4j 的安装方法等内容，旨在让读者学习使用不同类型的数据库。

第二部分是进阶应用，包含第 6~10 章。这 5 章详细地介绍了 HBase、MongoDB、Redis、Neo4j 以及其他常用的 NoSQL 数据库更具难度的使用方法，采用理论结合实践的形式，帮助读者提高对各种分布式数据库的实践能力。

第三部分是综合应用，包含第 11 章。该章通过综合性实践的方式提高读者对分布式数据库 HBase、MongoDB、Redis、Neo4j 的应用水平，便于读者在实际工作中更加熟练地运用这几种数据库。

由于编者水平有限，书中难免存在疏漏或欠妥之处，我们在此恳请读者批评指正。

编者
2023 年 12 月

目录

第 1 章 数据库概述 ·· 1

任务 1.1 数据库系统概述 ··· 1
1.1.1 数据库系统的基本概念 ·· 1
1.1.2 关系数据库 ··· 5

任务 1.2 MySQL 的安装与使用 ·· 8
1.2.1 MySQL 简介 ··· 8
1.2.2 MySQL 的安装 ··· 8
1.2.3 MySQL 数据库的基本操作 ······································· 11
1.2.4 MySQL 数据表的基本操作 ······································· 12
1.2.5 数据的基本操作 ·· 13

任务 1.3 分布式数据库 ·· 15
1.3.1 CAP 与 BASE 理论 ·· 15
1.3.2 分布式数据库概述 ·· 18

任务 1.4 Python 和 Java 连接数据库 ··································· 21
1.4.1 Python 操作 MySQL ·· 22
1.4.2 Java 操作 MySQL ·· 23

本章小结 ·· 24

第 2 章 HBase 安装、数据模型与数据操作 ······················· 26

任务 2.1 HBase 简介 ··· 26
2.1.1 HBase 概述 ·· 26
2.1.2 HBase 的应用场景 ·· 31

任务 2.2 HBase 伪分布式环境部署 ······································ 31

2.2.1　ZooKeeper 简介、安装与测试 ··· 31
2.2.2　Hadoop 简介、安装与测试 ··· 34
2.2.3　伪分布式 HBase 安装与配置文件的修改 ································· 34
2.2.4　启动并测试 HBase 伪分布式集群 ·· 35
任务 2.3　HBase 基本原理 ··· 36
2.3.1　HBase 的基本概念 ·· 36
2.3.2　HBase 的数据模型 ·· 37
任务 2.4　HBase Shell 基本操作 ·· 38
2.4.1　HBase 命名空间及其基本操作 ·· 38
2.4.2　HBase 数据表及其基本操作 ·· 40
2.4.3　HBase 的 CRUD 操作 ··· 43
2.4.4　HBase 过滤器 ··· 46
本章小结 ··· 49

第 3 章　MongoDB 安装、数据操作与安全操作 ···································· 51

任务 3.1　MongoDB 概述 ·· 51
3.1.1　MongoDB 简介 ··· 51
3.1.2　MongoDB 的类 SQL 数据库特性 ··· 61
任务 3.2　MongoDB 的安装 ··· 64
3.2.1　在 Windows 环境下安装 MongoDB ··· 64
3.2.2　在 Ubuntu 环境下安装 MongoDB ·· 68
3.2.3　MongoDB 启动测试 ·· 70
任务 3.3　MongoDB 的基本使用方法 ·· 72
3.3.1　数据库与集合的基本操作 ·· 72
3.3.2　文档的基本操作 ··· 75
任务 3.4　MongoDB 聚合操作 ··· 84
3.4.1　聚合管道操作 ··· 84
3.4.2　map-reduce 操作 ··· 86
任务 3.5　MongoDB 索引操作 ··· 87
3.5.1　索引简介 ·· 87
3.5.2　索引策略 ·· 92
任务 3.6　MongoDB 安全操作 ··· 94
3.6.1　安全检测列表 ··· 94

3.6.2　启用访问控制 ··· 94

　　3.6.3　身份验证 ·· 97

本章小结 ·· 99

第 4 章　Redis 安装、数据类型与数据操作 ·· 101

任务 4.1　Redis 概述 ·· 101

　　4.1.1　Redis 简介 ·· 101

　　4.1.2　Redis 的应用场景 ·· 102

任务 4.2　Redis 的安装 ·· 103

　　4.2.1　在 Windows 环境下安装 Redis ··· 103

　　4.2.2　在 CentOS 环境下安装 Redis ·· 105

　　4.2.3　在 Ubuntu 环境下安装 Redis ··· 105

任务 4.3　Redis 的基本命令 ·· 108

　　4.3.1　Redis 基本命令的相关操作 ·· 108

　　4.3.2　Redis 关于键的操作 ·· 108

任务 4.4　Redis 支持的数据类型与基本操作 ·· 110

　　4.4.1　字符串基本操作 ··· 110

　　4.4.2　哈希基本操作 ··· 111

　　4.4.3　列表基本操作 ··· 116

　　4.4.4　集合基本操作 ··· 123

　　4.4.5　有序集合基本操作 ··· 130

本章小结 ·· 140

第 5 章　Neo4j 安装与 Cypher 操作 ··· 142

任务 5.1　Neo4j 概述 ·· 142

　　5.1.1　Neo4j 简介 ·· 142

　　5.1.2　Cypher 简介 ·· 146

任务 5.2　安装 Neo4j ·· 148

　　5.2.1　在 Windows 环境下安装 Neo4j ··· 149

　　5.2.2　在 Ubuntu 环境下安装 Neo4j ·· 151

　　5.2.3　Neo4j 配置文件 ··· 153

任务 5.3　Cypher 入门 ·· 156

　　5.3.1　数据类型 ··· 156

  5.3.2 命名规范 157
  5.3.3 Cypher 保留关键字 158
 任务 5.4 常见的 Cypher 操作 158
  5.4.1 CREATE 159
  5.4.2 MATCH 159
  5.4.3 RETURN、LIMIT 和 SKIP 164
  5.4.4 DELETE 和 REMOVE 166
  5.4.5 WHERE 168
  5.4.6 SET 172
  5.4.7 ORDER BY 174
  5.4.8 WITH 176
  5.4.9 UNION 177
  5.4.10 MERGE 179
  5.4.11 UNWIND 179
  5.4.12 LOAD CSV 181
本章小结 183

第 6 章 HBase 编程操作、核心原理与集群管理 184

 任务 6.1 HBase 的编程操作 184
  6.1.1 HBase 的表操作 184
  6.1.2 HBase 的 CRUD 操作 189
  6.1.3 HBase 过滤器 192
 任务 6.2 HBase 核心原理 193
  6.2.1 数据存储 194
  6.2.2 定位与读取操作 198
  6.2.3 WAL 机制 198
 任务 6.3 HBase Region 管理 199
  6.3.1 HFile 合并 200
  6.3.2 Region 的拆分与合并 200
  6.3.3 Region 的负载均衡 202
  6.3.4 RowKey 设计 203
 任务 6.4 HBase 集群管理 204
  6.4.1 运维管理 204

6.4.2 数据处理 ·· 205

6.4.3 故障处理 ·· 207

本章小结 ·· 208

第7章 MongoDB 编程操作、生产环境部署与集群管理 ············· 209

任务 7.1 MongoDB 编程操作 ·· 209

7.1.1 Java 操作 MongoDB ·· 209

7.1.2 Python 操作 MongoDB ··· 212

任务 7.2 MongoDB 复制集部署 ·· 215

7.2.1 复制集架构 ·· 215

7.2.2 部署 MongoDB 复制集 ··· 217

任务 7.3 MongoDB 分片集部署 ·· 220

7.3.1 分片集架构 ·· 221

7.3.2 MongoDB 分片集部署 ·· 223

任务 7.4 MongoDB 运维 ·· 227

7.4.1 数据备份 ·· 227

7.4.2 性能监控 ·· 231

本章小结 ·· 232

第8章 Redis 编程操作与生产环境部署 ································ 234

任务 8.1 Redis 编程操作 ··· 234

8.1.1 下载 Redis 驱动 ·· 234

8.1.2 Redis 相关操作 ··· 235

任务 8.2 Redis 主从模式 ··· 236

8.2.1 Redis 主从复制的作用和架构 ··································· 237

8.2.2 部署 Redis 主从模式 ·· 237

8.2.3 主从复制模式实践 ·· 239

任务 8.3 Redis 哨兵模式 ··· 240

8.3.1 Redis 哨兵模式的作用和架构 ··································· 240

8.3.2 部署 Redis 哨兵模式 ·· 241

8.3.3 哨兵模式应用 ·· 243

任务 8.4 配置 Redis 集群模式 ··· 244

8.4.1 Redis 集群模式的作用和架构 ··································· 244

8.4.2　部署 Redis 集群模式 ……………………………………………………… 245
　　8.4.3　Redis 集群模式应用 ………………………………………………………… 248
本章小结 …………………………………………………………………………………… 249

第 9 章　Neo4j 编程操作、扩展与运维管理 …………………………………………… 250

任务 9.1　Neo4j 编程操作 ………………………………………………………………… 250
　　9.1.1　Java 操作 Neo4j …………………………………………………………… 250
　　9.1.2　Python 操作 Neo4j ………………………………………………………… 254
任务 9.2　APOC 扩展与使用 …………………………………………………………… 256
　　9.2.1　APOC 简介与安装 ………………………………………………………… 256
　　9.2.2　APOC 的使用 ……………………………………………………………… 258
任务 9.3　ALOG 扩展与使用 …………………………………………………………… 262
　　9.3.1　ALOG 简介与安装 ………………………………………………………… 262
　　9.3.2　ALGO 的应用 ……………………………………………………………… 263
任务 9.4　Neo4j 运维 …………………………………………………………………… 267
　　9.4.1　Neo4j 备份与恢复 ………………………………………………………… 267
　　9.4.2　Neo4j 性能与安全 ………………………………………………………… 268
本章小结 …………………………………………………………………………………… 270

第 10 章　其他 NoSQL 数据库 …………………………………………………………… 272

任务 10.1　Elasticsearch ………………………………………………………………… 272
　　10.1.1　Elasticsearch 背景 ………………………………………………………… 272
　　10.1.2　Elasticsearch 基础内容 …………………………………………………… 274
任务 10.2　ClickHouse …………………………………………………………………… 276
　　10.2.1　ClickHouse 简介 ………………………………………………………… 276
　　10.2.2　ClickHouse 基础内容 …………………………………………………… 277
任务 10.3　时序数据库 …………………………………………………………………… 281
　　10.3.1　时序数据库背景 …………………………………………………………… 281
　　10.3.2　核心特点 …………………………………………………………………… 283
　　10.3.3　应用场景 …………………………………………………………………… 283
任务 10.4　向量数据库 …………………………………………………………………… 284
　　10.4.1　向量数据库概述 …………………………………………………………… 284
　　10.4.2　向量数据库的特点 ………………………………………………………… 285

10.4.3 向量数据库的应用场景 ………………………………………………… 285

本章小结 ………………………………………………………………………………… 286

第 11 章　综合实验 ………………………………………………………………… 287

任务 11.1　HBase 数据库与关系数据库数据迁移 ……………………………………… 287

11.1.1　环境设置 ………………………………………………………… 287

11.1.2　MySQL 数据库的设计与数据导入 …………………………………… 288

11.1.3　启动 HBase 以及 Thrift 服务 ………………………………………… 292

11.1.4　将数据从 MySQL 导入 HBase ……………………………………… 293

任务 11.2　MongoDB 数据存储与可视化分析 ………………………………………… 296

11.2.1　环境设置 ………………………………………………………… 296

11.2.2　获取和存储数据 …………………………………………………… 297

11.2.3　分析数据并可视化 ………………………………………………… 298

任务 11.3　Redis 整合 Ngnix 实现网页缓存 …………………………………………… 301

11.3.1　环境设置 ………………………………………………………… 301

11.3.2　OpenResty 环境搭建 ……………………………………………… 301

11.3.3　在 Nginx 代理服务器中使用 Redis 缓存网页数据 …………………… 303

任务 11.4　Neo4j 社交网络查询 ……………………………………………………… 311

11.4.1　环境设置 ………………………………………………………… 311

11.4.2　数据准备与导入 …………………………………………………… 311

11.4.3　查询语句 ………………………………………………………… 314

本章小结 ………………………………………………………………………………… 318

第 1 章 数据库概述

数据管理经历了人工管理、文件系统管理、数据库系统管理这 3 个阶段，人工管理阶段和文件系统管理阶段的数据共享性差、冗余度较高，数据库系统的出现解决了这两方面的问题。随着互联网技术的发展，数据库系统管理的数据及其应用环境发生了很大变化，主要表现为应用领域越来越广泛，数据种类越来越复杂和多样，而且数据量剧增。在大数据时代，传统的关系数据库已无法满足用户需求，NoSQL 数据库应运而生。

本章首先介绍数据库的基本概念；然后分析关系数据库在数据存储和管理上存在的问题，在此基础上引出 NoSQL 数据库，并重点将关系数据库与 NoSQL 数据库的技术特点作对比，分析 NoSQL 数据库处理数据的优势；最后介绍 Python、Java 等编程语言连接数据库的方法。

【学习目标】
1．能够理解数据库、数据库管理系统、应用程序的概念以及它们之间的关系。
2．完成 MySQL 的安装和基本操作。
3．能够清晰地描述 CAP 理论和 BASE 理论，以及分布式数据库的发展过程。
4．熟练使用 Python 和 Java 编程语言连接 MySQL 数据库。

任务 1.1　数据库系统概述

任务描述：掌握数据库系统的基本概念，理解数据库、数据库管理系统（Database Management System，DBMS）和应用程序之间的关系，了解关系数据库的特点和优势，并能区分比较流行的几种关系数据库的不同及它们各自的应用领域。

1.1.1　数据库系统的基本概念

数据库技术是一门研究数据库的结构、存储、设计、管理和使用的科学。数据库系统（Database System，DBS）是采用数据库技术的计算机系统，由计算机硬件、软件和数据资源组成，能实现有组织地、动态地存储大量关联数据，并支持多用户的访问。数据库系统由用户、数据库应用程序、数据库管理系统和数据库组成，如图 1-1 所示。

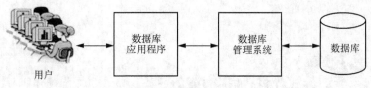

图 1-1　数据库系统

1. 数据库

数据库是长期存储在计算机内的、有组织的、统一管理的、可以表现为多种形式的、可共享的数据集合。这里的"共享"是指数据库中的数据可被多个不同的用户使用多种不同的编程语言、为了不同的目的而同时存/取,甚至同一数据也可以同时被存/取;"集合"是指某特定应用环境中的各种应用的数据及其之间的联系全部按照一定的结构形式进行集中存储。数据库中的数据按一定的数据模型进行组织、描述和存储,具有较小的冗余度、较高的数据独立性和易扩展性,并可被各种用户所共享和使用。

数据库技术用数据模型的概念来描述数据库的结构和语义,以对真实世界的数据进行抽象。根据不同的数据模型,数据库可被分成 3 种:层次数据模型、网状数据模型和关系数据模型。

(1) 层次数据模型

早期的数据库多采用层次数据模型,故称层次数据库,其示例如图 1-2 所示。层次数据库用树形(层次)结构表示实体类型及实体间的联系。在这种树形结构中,数据按自然的层次关系被组织起来,以反映数据之间的隶属关系。树中的节点是记录类型(记录类型代表一个实体,如部门实体),每个非根节点只有一个父节点,而父节点可同时拥有多个子节点,父节点和子节点的关系是它们之间的数量之比为 1:N。因为层次数据模型的结构简单,在处理实际问题时,数据间的关系如果简单地通过树形结构来表示,则会造成数据冗余度过高,所以层次数据模型逐渐被淘汰。

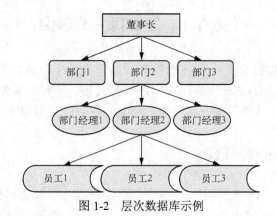

图 1-2　层次数据库示例

(2) 网状数据模型

采用网状数据模型的数据库称为网状数据库,通过网络结构表示数据间的联系,其示例如图 1-3 所示。图 1-3 中的节点表示数据记录(数据类型和记录类型的含义相同),连线表示不同的节点数据间的联系。这种数据模型的基本特征是：节点之间没有明确的从属关系，一个节点可与其他多个节点建立联系，即节点之间的联系是任意的；任意两个节点之间都能发生联系，即多对多的联系。在网状数据模型中，节点之间的关系比较复杂，而且随着应用范围的扩大，数据库的结构将变得越来越复杂，不利于用户掌握。

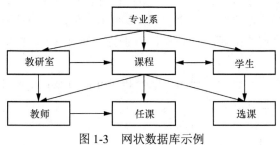

图 1-3　网状数据库示例

（3）关系数据模型

关系数据模型开发得较晚。1970 年，IBM 公司的研究员埃德加·弗兰克·科德（Edgar Frank Codd）在期刊 *Communication of the ACM* 上发表了一篇名为 "A relational model of data for large shared data banks" 的论文，提出了关系数据模型的概念，这奠定了关系数据模型的理论基础。关系数据模型是一种通过满足一定条件的二维表格来表示实体集合以及数据间联系的模型，采用关系数据模型的数据库称为关系数据库，其示例如图 1-4 所示。在图 1-4 中，学生、课程和教师是实体集合，选课和任课是实体间的联系（关系）。学生实体包括学号、姓名等属性，其中，学号是主键；课程实体包括课程号、课程名等属性，其中，课程号是主键。学生实体和课程实体中存在选课的联系（关系），这种联系（关系）包括一对一、一对多、多对多等几种。

关系数据库使用灵活方便，适应面广，因此发展十分迅速。目前流行的一些数据库系统，如 Oracle、Sybase、Ingress、Informix 等属于关系数据库。

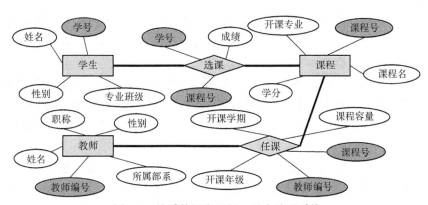

图 1-4　关系数据库示例：学生选课系统

2．数据库管理系统

数据库管理系统是一种操纵和管理数据库的大型软件，用于建立、使用和维护数据库。

数据库管理系统也是一款庞大且复杂的产品，大多数是由软件供应商授权或提供的。例如，Oracle 公司的 Oracle 和 MySQL、IBM 公司的 DB2、微软公司的 Access 和 SQL Server，这些数据库管理系统占据了大部分的市场份额。

数据库管理系统对数据库进行统一管理和控制，以保证数据库的安全和完整。用户通过数据库管理系统访问数据库中的数据，数据库管理员也通过数据库管理系统进行数据库的维护。数据库管理系统允许多个应用程序或多个用户使用不同的方法在同一时刻或不同时刻去建立、修改和询问数据库中的数据。数据库管理系统的主要功能如下。

（1）数据定义

数据库管理系统提供数据定义语言（Data Definition Language，DDL），支持用户对数据库的结构进行定义、创建和修改。

（2）数据操纵

数据库管理系统提供数据操纵语言（Data Manipulation Language，DML），实现了用户对数据的操纵功能，如插入、删除、更新等操作。

（3）数据库的运行管理

数据库管理系统提供数据库的运行控制和管理功能，其中包括多用户环境下事务的管理和自动恢复、并发控制和死锁检测、安全性检查和存取控制、完整性的检查和执行、运行日志的组织和管理等。这些功能保障了数据库系统的正常运行。

（4）数据的组织、存储与管理

数据库管理系统要分类组织、存储和管理各种数据，就需要确定以何种文件结构和存取方式来组织这些数据，实现数据间的联系。数据组织和存储的基本目标是提高存储空间的利用率，选择合适的存取方法提高存取效率。

（5）数据库的维护

数据库的维护包括数据库数据的载入、转换、转储、恢复，数据库的重组织和重构，以及性能的监控和分析等功能，这些功能由不同的应用程序来完成。

（6）通信

数据库管理系统具有操作系统联机处理、分时系统、远程作业输入等相关接口，负责处理数据的传输。网络环境下的数据库系统还应该具有数据库管理系统与网络中其他软件系统的通信功能，以及数据库间的互操作功能。

数据库管理系统是数据库系统的核心，是管理数据库的软件，是实现把用户视角下的、抽象的逻辑数据处理转换成计算机中具体的物理数据处理的软件。有了数据库管理系统，用户可以在抽象意义下处理数据，而不必考虑这些数据在计算机中的布局和物理位置。

（7）ACID

ACID 是指数据库管理系统在写入或更新资料的过程中，为保证事务（Transaction）是正确可靠的所必须具备的 4 个特性：原子性（Atomicity，又称不可分割性）、一致性（Consistency）、隔离性（Isolation，又称独立性）、持久性（Durability）。

在数据库系统中，一个事务是指由一系列数据库操作组成的一个完整的逻辑过程。以银行转账为例，从原账户扣除的金额以及向目标账户添加的金额所对应的两个数据库操作的总和构成了一个完整的逻辑过程，这个过程称为一个事务，具有 ACID 特性。

ACID 的概念在《信息技术 开放系统互连 分布式事务处理 第 1 部分：OSI TP 模型》（ISO/IEC 10026—1:190.92）中有所说明。

3．数据库应用程序

数据库系统还包括数据库应用程序（简称应用程序）。应用程序最终是面向用户的，用户可以通过应用程序输入数据以及处理数据库中的数据。例如，在学校选课系统中，管理员用户可以创建课程信息，学生用户可以修改课程信息，应用程序将所执行的操作提交给数据库管理系统，由数据库管理系统将这种用户级别的操作转化成数据库能识别的 DDL。应用程序还能够处理用户的查询请求，比如学生查询星期一有哪些课程，应用程序首先生成一个课程查询请求，然后发送给数据库管理系统。数据库管理系统从数据库中进行查询，并将结果格式化后返回给用户。

1.1.2 关系数据库

关系数据库建立在关系数据模型的基础上，是借助集合等数学概念和相关方法来处理数据的数据库。现实世界中的各种实体以及实体间的各种联系均可用关系数据模型来表示，市场上占很大份额的 Oracle、MySQL 和 DB2 都是采用关系数据模型的数据库管理系统。

1．关系数据库基本概念

在关系数据库中，实体以及实体间的联系均通过单一的逻辑结构来表示，这种逻辑结构是一张二维表。在图 1-4 所示的学生选课系统中，实体和实体间的联系在关系数据库中的逻辑结构如图 1-5 所示。

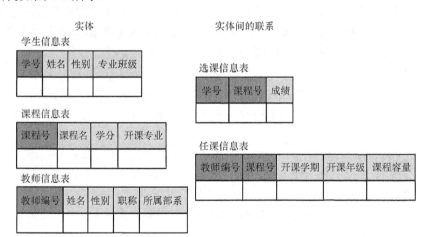

图 1-5　学生选课系统在关系数据库中的逻辑结构

关系数据库以行和列的形式存储数据，这一系列的行和列称为表，一组表组成了数据库。图 1-6 所示的员工信息表就是关系数据库，具体如下。

二维表：也叫作关系，是一系列二维数组的集合，用于表示存储数据对象之间的关系。它由纵向的列和横向的行组成。

行：也叫作元组或记录，在表中是一条横向的数据集合，表示一个实体。

列：也叫作字段或属性，在表中是一条纵向的数据集合。列也定义了表中的数据结构。

主属性：也叫作主键，对于关系中的某一属性组，它们的值唯一地标识一条记录。主属性可以是一个属性，也可以由多个属性共同组成。在图1-5中，学号是学生信息表的主属性，但是选课信息表中，学号和课程号共同唯一地标识了一条记录，所以学号和课程号一起组成了选课信息表的主属性。

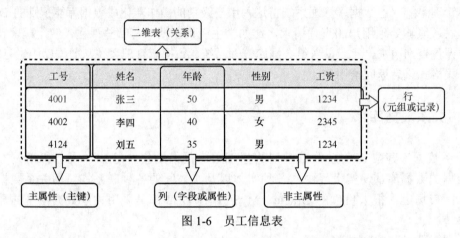

图1-6 员工信息表

2. SQL

关系数据库的核心是其结构查询语言（Structure Query Language，SQL），SQL涵盖了数据的查询、操纵、定义、控制等操作，是一种综合的、通用且简单易懂的数据库管理语言。同时，SQL又是一种高度非过程化的语言，可以让数据库管理者只需要指出做什么，而不需要指出该怎么做便完成对数据库的管理。SQL可以实现数据库全生命周期的所有操作，因而自产生之日起就成为检验关系数据库管理能力的"试金石"。SQL包含以下4个部分。

（1）DDL

DDL包括CREATE、DROP、ALTER等动作。在数据库中使用CREATE来创建新表，使用DROP来删除表，使用ALTER来修改数据库对象。例如，创建学生信息表可以使用以下命令：

```
CREATE TABLE StuInfo(id int(10) NOT NULL,PRIMARY KEY(id),name varchar(20),female bool,class varchar(20));
```

（2）DQL

数据查询语言（Data Query Language，DQL）负责数据查询，但不会对数据本身进行修改。DQL的语法结构如下。

```
SELECT FROM 表1，表2
where 查询条件 # 可以使用and、or、not、=、between、and、in、like等进行条件组合
group by 分组字段
having(分组后的过滤条件)
order by 排序字段和规则；
```

（3）DML

DML负责对数据库对象来运行数据访问工作的指令集，以 INSERT、UPDATE、

DELETE 这 3 种分别表示插入、更新、删除的指令为核心。例如，向表中插入数据的命令如下。
```
INSERT 表名 (字段1,字段2,...,字段n,) VALUES (字段1值,字段2值,...,字段n值)
where 查询条件;
```
（4）DCL

数据控制语言（Data Control Language，DCL）是一种可对数据访问权进行控制的指令。它可以控制特定用户对查看表、预存程序、用户自定义函数等数据库操作的权限，由 GRANT 和 REVOKE 两个指令组成。DCL 以控制用户的访问权限为主，其中的 GRANT 为授权指令，REVOKE 为撤销授权指令。

3．关系数据库的优点

关系数据库已经发展数十年，是目前世界上应用最广泛的数据库系统，其理论知识、相关技术和产品均趋于完善。它的优点主要有以下 3 个。

容易理解：二维表结构非常贴近逻辑世界的概念，关系数据模型相对于层次数据模型和网状数据模型来说更易于理解。

便于使用：通用的 SQL 使得用户操作关系数据库非常方便。

易于维护：丰富的完整性解决了数据冗余和数据不一致的问题。关系数据库提供对事务的支持，能够保证系统中事务的正确执行；同时还提供事务的恢复、回滚、并发控制等功能，以及死锁问题的解决方法。

4．主流的数据库管理系统

（1）MySQL

MySQL 是一种关系数据库管理系统。关系数据库将数据保存在不同的表中，而不是将所有数据放在一个"大仓库"内，这样大大提高了数据的读/写速度和灵活性。

MySQL 所使用的 SQL 是用于数据库访问的常用标准化语言。MySQL 软件采用了双授权机制，分为社区版和商业版。由于体积小、速度快、使用成本低，尤其是开放源码等特点，中小型网站一般选择 MySQL 来开发自己的数据库。

（2）SQL Server

SQL Server 是一个可扩展的、高性能的、为分布式客户机/服务器计算而设计的数据库管理系统，实现了与 Windows NT 的有机结合，提供了基于事务的企业级信息管理系统方案。

SQL Server 的主要特性如下。

① 高性能设计，可充分利用 Windows NT 的优势。
② 系统管理先进，支持 Windows 图形化管理工具，支持本地和远程的系统管理和配置。
③ 强大的事务处理功能，采用多种方法来保证数据的完整性。
④ 支持对称多处理器结构、存储过程、开放式数据库互连，并具有自主的 SQL。

（3）Oracle

Oracle 是一种关系数据库管理系统，具有效率高、可靠性好、适应高吞吐量等特点。Oracle 从 Oracle Database 12c（c 表示 cloud，云）之后的版本都是基于云设计的，并引入了一种新的多承租方架构，该架构可以使用户轻松部署和管理数据库云。

(4) OceanBase

OceanBase 是由蚂蚁集团完全自主研发的国产原生分布式数据库,始创于 2010 年。OceanBase 底层分布式引擎提供 Paxos 多数派协议和多副本特性,有较好的高可用和容灾能力。OceanBase 产品具有云原生、强一致性、高度兼容 Oracle / MySQL 标准和主流关系数据库、低成本等特点,用户可以很容易从 MySQL 迁移到 OceanBase 上。OceanBase 采用了一种读和写分离的架构,把数据分为基线数据和增量数据,比传统数据库更适合"双十一"购物节等短时间突发大流量的场景。

5. 关系数据库的性能瓶颈

随着各类互联网业务的发展,关系数据库难以满足对海量数据的处理需求,存在以下不足。

高并发读写能力差:网站类用户的并发性访问量非常大,而一个数据库的最大连接数有限且设备硬盘的读/写能力有限,不能满足很多人同时访问数据库的需求。

对海量数据的读/写效率低:若表中数据量太大,则每次的读/写速率将非常低。

扩展性差:在关系数据库系统中,可通过升级数据库服务器的硬件配置来提高数据处理能力,即纵向扩展,但纵向扩展终会达到硬件性能的瓶颈,无法应对互联网数据爆炸式增长的挑战。还有一种扩展方式,那便是横向扩展,即采用多台计算机组成集群,共同完成对数据的存储、管理和处理。这种横向扩展的集群对数据进行分散存储和统一管理,可满足海量数据的存储和处理需求。但是,由于关系数据库具有数据模型、完整性约束、事务的强一致性等特点,因此它难以实现高效率的、易横向扩展的分布式架构。

任务 1.2 MySQL 的安装与使用

任务描述:熟悉 Ubuntu 安装 MySQL 的整个过程,掌握使用 SQL 对数据库、数据库表进行的操作,学会根据具体的数据选择相应的字段类型。

1.2.1 MySQL 简介

MySQL 是一个关系数据库管理系统(Relational Database Management System,RDBMS),是非常流行的关系数据库管理系统之一。

1.2.2 MySQL 的安装

MySQL 的安装步骤如下。

步骤 1:在 Ubuntu 中,默认情况下只有最新版本的 MySQL 被包含在 APT 软件包存储库中。要安装 MySQL,只需更新服务器上的包索引并安装默认包 apt-get,具体如下。

```
# 命令1
sudo apt-get update
# 命令2
sudo apt-get install mysql-server
```

在安装 MySQL 服务时,系统会提示是否继续,这时输入 Y 即可继续安装。本步骤所涉及的内容如图 1-7～图 1-9 所示。

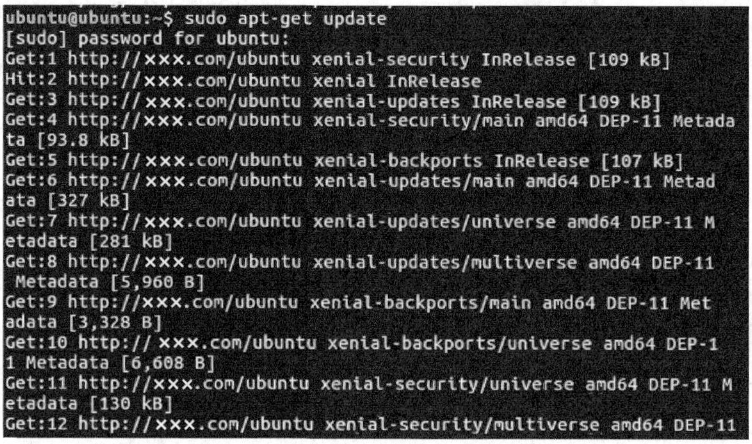

图 1-7　更新服务器上的包索引并安装默认包 apt-get

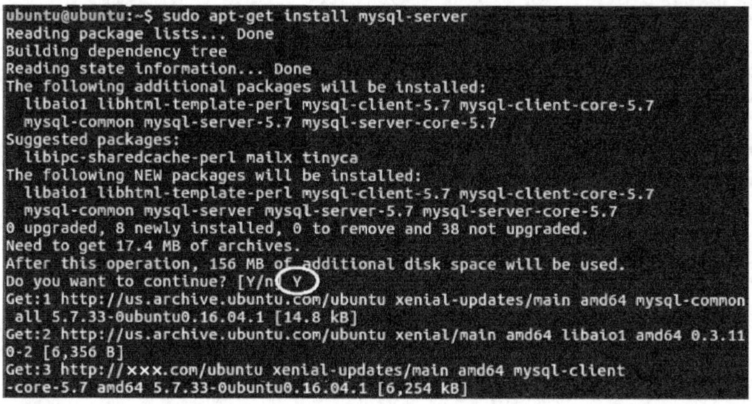

图 1-8　输入 Y 继续安装 MySQL

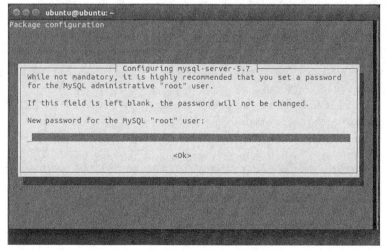

图 1-9　安装过程中弹出的界面

步骤2：初始化配置，具体如下。

```
ubuntu@ubuntu:~$ sudo mysql_secure_installation
[sudo] password for ubuntu:
Securing the MySQL server deployment.
Connecting to MySQL using a blank password.
# 修改密码
VALIDATE PASSWORD PLUGIN can be used to test passwords
and improve security. It checks the strength of password
and allows the users to set only those passwords which are
secure enough. Would you like to setup VALIDATE PASSWORD plugin?
# 是否启用密码安全级别校验
Press y|Y for Yes, any other key for No: y  # 启用密码安全级别校验
There are three levels of password validation policy:
# 0 长度 >= 8，低级别；1 长度 >= 8，数字 + 混合大小写 + 特殊字符；2 长度 >= 8，强长度，
# 数字 + 混合大小写 + 特殊字符和字典
LOW    Length >= 8
MEDIUM Length >= 8, numeric, mixed case, and special characters
STRONG Length >= 8, numeric, mixed case, special characters and dictionary file
Please enter 0 = LOW, 1 = MEDIUM and 2 = STRONG: 0  # 测试可以选择低级别
Please set the password for root here.
# 输入新密码
New password:
Re-enter new password:
Estimated strength of the password: 25
# 是否继续使用所提供的密码
Do you wish to continue with the password provided?(Press y|Y for Yes, any other
key for No) : Y  # 是
By default, a MySQL installation has an anonymous user, allowing anyone to log
into MySQL without having to have a user account created for them. This is in
tended only for testing, and to make the installation go a bit smoother.
# You should remove them before moving into a production environment.
# 是否删除匿名账户，MySQL 数据库默认在 user 表中，有一条记录，其 host 字段为 localhost，user
# 字段为空，password 字段为空。该记录表明 MySQL 数据库中具有一个匿名账户，可以通过本地 localhost
# 域名连接数据库。根据项目需求进行相应设置即可
Remove anonymous users? (Press y|Y for Yes, any other key for No) : N  # 否
 ... skipping.
Normally, root should only be allowed to connect from
'localhost'. This ensures that someone cannot guess at
the root password from the network.
Disallow root login remotely? (Press y|Y for Yes, any other key for No) : Y
Success.
# 默认情况下，MySQL 附带一个名为"test"的数据库，任何人都可以访问。这仅用于测试，在进入生产前
# 应将其移除
By default, MySQL comes with a database named 'test' that anyone can access. This
is also intended only for testing, and should be removed before moving into a
production environment.
# 是否删除 test
```

```
Remove test database and access to it? (Press y|Y for Yes, any other key for
No): N # 否
... skipping.
Reloading the privilege tables will ensure that all changes made so far will take
effect immediately.
# 是否加载特权表
Reload privilege tables now? (Press y|Y for Yes, any other key for No) : Y # 是
Success.
All done!
```

步骤 3：使用 systemctl status mysql.service 命令检查 MySQL 服务状态，如图 1-10 所示。可以看出，Active 为 active (running)，这说明 MySQL 服务状态是正常的。

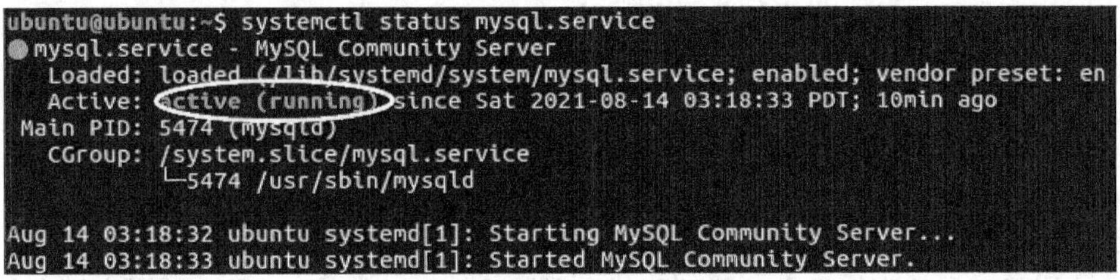

图 1-10 MySQL 服务状态

步骤 4：MySQL 客户端连接服务器。使用客户端工具 MySQL 进入 MySQL 命令提示符下，连接 MySQL。下面是一个从命令行中连接 MySQL 服务器的简单实例。

```
ubuntu@ubuntu:~$ sudo mysql -uroot -p
[sudo] password for ubuntu:
Enter password:
Welcome to the MySQL monitor.  Commands end with ; or \g.
Your MySQL connection id is 5
Server version: 5.7.33-0ubuntu0.16.04.1 (Ubuntu)
Copyright (c) 2000, 2021, Oracle and/or its affiliates.
Oracle is a registered trademark of Oracle Corporation and/or its
affiliates. Other names may be trademarks of their respective owners.
Type 'help;' or '\h' for help. Type '\c' to clear the current input statement.
mysql>
```

登录成功后会出现 MySQL 命令提示窗口，其上可以执行任何 SQL 语句。退出 MySQL 命令提示窗口可以使用 EXIT 命令，具体如下。

```
mysql> EXIT
Bye
```

1.2.3 MySQL 数据库的基本操作

1. 创建 MySQL 数据库

登录 MySQL 服务后，使用 CREATE 命令创建 MySQL 数据库。

语法：CREATE DATABASE 数据库名。

实例如下。
```
mysql> CREATE DATABASE test;
Query OK, 1 row affected (0.00 sec)
```

2. 查看 MySQL 数据库

语法：SHOW DATABASES。

实例如下。
```
mysql> SHOW DATABASES;
+--------------------+
| Database           |
+--------------------+
| information_schema |
| mysql              |
| performance_schema |
| sys                |
| test               |
+--------------------+
5 rows in set (0.00 sec):
```

3. 删除 MySQL 数据库

普通用户需要特定的权限才能创建或者删除 MySQL 数据库，而 root 用户拥有最高权限，因此本书使用 root 用户账号进行登录，以便展示相关操作。删除 MySQL 数据库时必须十分谨慎，因为在执行删除命令后，所有数据会被清空。

语法：DROP DATABASE 数据库名。

实例如下。
```
# 删除名为 test 的 MySQL 数据库
mysql> DROP DATABASE test;
Query OK, 0 rows affected (0.01 sec)
```

4. 选择 MySQL 数据库

连接到 MySQL 数据库后，用户按照所具有的权限来操作对应的 MySQL 数据库。接下来需选择要操作的数据库。

语法：USE 数据库名。

实例如下。
```
# 选择数据库名为 testdb
mysql> USE testdb
Database changed
```

1.2.4 MySQL 数据表的基本操作

1. 创建 MySQL 数据表

创建 MySQL 数据表时需要设置表名和表字段名，定义每个表字段和数据类型。

语法：CREATE TABLE table_name (column_name column_type)。

实例如下。
```
# 在 testdb 数据库中创建数据表 test_tbl
```

```
mysql>CREATE TABLE IF NOT EXISTS 'test_tbl'(
    ->          'test_id' INT UNSIGNED AUTO_INCREMENT,
    ->          'test_code' VARCHAR(100) NOT NULL,
    ->          'test_name' VARCHAR(40) NOT NULL,
    ->          'test_date' DATE,
    ->          PRIMARY KEY ( 'test_id' )
    ->          )ENGINE = InnoDB DEFAULT CHARSET = utf8;
Query OK, 0 rows affected (0.01 sec)
```

实例解析如下。

- 若不想字段为 NULL，则设置字段的属性为 NOT NULL。
- AUTO_INCREMENT 用于定义列的属性为自增,即列数会自动加 1，一般用于主键。
- PRIMARY KEY 用于定义列为主键。
- ENGINE 用于设置存储引擎。
- CHARSET 用于设置编码。

2．删除 MySQL 数据表

删除 MySQL 数据表时要非常小心，因为执行删除命令后，所有数据会被清空。

语法：DROP TABLE table_name 。

实例如下。

```
# 删除数据表 test_tbl
mysql> DROP TABLE test_tbl ;
Query OK, 0 rows affected (0.12 sec)
```

1.2.5 数据的基本操作

1．插入数据

MySQL 数据表使用 INSERT INTO SQL 语句来插入数据。

语法：NSERT INTO table_name(field1,field2,…,fieldN) VALUES(value1,value2,…,valueN)。

如果数据是字符型，则必须使用单引号或者双引号，如"value"。

实例如下。

```
# 向 test_tbl 数据表插入两条数据
mysql> INSERT INTO test_tbl
    ->     (test_code, test_name, test_date)
    ->     VALUES
    ->     ("MySQL 数据库 1", "test001", NOW());
Query OK, 1 row affected, 1 warning (0.01 sec)
mysql> INSERT INTO test_tbl
    ->     (test_code, test_name, test_date)
    ->     VALUES
    ->     ("MySQL 数据库 2", "test002", NOW());
Query OK, 1 row affected, 1 warning (0.00 sec)
```

2．查询数据

MySQL 数据表使用 SELECT 命令来查询数据。

语法：SELECT column_name, column_name FROM table_name [WHERE clause] [LIMIT N] [OFFSET M]。

实例如下。

```
# 返回数据表 test_tbl 的所有记录
mysql> SELECT * FROM test_tbl;
+---------+----------------+----------+------------+
| test_id | test_code      | test_name| test_date  |
+---------+----------------+----------+------------+
|       1 | MySQL 数据库 1 | test001  | 2023-08-14 |
|       2 | MySQL 数据库 2 | test002  | 2023-08-14 |
+---------+----------------+----------+------------+
2 rows in set (0.00 sec)
```

实例解析如下。
- 使用多个数据表时，表之间使用逗号(,)进行分隔。
- SELECT 命令可以读取一条或者多条记录。
- 使用星号（*）来代替其他字段时，SELECT 命令会返回 MySQL 数据表的所有字段数据。
- 使用 WHERE 语句来设置查询条件。
- 使用 LIMIT 命令来设置返回的记录数。
- 使用 OFFSET 命令来指定 SELECT 命令开始查询的数据偏移量，默认情况下的偏移量为 0。

3．更新数据

MySQL 数据表的数据可以使用 UPDATE 命令进行修改或更新。

语法：UPDATE table_name SET field1 = new-value1, field2 = new-value2 [WHERE clause]。

实例如下。

```
# 更新数据表中 test_id 为 1 的 test_name 字段值为 test001_update
mysql> UPDATE test_tbl SET test_name = 'test001_update' WHERE test_id = 1;
Query OK, 1 row affected (0.02 sec)
Rows matched: 1  Changed: 1  Warnings: 0
mysql> SELECT * FROM test_tbl;
+---------+----------------+----------------+------------+
| test_id | test_code      | test_name      | test_date  |
+---------+----------------+----------------+------------+
|       1 | MySQL 数据库 1 | test001_update | 2023-08-14 |
|       2 | MySQL 数据库 2 | test002        | 2023-08-14 |
+---------+----------------+----------------+------------+
2 rows in set (0.00 sec)
```

4．删除数据

MySQL 数据表的数据可以使用 DELETE 命令进行删除。删除数据时必须十分谨慎，因为执行删除命令后数据会被清空。

语法：DELETE FROM table_name [WHERE clause]。若没有指定 WHERE 子句，MySQL 数据表中的所有记录将被删除。WHERE 子句中可以指定任何条件。

实例如下。

```
# 删除 test_tbl 数据表中 test_id 为 2 的记录
mysql> DELETE FROM test_tbl WHERE test_id = 2;
Query OK, 1 row affected (0.00 sec)

mysql> SELECT * FROM test_tbl;
+---------+--------------+-----------------+------------+
| test_id | test_code    | test_name       | test_date  |
+---------+--------------+-----------------+------------+
|       1 | MySQL 数据库 1 | test001_update  | 2023-08-14 |
+---------+--------------+-----------------+------------+
1 row in set (0.01 sec)
```

任务 1.3 分布式数据库

任务描述：认识分布式数据库，掌握分布式数据库与关系数据库之间的区别，了解分布式数据库的发展过程。

1.3.1 CAP 与 BASE 理论

在分布式系统的设计中，数据之间的复制同步是一个需要重点考虑的问题。假设客户端 C1 将系统中的一个值 Value 由 V1 更新为 V2，此时客户端 C2 不能立即读取到 Value 的最新值，而是需要一定的时间之后才能读取到最新值。正是由于数据库复制之间存在时延，所以数据复制所带来的一致性挑战也是每一个系统研发人员不得不面对的。

所谓分布一致性问题，是指在分布式环境中引入数据复制机制之后，不同数据节点之间可能出现的、无法依靠计算机应用程序自身解决的、数据不一致的情况。数据一致性是指在对一个副本数据进行更新的时候，必须确保其他数据副本也能得到更新，否则不同副本的数据将会不一致。

如何解决上述问题？一种思路是既然是由于时延动作引起的问题，那可以先阻塞写入动作，直到数据复制完成后，再完成写入动作。这似乎能解决问题，而且有一些系统的架构也确实直接使用了这个思路，但这个思路在解决一致性问题的同时，又带来了新的问题：写入性能的降低。若应用场景有非常多的写请求，则后续的写请求都将会被阻塞在前一个请求的写操作上，这会导致系统整体性能急剧下降。

总的来说，我们无法找到一种能够满足分布式系统所有属性的分布式一致性问题的解决方案。因此，如何既保证数据的一致性，同时又不影响系统运行的性能，是每一个分布式系统都需要重点考虑和权衡的。

1. CAP 理论

CAP 理论是一个经典的分布式系统理论。CAP 理论的主要思想为：一个分布式系统不可能同时满足一致性（Consistency，C）、可用性（Availability，A）和分区容错性（Partition Tolerance，P）这 3 个基本需求，最多只能同时满足其中 2 个需求，如图 1-11 所示。

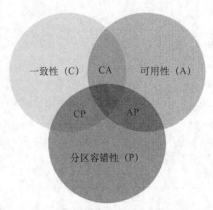

图1-11 CAP理论的主要思想

（1）一致性（C）

一致性是指更新操作成功后，所有节点在同一时间的数据完全一致。从客户端角度来看，一致性问题主要指多个用户并发访问时更新的数据如何被其他用户获取的问题。从服务端角度来看，一致性问题指用户在进行数据更新时如何将数据复制到整个系统，以保证数据一致的问题。一致性是在并发读/写时才会出现的问题，因此在理解一致性问题时，一定要注意结合考虑并发读/写的场景。

（2）可用性（A）

可用性是指用户访问数据时，系统是否能在正常响应时间内返回结果。好的可用性主要是指系统能够很好地为用户服务，不出现用户操作失败或者访问超时等用户体验不好的情况。在通常情况下，可用性与分布式数据冗余、负载均衡等有着很大的关联关系。

（3）分区容错性（P）

分区容错性是指分布式系统在遇到某节点或网络分区故障的时候，仍然能够对外提供满足一致性和可用性的服务。

分区容错性和扩展性紧密相关。在分布式应用中，一些故障（如节点故障或网络故障）可能会导致系统无法正常运行。分区容错性高指在部分节点出现故障或传输中出现丢包的情况下，分布式系统仍然能提供服务，完成数据的访问。分区容错可理解为系统中采用了多副本策略。

（4）CA（CAP 无 P）

如果不要求分区容错性，即不允许分区，则强一致性和可用性是可以保证的。其实分区是始终存在的问题，因此满足 CA 的分布式系统更多的是允许分区后各子系统依然满足 CA。

（5）CP（CAP 无 A）

不要求可用性相当于每个请求都需要在各服务器之间强一致，而分区容错性会导致同步时间无限延长，在这种情况下，CP 是可以保证的。很多传统数据库的分布式事务属于这种模式。

（6）AP（CAP 无 C）

如果要可用性高并允许分区，则需放弃一致性。一旦分区发生，节点之间就可能会失去联系。为了实现高可用性，每个节点只能用本地数据提供服务，而这会导致全局数据的不一致。

具体应用中可根据实际情况进行权衡，或者在软件层面提供不同的配置方式，由用户决定选择哪种 CAP 模式。CAP 理论可用于不同的层面，也可以根据具体情况制订局部模式，例如，在分布式系统中，每个节点自身的数据能够满足 CA 的，但整个系统上要满足 AP 或 CP。

2．BASE 理论

BASE 是指基本可用（Basically Available）、软状态（Soft State）和最终一致性（Eventually Consistent）。BASE 理论是对 CAP 理论中一致性和可用性进行权衡的结果，是对大规模互联网系统分布式实践的总结。BASE 理论的核心思想是：即使无法做到强一致性，每个应用也可以根据自身业务的特点，采用适当的方式来使系统达到最终一致性。接下来我们介绍 BASE 理论中的三要素。

（1）基本可用

基本可用是指分布式系统在出现不可预知故障的时候，允许损失部分可用性，例如响应时间的损失和系统功能的损失。响应时间的损失指正常情况下一个查询结果需要在 0.5 s 内响应给用户，但由于出现故障，响应时间可以增加 1~2 s。系统功能的损失指正常情况下，电商平台可以完成消费者每一笔订单流程，但是在消费者购物行为激增的高峰日期，为了保护系统的稳定性，部分消费者可能会被引导至一个降级页面。

（2）软状态

软状态指允许系统中的数据存在中间状态，并认为该中间状态的存在不会影响系统的整体可用性，即允许系统在不同节点的数据副本之间进行数据同步的过程存在时延。

（3）最终一致性

最终一致性强调的是所有的数据副本在经过一段时间的同步之后，最终都能够达到一个一致的状态。由此可知，最终一致性的本质是需要系统保证数据最终能够达到一致，而不需要实时保证数据的强一致性。

总的来说，BASE 理论面向的是大型高可用可扩展的分布式系统，这和传统的事物 ACID 特性是相反的。它完全不同于 ACID 的强一致性模型，而是通过牺牲强一致性来获得可用性，并允许数据在一段时间内不一致，最终达到一致状态即可。在实际的分布式应用场景中，不同业务单元和组件对数据一致性的要求是不同的，因此在具体的分布式系统架构设计过程中，ACID 特性和 BASE 理论往往又会结合在一起。

3．BASE 与 ACID 的对比

关系数据库最大的特点是事务处理，即满足 ACID 特性，强调数据的可靠性、一致性和可用性，即同一个事务内的所有操作要么执行成功要么执行不成功，所有用户看到的数据完全一致。ACID 的含义如下。

原子性（Atomicity）：事务中的操作要么都做，要么都不做。

一致性（Consistency）：系统必须始终处在强一致状态下。

隔离性（Isolation）：一个事务的执行不能被其他事务所干扰。

持续性（Durability）：一个已提交的事务对数据库中数据的改变是永久性的。

然而，若 CAP 中的一致性、可用性、分区容错性不能够同时得到满足，只能够对一致性或可用性进行取舍。分区容错性（P）的特性一定要保留，所以只能在一致性和可用性上考虑。当放弃可用性（A）时，系统需要满足一致性。当数据被别人操作或数据节点出现异常时，系统就必须等待，这时无法满足可用性。当放弃一致性（C）时，系统需要满足比较高的可用性。短时间内系统不需要做到数据的一致性，最终会在其他节点同步完成后使数据保持一致。总的来说，放弃一致性的 CAP 为 BASE 模式，放弃可用性的 CAP 为 ACID 模式。

1.3.2 分布式数据库概述

大数据需要通过分布式的集群方式来解决存储和访问的问题。本小节将从分布式的角度来介绍数据库的数据管理。分布式系统的核心理念是让多台服务器协同工作，完成单台服务器无法处理的任务，尤其是高并发或者数据量大的任务。分布式数据库是数据库技术与网络技术相结合的产物，通过网络技术将物理上分开的数据库连接在一起，实现逻辑层上的集中管理。在分布式系统中，一个应用程序可以对数据库进行透明操作，数据库中的数据被存储在不同场地的数据库中，由不同机器上的数据库管理系统进行管理。分布式数据库的体系结构如图 1-12 所示，其中，R 表示一个逻辑上的整体（对外展示的分布式数据库），S 表示一个具体的场地（如 S1 可以理解为一台服务器）。

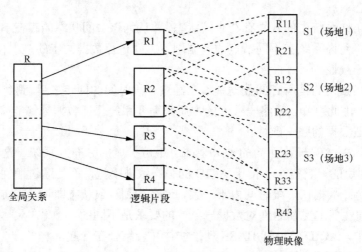

图 1-12 分布式数据库的体系结构

1. 分布式数据库的发展

关系数据库起源于 1970 年代，其基本功能主要有两个：①把数据存储下来；②满足用户对数据的计算需求。在关系数据库发展的早期阶段，这两个功能其实不难实现，而且出现了很多优秀的商业关系数据库产品，如 Oracle、DB2。在 1990 年之后，开源数据库 MySQL 和 PostgreSQL 出现了。这些数据库不断地提升单机实例性能，再加上遵循摩尔定律的硬件性能提升规律，往往能够很好地支撑业务发展。

随着互联网的不断普及，特别是移动互联网的兴起，数据规模呈爆炸式增长，而硬件性能的提升速度却不如以前，人们开始担心摩尔定律会失效。在这种情况下，单机数据库越来越难以满足用户需求，即使是将数据保存下来这个最基本的需求也无法满足。

2005 年左右，人们开始探索分布式数据库，掀起了 NoSQL 数据库这波浪潮。分布式数据库首先要解决的问题是单机上无法保存全部数据，以 HBase、Cassandra、MongoDB 为代表的分布式数据库很好地解决了这个问题。为了实现容量的水平扩展，这些数据库往往要放弃事务，或者是只提供简单的 K-V 接口。存储模型的简化为存储系统的开发带来了便利，但是降低了对业务的支撑水平。

2．分布式数据库的数据管理

分布式数据库处理使用分而治之的办法来解决大规模数据的管理问题，这种方式有以下几个特点。

（1）数据分布的透明管理

在分布式系统中，数据不是存储在同一个场地上，而是存储在计算机网络所覆盖的多个场地上。这些数据在逻辑上是一个整体，被所有用户共享，并由一个数据库管理系统统一管理。用户访问数据时无须指出数据存储在哪里，也无须知道由分布式系统中的哪台服务器来完成相关操作。

（2）复制数据的透明管理

分布式数据库中数据的复制有助于提高性能，易于协调不同而又冲突的用户需求。同时，当某台服务器出现故障时，此服务器上的数据在其他服务器上还有备份，从而提高了系统的可用性。这种多副本的方式对于用户来说是透明的，即不需要用户知道副本的存在，而是由系统进行副本的统一管理、协调和调用。

（3）事务的可靠性

分布式数据处理具有冗余性，因而消除了单点故障的隐患，即系统中一台或多台服务器发生的故障不会使整个系统瘫痪，这提高了系统的可靠性。但是，在分布式系统中，事务是并发的，即不同用户可能在同一时间对同一数据源进行访问，这要求系统支持分布式的并发控制，并能保证系统中数据的一致性。

分布式系统可以解决海量数据的存储和访问问题，但是在分布式环境下，数据库会遇到更为复杂的问题，举例如下。

① 数据在分布式环境下以多个副本的方式进行存储，那么在为用户提供数据访问时，系统如何选择一个副本，或者当用户修改了某一副本的数据时，系统中的其他副本如何得到更新？

② 如果所有副本信息正在更新，某台服务器因网络或硬/软件功能出现问题而发生故障，那么在这种情况下，当故障恢复时，如何确保此服务器上的副本与其他副本一致？

上述问题给分布式数据库管理系统的设计与开发带来了挑战，也是分布式系统固有的复杂性的体现。相对于分布式数据库管理系统的设计与开发，对分布数据的管理、控制数据之间的一致性以及数据访问的安全性更为重要。

3．分布式数据库的分类

NoSQL 数据库并没有统一的模型，常见的包括键值数据库、列族数据库、文档数据库和图数据库。NoSQL 数据库的分类和特点如表 1-1 所示，具体如下。

表 1-1　NoSQL 数据库的分类和特点

分类	相关产品	应用场景	数据模型	优点	缺点
列族数据库	BigTable、HBase、Cassandra	分布式数据存储与管理	采用列族式存储，将同一列数据存储在一起	可扩展性强，查找速度快，复杂性低	功能局限，不支持事务的强一致性
文档数据库	MongoDB、CouchDB	Web 应用，存储面向文档或类似半结构化的数据	<key, value>，其中 value 表示 JSON 结构的文档	数据结构灵活，可以根据 value 来构建索引	缺乏统一的查询语法
键值数据库	Redis、Memcached、Riak	缓存内容，如会话、配置文件、参数等；频繁读/写、拥有简单数据模型的应用	<key, value>，通过散列表来实现	扩展性好，灵活性好，大量操作时性能高	数据无结构化，通常只被当作字符串或者二进制数据，只能通过键来查询值
图数据库	Neo4j、InfoGrid	社交网络、推荐系统，专注于构建关系图谱	图结构	支持复杂的图形算法	复杂性高，只能支持一定的数据规模

（1）列族数据库

列族数据库通常用于分布式存储所对应的海量数据。键（Key）仍然存在，但是它们的特点是指向了多个列。从图 1-13 中可以看出，列族数据库中的每一行都有关键字 Row Key，并由多个列族组成，即 Super Column Family 中的 Super Column 1 和 Super Column 2。每个列族由多个列组成。

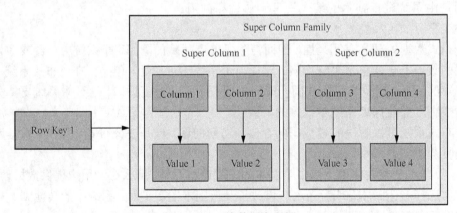

图 1-13　列族数据库示例

（2）文档数据库

文档数据库的灵感来自 Lotus Notes 办公软件，它与键值数据库类似。该类型的数据模型是版本化的文档，文档以特定的格式（如 JSON）存储。文档数据库可以看作键值数据库的升级版，允许键值之间嵌套键值，如图 1-14 所示。文档数据库比键值数据库的查询效率更高，因为文档数据库不仅可以根据键创建索引，同时还可以根据文档内容创建索引。

第 1 章 数据库概述

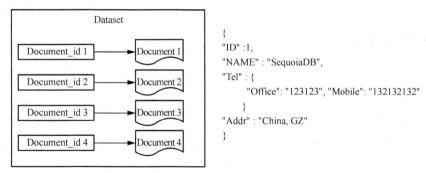

图 1-14 文档数据库示例

（3）键值数据库

这一类数据库主要使用散列表，该表中有一个特定的键和一个指针指向特定的数据。对于信息系统来说，键值模型的优势在于简单、易部署。键值数据库可以按照键对数据进行定位，还可以通过对键进行排序和分区来实现更快速的数据定位。键值数据库的详细概念可参照相关内容介绍的 Redis 进行理解。

（4）图数据库

图数据库来源于图论中的拓扑学，通过节点、边及节点之间的关系来存储复杂网络中的数据，如图 1-15 所示。这种拓扑结构类似实体联系图（Entity Relationship Diagram，E-R 图），在图形模式中，关系和节点本身就是数据。而在 E-R 图中，关系描述的是一种结构。

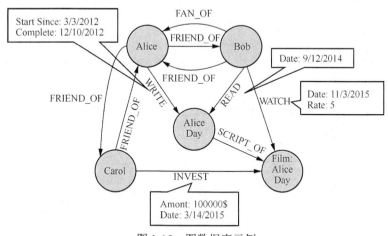

图 1-15 图数据库示例

任务 1.4　Python 和 Java 连接数据库

任务描述：认识并了解开发语言连接数据库的基本知识，理解什么是数据库驱动，熟悉访问数据库接口的使用流程，并掌握 Python 和 Java 连接 MySQL 数据库的编程思路。

1.4.1　Python 操作 MySQL

1. 安装 PyMySQL 驱动

（1）什么是 PyMySQL

PyMySQL 是 Python 3.x 版本（x 表示版本号）中用于连接 MySQL 服务器的一个库。Python 2 中则使用 MySQLdb 来连接 MySQL 服务器。本书主要介绍 Python 3 如何使用 PyMySQL 连接 MySQL 数据库。

PyMySQL 遵循 Python 数据库 API v2.0 规范，是一个纯 Python 编写的 MySQL 客户端库。

（2）PyMySQL 的安装

在使用 PyMySQL 之前，先要确保 PyMySQL 已被安装。如果未安装，则可以使用以下命令安装最新版的 PyMySQL。

```
$ pip3 install PyMySQL
```

2. Python 操作 MySQL 数据库

在使用 Python 连接 MySQL 数据库之前，需先确认以下事项。

① 已经创建 MySQL 数据库，这里的数据库名为 TESTDB。

② 连接 TESTDB 数据库使用的用户名为 dbuser，密码为 123456（读者也可以自己设定，或者直接使用 root 用户名及密码）。MySQL 数据库用户授权使用的命令是 GRANT。

③ 连接 MySQL 数据库的实验机已经安装 Python MySQLdb 模块。

实例

```
# !/usr/bin/python3

import pymysql

# 打开数据库连接
db = pymysql.connect("localhost","dbuser","123456","TESTDB" )

# 使用 cursor() 方法创建一个游标对象 cursor
cursor = db.cursor()

# 使用 execute() 方法执行 SQL 查询
cursor.execute("SELECT VERSION()")

# 使用 fetchone() 方法获取单条数据
data = cursor.fetchone()

print ("Database version : %s " % data)

# 关闭数据库连接
db.close()
```

执行以上脚本，得到的输出结果如下。

```
Database version : 5.7.16-log
```

1.4.2 Java 操作 MySQL

1. 下载并安装 Java 驱动包

Java 连接 MySQL 需要驱动包,那么下载驱动包并解压后得到 jar 库文件,然后在对应的项目中导入该库文件。需注意的是,MySQL 8.0 及以上版本的数据库连接有以下不同。

① MySQL 8.0 及以上版本的驱动包为 mysql-connector-java-8.0.16.jar。

② com.mysql.jdbc.Driver 变为 com.mysql.cj.jdbc.Driver。

2. 连接数据库

以下实例使用 JDBC[①] 连接 MySQL 数据库,其中的一些数据(如用户名、密码等)需要读者根据自己的开发环境来配置。

实例

```java
package test;
import java.sql.*;
public class MySQLDemo {
    // MySQL 8.0及以下版本的JDBC 驱动名及数据库统一资源定位符(URL)
    static final String JDBC_DRIVER = "com.mysql.jdbc.Driver";
    static final String DB_URL = "jdbc:mysql://localhost:3306/test";
    // MySQL 8.0及以上版本的JDBC 驱动名及数据库URL
    // static final String JDBC_DRIVER = "com.mysql.cj.jdbc.Driver";
    // static final String DB_URL = "jdbc:mysql://localhost:3306/test?useSSL=false&allowPublicKeyRetrieval=true&serverTimezone=UTC";
    // 数据库的用户名与密码需要自己设置
    static final String USER = "root";
    static final String PASS = "123456";
    public static void main(String[] args) {
        Connection conn = null;
        Statement stmt = null;
        try{
            // 注册 JDBC 驱动
            Class.forName(JDBC_DRIVER);
            // 打开链接
            System.out.println("连接数据库……");
            conn = DriverManager.getConnection(DB_URL,USER,PASS);
            // 执行查询
            System.out.println("实例化 Statement 对象……");
            stmt = conn.createStatement();
            String sql;
            sql = "SELECT id, name, url FROM websites";
            ResultSet rs = stmt.executeQuery(sql);

            // 展开结果集数据库
            while(rs.next()){
```

[①] JDBC(Java Database Connectivity),Java 数据库连接,是一种用于数据库访问的应用程序接口,由一组用 Java 语言编写的类和接口组成。

```
            // 通过字段检索
            int id = rs.getInt("id");
            String name = rs.getString("name");
            String url = rs.getString("url");
            // 输出数据
            System.out.print("ID: " + id);
            System.out.print(", 站点名称: " + name);
            System.out.print(", 站点 URL: " + url);
            System.out.print("\n");
        }
        // 完成后关闭
        rs.close();
        stmt.close();
        conn.close();
    }catch(SQLException se){
        // 处理 JDBC 错误
        se.printStackTrace();
    }catch(Exception e){
        // 处理 Class.forName 错误
        e.printStackTrace();
    }finally{
        // 关闭资源
        try{
            if(stmt != null) stmt.close();
        }catch(SQLException se2){
        }// 什么都不做
        try{
            if(conn != null) conn.close();
        }catch(SQLException se){
            se.printStackTrace();
        }
    }
    System.out.println("Goodbye!");
    }
}
```

本章小结

首先，本章讲解了数据库系统的相关概念，重点介绍了关系数据库的特点以及关系数据库在海量数据存储上遇到的瓶颈，并介绍了在此环境下产生的 NoSQL 数据库的优势。其次，本章介绍了 MySQL 的相关概念和安装过程，以及如何对 MySQL 数据库进行操作。再次，本章介绍了分布式数据库的数据管理，以及如何在分布式系统中达到一致性、可用性和分区容错性的平衡，并对几种常见 NoSQL 数据库进行对比，简单介绍了这些数据库的数据模型、应用场景、优缺点等。最后，本章介绍了使用 Python 和 Java 连接 MySQL 数据库的方法，展示了具体代码。

学完本章，读者需要掌握如下知识点。

1. 数据库的相关概念，常用的关系数据库及其特点。
2. MySQL 数据库的基本操作，MySQL 数据表的基本操作，字段类型的选择。
3. 分布式数据库的基本理论和发展历程。
4. Python 和 Java 连接 MySQL 的基本操作。

第 2 章　HBase 安装、数据模型与数据操作

HBase 是一个开源的、分布式的 NoSQL 数据库，可应用于列式存储。它利用 Hadoop 分布式文件系统（Hadoop Distributed File System，HDFS）来实现分布式数据存储。读者在学习本章之前可自行了解 Hadoop 生态系统的相关知识。本章主要介绍 HBase 的基本概念及相关组件、HBase 的安装与部署，HBase 的基本原理以及 HBase Shell 操作。

已经掌握 HBase 相关知识的读者可以选择性地学习本章内容。

【学习目标】
1．了解 HBase 的基本概念及组件。
2．掌握 HBase 的安装与部署方法。
3．掌握 HBase 的基本原理。
4．掌握 HBase Shell 的基本操作。

任务 2.1　HBase 简介

任务描述：了解 HBase 的基本概念及相关组件，理解 HBase 的特性。

2.1.1　HBase 概述

1．什么是 HBase

HBase 是一个可以进行随机访问的数据存储和检索平台。它不要求数据有预定义的模式，可应用于列式存储，允许同一列不同行的数据类型不同，因此可以存储结构化和半结构化的数据。例如，一些网站可以将自己的网页及相关日志数据存储到 HBase 中。

2．HBase 的发展历史

HBase 最初是 Powerset 公司为处理自然语言搜索产生的海量数据而开展的项目，由查德·沃特斯（Chad Walters）和吉姆·凯勒曼（Jim Kellerman）发起，经过两年发展为 Apache 软件基金会的顶级项目。HBase 的实现源自 Google 公司在 2006 年 11 月发表的一篇关于 BigTable 的论文，由于 BigTable 的源码并未对外开放，因此 HBase 项目发起人根据此论文在 2007 年 2 月提出了 HBase 的原型，并介绍了相关概念及底层数据存储结构的设计。由于 HBase 基于 Hadoop 的 HDFS，因此 HBase 的版本需要与 Hadoop

版本相匹配。2007 年 10 月，第一版 HBase 随同 Hadoop 0.15.0 版本一起发布，此版本只实现了最基本的模块，其功能还不完善。2008 年 1 月，Hadoop 升级为 Apache 软件基金会的顶级项目，HBase 作为 Hadoop 的子项目而存在。随后 HBase 的发展非常活跃，而 Hadoop 发展逐渐成熟，更新速度逐渐减缓。2010 年 6 月，HBase 发布了 HBase 0.89.x 版本后不再与 Hadoop 关联发布。2010 年，HBase 也成为 Apache 软件基金会的顶级项目，并在 2015 年 2 月发布了较为成熟的版本 HBase 1.0.0。2017 年，HBase 2.0.0-Alpha-1 发布，这是一个里程碑式的版本，对 PostgreSQL 协议的支持、S3 备份、缓存性能的提高等使 HBase 变得更加健壮，适应性强。

HBase 官网已发布的 HBase 版本（截至 2023 年 10 月）如图 2-1 所示。

Releases

Version	Release Date	Compatibility Report	Changes	Release Notes	Download
3.0.0-alpha-4	2023/06/07	3.0.0-alpha-4 vs 2.0.0	Changes	Release Notes	src (sha512 asc) bin (sha512 asc) client-bin (sha512 asc)
2.5.5	2023/06/13	2.5.5 vs 2.5.4	Changes	Release Notes	src (sha512 asc) bin (sha512 asc) client-bin (sha512 asc) hadoop3-bin (sha512 asc) hadoop3-client-bin (sha512 asc)
2.4.17	2023/04/06	2.4.17 vs 2.4.16	Changes	Release Notes	src (sha512 asc) bin (sha512 asc) client-bin (sha512 asc)

图 2-1　HBase 官网已发布的版本（部分）

相关的历史版本可以参考 HBase 的历史归档列表。在实际的生产环境中，我们不建议使用最新版本的 HBase，因为它的性能一般不太稳定，而是建议从历史归档列表中选择性能稳定的 HBase 版本。本书使用的版本为 HBase 2.4.17。HBase 支持的 Hadoop 版本如图 2-2 所示。

Hadoop版本	HBase 2.4.x	HBase 2.5.x
Hadoop 2.10.[0-1]	✔	✖
Hadoop 2.10.2+	✔	✔
Hadoop 3.1.0	✖	✖
Hadoop 3.1.1+	✔	✖
Hadoop 3.2.[0-2]	✔	✖
Hadoop 3.2.3+	✔	✔
Hadoop 3.3.[0-1]	✔	✖
Hadoop 3.3.2+	✔	✔

图 2-2　HBase 支持的 Hadoop 版本

3. HBase 的特性

HBase 是分布式、可扩展、列式存储、适用于稀疏数据存储的非关系数据库,由行键、列键和时间戳共同索引的多维有序映射数据库,既可以存储结构化数据,也可以存储半结构化数据。它在 Hadoop 生态系统的 HDFS 的基础之上提供海量数据的分布式存储,在 Hadoop 生态系统的 MapReduce 的基础上提供分布式并行计算。HBase 和 Hadoop 类似,也可以进行横向扩展,通过横向增加低配的个人计算机来增加集群的节点,实现扩容和提高计算能力。

HBase 具有以下显著的特性。

(1) 容量巨大

HBase 的单表存储量可以达到数十亿行、数百万列。而对于关系数据库来说,当单表存储数据规模达到亿级别时,它的读/写性能会呈指数级下降。对于 HBase 数据表来说,单表存储数据达百亿行甚至更多的数据都没有性能问题,这是因为它采用了日志结构合并(Log Structured Merge,LSM)树结构来存储数据,会定期将小文件合并成大文件,从而减少对磁盘的访问量。

(2) 列式存储

关系数据库是面向行存储的,同一行数据存储在同一块内存中。而 HBase 是面向列存储的,同一列的数据存储在同一块内存中,可以针对某一列数据进行独立检索。行存储和列存储如图 2-3 所示。

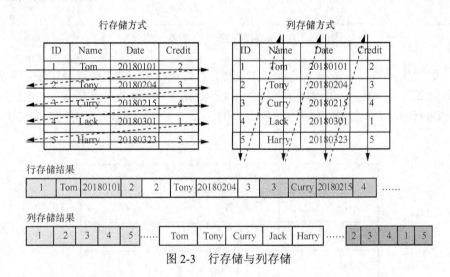

图 2-3 行存储与列存储

在进行插入、更新数据时,行式存储相对容易一些。在查询数据时,行存储需要读取所有的数据,而列存储只需读取相应的列,这可以有效降低系统输入/输出(Input/Output,I/O)压力。

(3) 稀疏性

在传统的关系数据库中,每一个字段类型通常是预先定义好的,即使对应的值为缺失值,也需要占用内存空间。而 HBase 面向列存储且其字段类型都是字符串,当字段为缺失值时并不占用内存空间,因而解决了数据的稀疏问题,在很大程度上节省了内存空间。HBase 通常可以设计成稀疏矩阵形式,这种方式其实更加接近现实中的场景。

（4）扩展性强

HBase 基于 Hadoop 的 HDFS，因而继承了 HDFS 可扩展的特性，支持分布式表，可以进行横向扩展，通过将服务器节点增加到现有的集群中来实现扩容。HBase 数据表根据 Region 的大小进行分区，然后将 Region 分别存储于不同的服务器节点。当增加节点时，新节点启动 HBase 服务进程，集群会动态进行调整。这里的扩展是热扩展，即在 HBase 服务进程不停止的前提下，增加或者减少节点。

（5）高可靠性

HDFS 的多副本机制可以让 HBase 在出现故障时自动恢复，同时 HBase 内部也提供了预写日志（Write-Ahead Logging，WAL）和副本机制。预写日志用于记录 HBase 服务器处理数据所执行插入、删除等操作内容，确保 HBase 在写数据时不会因集群异常而导致写入数据的丢失。副本机制基于日志操作来同步数据。当集群中的某个节点异常时，协调服务组件（ZooKeeper）通知集群主节点，将故障节点的 HLog 日志信息分发给各个从节点进行数据恢复。

我们从图 2-4 中可以看出 HBase 在 Hadoop 生态系统中的位置。

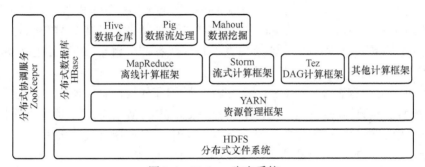

图 2-4　Hadoop 生态系统

4．HBase 系统的组件与功能

HBase 系统架构如图 2-5 所示，其中包括客户端、ZooKeeper 服务器、HMaster 主服务器、HRegionServer()数据节点服务器等。

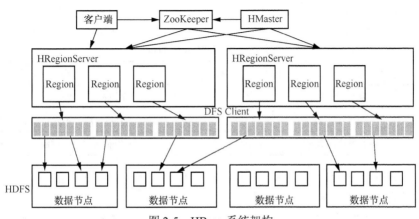

图 2-5　HBase 系统架构

（1）客户端

客户端是整个 HBase 系统的入口，用于操作 HBase。一般地，客户端与 HMaster 进行管理类操作的通信，在获取到 HRegionServer 节点的信息后，直接与 HRegionServer 进行数据读/写类操作的通信，获取并缓存 Region 数据块的位置信息，以加速后续的访问过程。HBase 为开发者提供了多种客户端，比如 HBase Shell、Java API，以及通过 Thrift 服务来连接 Python 等其他语言接口。

（2）ZooKeeper

ZooKeeper 是一种分布式应用程序的协调服务，主要用于解决分布式应用中经常出现的数据管理问题，如数据的发布/订阅、分布式协调/通知、集群管理、HMaster 选举、分布式锁等。ZooKeeper 在 HBase 中的协调任务如下。

① HMaster 节点选举。在 HBase 集群中，多个 HMaster 并存。HBase 通过竞争选举机制保证同一时刻只有一个主 HMaster 活跃，一旦这个节点故障，就从备用的 HMaster 中选出一个作为顶替，从而保证集群的高可靠性。

② 系统容错。在整个 HBase 集群启动时，每个 HRegionServer 会注册到 ZooKeeper 服务中，并创建一个状态节点。ZooKeeper 通过心跳机制来监控这些已注册的 HRegionServer 的状态，同时 HMaster 也会监控他们的状态。当某个 HRegionServer 故障后，ZooKeeper 会因接收不到它的心跳信息而将其状态节点删除，并通知 HMaster。此时，HMaster 会调度其他的节点，并开启容错机制。

③ Region 元数据管理。在 HBase 集群中，数据库的表信息、列族信息及列族的存储位置信息均属于元数据。Region 元数据存储在 Meta 表中，Meta 表位置信息以非临时 znode（ZooKeeper 中的节点）的方式注册到 ZooKeeper 中。客户端每次发起请求时，需先查询 Meta 表，然后获取 Region 位置信息。当 Region 发生变化时，可以通过 ZooKeeper 感知这一变化，从而保证客户端获取到正确的 Region 元数据。

（3）HMaster

HBase 集群的主服务器 HMaster 负责监控所有的 HRegionServer，同时负责表和 Region 的管理工作，具体如下。

① 管理用户对数据表所执行的增、删、改、查等操作。HMaster 提供的接口如表 2-1 所示。

表 2-1　HMaster 提供的接口

接口	功能
HBase 数据表	添加表、删除表、修改表
HBase 列族	添加列族、删除列族、修改列族
HBase 数据表 Region	移除 Region、分配和合并 Region

② 管理 HRegionServer 的负载均衡，处理 HRegionServer 的故障转移。

③ 调整 Region 的分布，分配和移除 Region。

HMaster 通常运行在 HDFS 的 NameNode 节点上，通过 ZooKeeper 来避免单点故障的出现。

（4）HRegionServer

HRegionServer 一般运行在 HDFS 的 DataNode 节点上，主要负责响应客户端的读/写数据请求，最终实现在 HDFS 中读/写数据。每个 HRegionServer 可存储多个 Region。它包含的功能如下。

① 处理分配的 Region，以及拆分与合并 Region。
② 处理客户端的读/写请求。
③ 刷新缓存，并把缓存写入到 HDFS 中。
④ 执行数据的压缩算法。

2.1.2 HBase 的应用场景

下面介绍一些常见的适合使用 HBase 的场景。
场景 1：数据模式是动态可变的，存储结构化数据和半结构化数据。
场景 2：数据库中的列包含很多空值的稀疏数据。
场景 3：需要很高的吞吐量，存在写入海量数据的需求。
场景 4：需要数据存储具有高可靠性、高可扩展性，整个系统可动态扩展。
场景 5：如搜索引擎存储海量网页、监控参数、用户交互数据等应用。

任务 2.2　HBase 伪分布式环境部署

任务描述：掌握 ZooKeeper 集群、Hadoop 集群的搭建方法，能够独立实现 HBase 伪分布式环境的部署。

HBase 伪分布式环境部署基于 ZooKeeper 集群和 Hadoop 集群，所以读者需要从官网下载兼容 HBase 2.4.17 版本的 Hadoop 和 ZooKeeper 安装包，以备使用。

2.2.1 ZooKeeper 简介、安装与测试

ZooKeeper 是分布式应用的协调服务，因此，在部署 HBase 伪分布式环境之前，必须先部署 ZooKeeper 集群。ZooKeeper 集群的部署步骤如下。

步骤 1：下载并安装 ZooKeeper。

从官网下载 ZooKeeper 安装包。这里选择 apache-zookeeper-3.6.3-bin.tar.gz，将其解压到/usr/local 目录下，并重命名。具体代码如下。

```
lauf@master:~$ sudo tar -zxvf  apache-zookeeper-3.6.3-bin.tar.gz -C /usr/local
lauf@master:~$ cd /usr/local
lauf@master:~$ sudo mv apache-zookeeper-3.6.3-bin  zookeeper3.6.3
```

修改 ZooKeeper 的用户及其权限，防止后面启动 ZooKeeper 服务的时候出现一些无法写入的错误。这里需要为 ZooKeeper 增加写的权限，具体代码如下。

```
lauf@master:~$ cd    /usr/local
lauf@master:~$ sudo    chown    -R    lauf:lauf    zookeeper3.6.3    #改变用户
lauf@master:~$ sudo    chmod    -R    u+w    zookeeper3.6.3        #增加写权限
```

配置 ZooKeeper 的环境变量，具体代码如下。

```
lauf@master:~$ cd    ~    #进入家目录
lauf@master:~$ sudo    vim    .bashrc
# Shift+G，跳到文件末尾，添加以下内容
export    ZOOKEEPER_HOME = /usr/local/zookeeper3.6.3
export    PATH = .:$ZOOKEEPER_HOME/bin:$PATH
```

保存并退出。运行 source.bashrc，使配置生效。

修改 ZooKeeper 的配置文件，具体代码如下。

```
lauf@master:~$ cd    /usr/local/zookeeper3.6.3/conf
lauf@master:~$ sudo    cp    zoo_sample.cfg    zoo.cfg
```

此时，启动单机版 ZooKeeper，具体代码如下。

```
lauf@master:~$ zkServer.sh    start    # 使用默认的配置文件zoo.cfg启动
lauf@master:~$ zkServer.sh    status   # 查看
lauf@master:~$ zkServer.sh    stop     # 停止
```

步骤 2：配置伪分布式的 ZooKeeper 集群。

这里的伪分布式集群部署是指在一台机器上配置多个配置文件，并根据不同的配置文件来启动 ZooKeeper 服务。具体配置如下。

```
lauf@master:~$ cd    /usr/local/zookeeper3.6.3/conf
lauf@master:~$ sudo    cp    zoo_sample.cfg    zoo1.cfg
lauf@master:~$ sudo    cp    zoo_sample.cfg    zoo2.cfg
lauf@master:~$ sudo    cp    zoo_sample.cfg    zoo3.cfg
```

在上述配置中，3 个配置文件中的 clientPort 分别为 2181、2182、2183，dataDir 分别为 /usr/local/zookeeper3.6.3/zkData1、/usr/local/zookeeper3.6.3/zkData2、/usr/local/zookeeper3.6.3/zkData3。手动创建这 3 个目录，并添加写的权限，之后在这 3 个配置文件的末尾添加以下内容。

```
server.1 = IP:2888:3888
server.2 = IP:2889:3889
server.3 = IP:2890:3890
```

在上述代码结构 server.A = B: C: D 中，A 是一个数字，表示这是第几号服务器；B 表示这台服务器的 IP 地址；C 表示这台服务器与集群中的 Leader 服务器交换信息的端口（数据同步端口），D 表示集群中的 Leader 服务器死机了，需要一个端口重新进行选举，选出一台新的 Leader 服务器，而这个端口是执行选举时服务器相互通信的端口（Leader 选举端口）。对于伪分布式集群的配置方式，由于 B 都是一样的，因此我们需要为不同的 ZooKeeper 服务器通信端口分配不同的端口号。

在各个 dataDir 目录下创建 myid 文件，并存储当前服务器的编号，具体代码如下。

```
lauf@master:~$ cd    /usr/local/zookeeper3.6.3
lauf@master:~$ sudo    touch    zkData1/myid
lauf@master:~$ sudo    touch    zkData2/myid
lauf@master:~$ sudo    touch    zkData3/myid
lauf@master:~$ sudo    -s    # 切换到超级权限
```

```
lauf@master:~$ echo  1  >  zkData1/myid
lauf@master:~$ echo  2  >  zkData2/myid
lauf@master:~$ echo  3  >  zkData3/myid
```

步骤 3：启动并测试 ZooKeeper 伪分布式集群。

依次启动 ZooKeeper 服务。在启动的时候，ZooKeeper 节点通过选举算法依次投票，选举出的 Leader 服务器是 2 号配置文件对应的 ZooKeeper 节点，其他节点则是 Fllower 节点。启动第一台服务器时查看到的状态 status 是不可用的，因为集群中节点未在半数以上。集群中奇数个节点和偶数个节点对故障的容忍度是一致的，我们建议配置奇数个 ZooKeeper 节点。

以下代码展示了依次使用配置文件来启动 ZooKeeper 服务。

```
lauf@master:~$ zkServer.sh  start  /usr/local/zookeeper3.6.3/conf/zoo1.cfg
lauf@master:~$ zkServer.sh  start  /usr/local/zookeeper3.6.3/conf/zoo2.cfg
lauf@master:~$ zkServer.sh  start  /usr/local/zookeeper3.6.3/conf/zoo3.cfg
```

查看各个节点的状态（需先关闭防火墙），具体代码如下。得到的结果如图 2-6 所示。

```
lauf@master:~$ zkServer.sh  status  /usr/local/zookeeper3.6.3/conf/zoo1.cfg
lauf@master:~$ zkServer.sh  status  /usr/local/zookeeper3.6.3/conf/zoo2.cfg
lauf@master:~$ zkServer.sh  status  /usr/local/zookeeper3.6.3/conf/zoo3.cfg
```

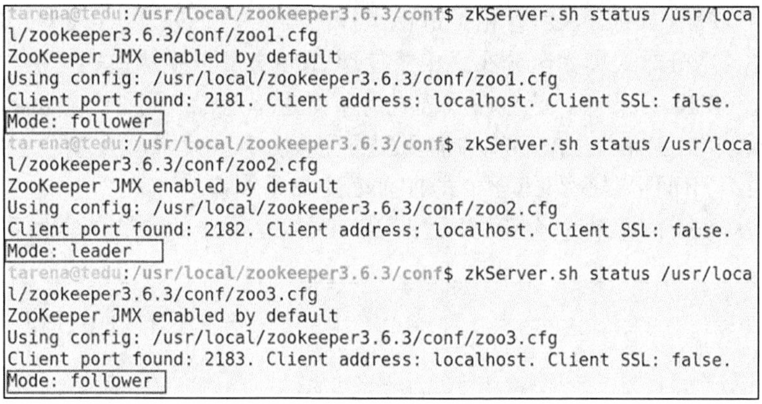

图 2-6　ZooKeeper 服务节点的状态

此时，使用 jps 命令查看所有进程，得到的结果如图 2-7 所示。

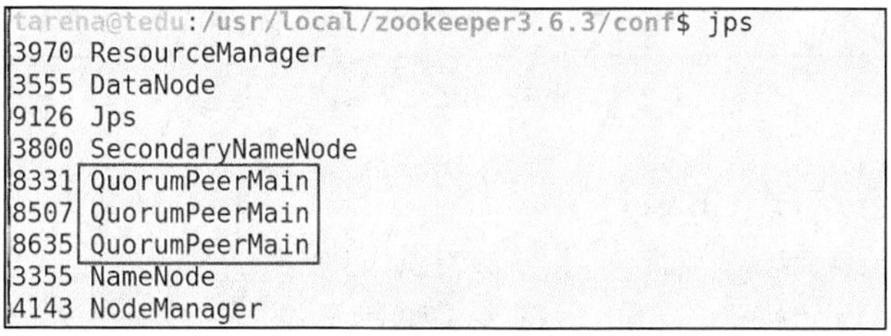

图 2-7　ZooKeeper 服务进程

客户端连接 ZooKeeper 节点所使用的命令如下。

```
lauf@master:~$ zkCli.sh  -  server  localhost:2183
# 退出使用 quit 命令
```

在 ZooKeeper 完全分布式集群中，配置文件存储在各自所在的服务器上，然后在各自所在的服务器上启动 ZooKeeper 服务进程。

2.2.2 Hadoop 简介、安装与测试

Hadoop 由 Java 语言编写而成，可以进行分布式存储和分布式计算。这里介绍 Hadoop 的安装及伪分布式环境部署方法，具体如下。

首先，安装 JDK。

然后，安装 SSH，并配置免密登录。

最后，安装 Hadoop，并部署伪分布式环境。

以上操作需要一定的 Hadoop 知识储备。对于具体的操作方法，读者可参考随书资源。

2.2.3 伪分布式 HBase 安装与配置文件的修改

HBase 的运行模式分为单机、伪分布式、完全分布式这 3 种，其中，单机模式使用本地文件系统，一般用于测试，所有相关进程运行在同一个 Java 内存模型（Java Memory Model，JVM）上；伪分布式和完全分布式模式使用 HDFS，属于主从模式，有一个主（Master）节点，多个从（Slave）节点。伪分布式模式的所有进程运行在同一个主机的同一个 JVM 上，主要用于测试。实际的生产环境中需要配置完全分布式模式，所有的进程分布在不同主机的 JVM 上。下面主要介绍伪分布式 HBase 的部署步骤。

步骤 1：从 Apache 软件基金会官网上下载 HBase 2.4.17 的安装包，如图 2-8 所示。

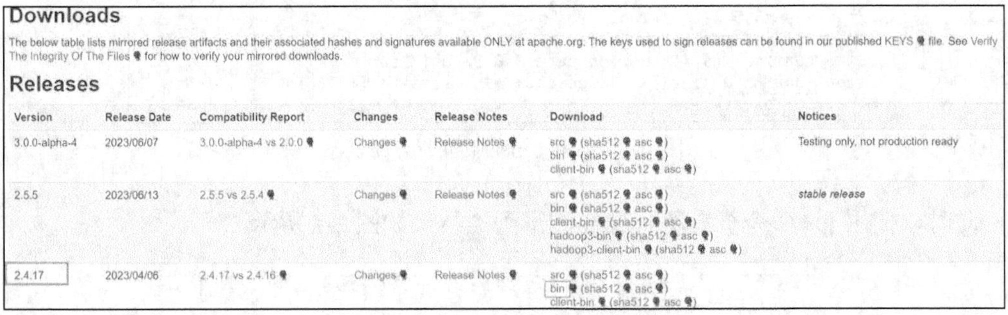

图 2-8　下载 HBase 2.4.17 安装包

步骤 2：配置伪分布式 HBase。

首先，修改 hbase-env.sh 文件内容，添加以下内容。

```
lauf@master:~$ cd  /usr/local/hbase2.4.17/conf
lauf@master:~$ sudo  vim  hbase-env.sh

# 配置如下内容
export  JAVA_HOME = /usr/local/jdk8
export  HBASE_HOME = /usr/local/hbase2.4.17
export  HBASE_MANAGES_ZK = false   # 将 ZooKeeper 作为 HBase 的一部分来管理
```

与单机模式的 HBase 相比较，伪分布式模式的配置项明显多了几项。当配置项 HBASE_MANAGES_ZK = true 时，ZooKeeper 作为 HBase 的一部分，会随着 HBase 的启动而启动、关闭而关闭，此时可以省略 ZooKeeper 的安装与配置步骤。当 HBASE_MANAGES_ZK = false 时，ZooKeeper 作为独立的集群，完全与 HBase 脱离关系。当两者独立的时候，必须先启动 ZooKeeper 集群，然后才可以启动 HBase 集群。

下面修改 hbase-site.xml 配置文件，主要配置 RegionServer 的共享目录、HBase 的分布式模式、ZooKeeper 服务的地址，具体如下。

```xml
<configuration>
    <property>
        <name>hbase.rootdir</name>
        <value>hdfs://host:port/hbase</value>
        <description>hbase.rootdir 是 RegionServer 的共享目录,用于持久化存储 HBase 的数据,默认存储在/tmp,重启 HBase 时数据会丢失
        一般配置 HDFS 目录
        如 HDFS 主机 namenode.exampleorg:9000
        </description>
    </property>
    <property>
        <name>hbase.cluster.distributed</name>
        <value>true</value>
        <description>
        HBase 的运行模式,
        false 为单机模式
        true 为分布式模式,又分为伪分布式、完全分布式
        </description>
    </property>
    <property>
        <name>hbase.zookeeper.quorum</name>
        <value>example1,example2,example3</value>
        <description>
        Zookeeper 集群的服务节点地址。本案例需要指定端口号,如 localhost: 2181, localhost:2182, localhost:2183
        </description>
    </property>
    <property>
        <name>hbase.zookeeper.property.dataDir</name>
        <value>/var/zookeeper</value>
        <description>
        存储 zookeeper 的元数据,默认存储在/tmp,重启数据会丢失
        </description>
    </property>
</configuration>
```

完成以上配置后就可以尝试启动 HBase 伪分布式集群了。

2.2.4 启动并测试 HBase 伪分布式集群

步骤 1：启动 Hadoop 伪分布式集群，具体代码如下。

```
lauf@master:~$ start-all.sh    # 也可以使用 start-dfs.sh & start-yarn.sh
```

步骤 2：启动 ZooKeeper 伪分布式集群，具体代码如下。

```
lauf@master:~$ zkServer.sh  start  /usr/local/zookeeper3.6.3/conf/zoo1.cfg
lauf@master:~$ zkServer.sh  start  /usr/local/zookeeper3.6.3/conf/zoo2.cfg
lauf@master:~$ zkServer.sh  start  /usr/local/zookeeper3.6.3/conf/zoo3.cfg
```

注意：如果 hbase-env.sh 文件中的 HBASE_MANAGES_ZK 被设置为 true，则可以省略该步骤。

步骤 3：启动 HBase 伪分布式集群，具体代码如下。

```
lauf@master:~$ start-hbase.sh      # 启动 HBase 伪分布式集群
lauf@master:~$ hbase shell         # 进入 HBase 执行数据库操作
lauf@master:~$ stop-hbase.sh       # 关闭集群
```

启动 HBase 伪分布式集群后，使用 jps 命令查看所有进程，得到的结果如图 2-9 所示。可以看出，主节点 HMaster 和从节点 HRegionServer 均已启动，这表示部署成功。在这里，同一台服务器上只开启了一个从节点，其原因是在 HBase 的配置文件 regionservers 中只有一个当前节点。

```
3970 ResourceManager
12178 QuorumPeerMain
3555 DataNode
3800 SecondaryNameNode
3355 NameNode
12476 HMaster
12253 QuorumPeerMain
12062 QuorumPeerMain
12719 Jps
4143 NodeManager
12607 HRegionServer
```

图 2-9 启动 HBase 伪分布式集群后的所有进程

完全分布式模式除了需要以上配置外，还需要更改 conf/regionservers 文件内容，在此文件中列出所有的 HRegionServer 主机名。之后，将主节点的配置文件同步到其他从节点。

任务 2.3 HBase 基本原理

任务描述：掌握 HBase 的数据模型内容，理解 HBase 数据表的行键、列族、列标识和单元格的概念，能够独立设计一张 HBase 数据表来存储信息。

2.3.1 HBase 的基本概念

1．表（Table）

HBase 虽然是非关系数据库，但与传统的关系数据库类似，也是以表的方式来组织和存储数据的，只不过这里的表包含了列族的概念。一个列族可以包含一个或者多个列。一个表中的数据通常是相关的，表名作为 HDFS 存储路径的一部分来使用。每一列族存储在同一块内存中，这非常便于统计分析。

2．行（Row）

HBase 数据表中的每一行都是一个数据对象，数据对象以行键（Row Key）作为唯一标识，这里的行键可以是任意的字符串。行键上还可以建立索引，这能够提高检索速度。

3．列族（Column Family）

HBase 的列族是一列或者多列的集合，列族的名字为可显示的字符串。列族支持动态扩展，用户可以动态添加一列或者一个列族，不需要预定义列的数据类型及数量。

4．列标识（Column Qualifier）

列族中的数据通过列标识来定位，即使用（列族:列标识）来确定一列的数据。列标识没有特定的数据类型，以二进制方式进行存储（单位为B）。存储数据时以列标识为Key，进而形成 Key-Value 键值对。

5．单元格（Cell）

行键、列族、列标识共同确定一个单元格，单元格也没有特定的数据类型，以二进制方式进行存储（单位为B）。单元格使用元组（行键,列族:列标识,时间戳）这种访问方式，不同的时间戳对应同一份数据的不同版本，最新版本的数据排在最前面。

6．时间戳（Timestamp）

每一个单元格在插入数据时，默认会使用时间戳进行版本标识。读取单元格数据时，若不指定时间戳，则会读取最新的数据。写入单元格数据时，若不指定时间戳，则会使用当前时间。单元格数据的版本数量由 HBase 单独维护，且默认保留 3 个版本。

2.3.2　HBase 的数据模型

HBase 数据的逻辑组织方式是表。表 2-2 以学生信息为例，展示了 HBase 的数据模型。

表 2-2　HBase 的数据模型

行键	列族 StuInfo				列族 Grades			时间戳
	Name	Age	Sex	Class	BigData	Computer	Math	
001	Tom	20	Male		90	85	70	T1
002	Jack	28			80		80	T2
003	Lucy	19	Female	1	85		85	T3
004	Amy	18		2	70		83	T4

从表 2-2 可以看出，HBase 数据表由多行、多个列族和时间戳组成，其中，行包括 001～004 这 4 行，列族包括 StuInfo 和 Grades。列族 StuInfo 包含 Name（姓名）、Age（年龄）、Sex（性别）、Class（年级）这 4 列。列族 Grades 包含 BigData（大数据）、Computer（计算机）、Math（数学）等课程成绩这 3 列。

HBase 面向列式存储，每一列数据存储在同一块内存上，null 值不占用内存，如访问

（002, StuInfo: Sex, T2）得到的值为 null。在 HBase 的实际物理存储中，列族是分开存储的，如表 2-3 所示。

表 2-3　列族 StuInfo 的物理存储

行键	列标识	值	时间戳
001	Name	Tom	T1
001	Age	20	T1
001	Sex	Male	T1
002	Name	Jack	T2
002	Age	28	T2
003	Name	Lucy	T3
003	Age	19	T3
003	Sex	Female	T3
003	Class	1	T3
004	Name	Amy	T4
004	Age	18	T4
004	Class	2	T4

任务 2.4　HBase Shell 基本操作

任务描述：掌握 HBase Shell 的基本操作，其中包括命名空间、表、数据等；可以使用 HBase Shell 建立命名空间，建立数据表，进行数据的增删改查等操作。

2.4.1　HBase 命名空间及其基本操作

读者可以使用 HBase Shell 命令行与 HBase 进行交互，HBase Shell 是一个封装了 Java API 的 JRuby 应用软件，只需在 HMaster 主机上输入 hbase shell 命令，就可以进入 HBase Shell 命令环境。

```
lauf@master:~$ hbase shell        # 进入 HBase 执行数据库操作
hbase(main):006:0>                # 进入 HBase Shell 命令环境
```

输入 help 后便可查看可用的命令分组，使用 help 'cmdname' 可以查看具体的命令帮助信息（注意这里的单引号是必须的，且语句结尾没有分号）。在 general 分组中有一些通用命令，例如，status 命令可以查看集群节点的状态，version 命令可以查看当前的 HBase 版本，processlist 命令查看当前运行的任务。使用 quit/exit 命令可以退出 HBase Shell 命令环境。

命名空间与关系数据库系统中的数据库类似，是表的逻辑分组。对命名空间可以进行创建、删除、更改等操作，具体的 HBase Shell 命令操作如下。

创建一个名为 ns1 的命名空间，具体代码如下。

```
hbase(main):006:0> create_namespace 'ns1'
0 row(s) in 0.9890 seconds
```

查看所有的命名空间，具体代码如下。

```
hbase(main):007:0> list_namespace
NAMESPACE
default
hbase
my1
ns1
4 row(s) in 0.0170 seconds
```

查看命名空间 ns1 中的所有表，具体代码如下。

```
hbase(main):008:0> list_namespace_tables 'ns1'
TABLE
0 row(s) in 0.0110 seconds
```

查看命名空间属性信息，具体代码如下。

```
hbase(main):009:0> describe_namespace 'ns1'
DESCRIPTION
{NAME => 'ns1'}
1 row(s) in 0.0110 seconds
```

删除命名空间 ns1，具体代码如下。

```
hbase(main):010:0> drop_namespace 'ns1'
0 row(s) in 0.8630 seconds
```

增加或者更改命名空间的属性，具体代码如下。

```
# 使用格式
alter_namespace 'ns1',{METHOD => 'set','PROPERTY_NAME' => 'VALUE'}
# 如增加一个 info 属性，其值为 my namespace
hbase(main):003:0> alter_namespace 'ns1',{METHOD => 'set','info' => 'my namespace'}
0 row(s) in 0.6170 seconds

# 描述命名空间属性
hbase(main):004:0> describe_namespace 'ns1'
DESCRIPTION
{NAME => 'ns1', info => 'my namespace'}
1 row(s) in 0.0020 seconds
# 删除 info 属性
hbase(main):005:0> alter_namespace 'ns1',{METHOD => 'unset',NAME => 'info'}
0 row(s) in 0.6110 seconds

hbase(main):006:0> describe_namespace 'ns1'
DESCRIPTION
{NAME => 'ns1'}
1 row(s) in 0.0040 seconds
```

2.4.2　HBase 数据表及其基本操作

HBase 使用表来组织和存储数据，在进行表操作前需要先创建表。与关系数据库不同，HBase 数据表没有对应的数据库，而是位于相应的命名空间中。HBase 在创建表时需指定列族的数量和属性。下面介绍表的基本操作。

1. 创建表

（1）创建表，以表 2-2 展示的学生信息为例，具体代码如下。

```
hbase(main):007:0> create 'Student','StuInfo','Grades'
0 row(s) in 1.3170 seconds

=> Hbase::Table - Student
# 或者在命名空间 ns1 下创建表 Student
hbase(main):008:0> create 'ns1:Student','StuInfo','Grades'
0 row(s) in 1.2230 seconds

=> Hbase::Table - ns1:Student
hbase(main):009:0> list_namespace_tables 'ns1'
TABLE
Student
1 row(s) in 0.0090 seconds
```

在上述代码中，第一个字符串 Student 表示表名，其后的 StuInfo、Grades 表示指定的列族，这里需要注意以下几点。

① HBase Shell 中所有的字符串参数需使用单引号，且字符串名区分大小写。

② 表名和列族之间使用逗号隔开，末尾没有分号。

（2）创建 Student 表，指定列族并设置参数，具体代码如下。

```
hbase(main):018:0> create 'Student',{NAME => 'StuInfo',VERSIONS => 3},{NAME => 'Grades',
# BLOCKCACHE => true}
0 row(s) in 1.2250 seconds

=> Hbase::Table - Student
```

在以上代码中，NAME、VERSIONS、BLOCKCACHE 表示参数名，无须使用单引号，其中，参数 NAME 表示列族的名字，VRESIONS 表示单元格可以存储版本数，BLOCKCACHE 为 true 表示读取数据时允许缓存。此外，=> 符号表示赋值操作。

（3）查看 Student 表是否存在，具体代码如下。

```
hbase(main):021:0* exists 'Student'
Table Student does exist
0 row(s) in 0.0040 seconds
# 查看已有的表，使用 list
hbase(main):022:0> list
TABLE
Student
my1:student
ns1:Student
```

```
3 row(s) in 0.0150 seconds

=> ["Student", "my1:student", "ns1:Student"]
# 查看命名空间 ns1 下的所有表
hbase(main):023:0> list_namespace_tables 'ns1'
TABLE
Student
1 row(s) in 0.0030 seconds
```

（4）查看表的结构信息可以使用 describe 命令，也可以使用该命令的缩写 desc，具体如下。

```
# 查看表的结构信息
hbase(main):023:0> describe 'student'
Table Student is ENABLED
Student COLUMN FAMILIES DESCRIPTION
{NAME => 'Grades',BLOOMFILTER => 'ROW',VERSIONS => '1',IN_MEMORY => 'false',
KEEP_DELETED_CELLS => 'FALSE',DATA_BLOCK_ENCODING =>'NONE',TTL => 'FOREVER',
COMPRESSION =>'NONE',MIN_VERSIONS => '0',BLOCKCACHE => 'true',BLOCKSIZE =>
'65536',REPLICATION_SCOPE =>'0'}
{NAME => 'StuInfo',BLOOMFILTER => 'ROW',VERSIONS => '3',IN_MEMORY => 'false',
KEEP_DELETED_CELLS => 'FALSE',DATA_BLOCK_ENCODING =>'NONE',TTL => 'FOREVER',
COMPRESSION => 'NONE',MIN_VERSIONS => '0',BLOCKCACHE => 'true',BLOCKSIZE =>
'65536',REPLICATION_sCOPE => '0'}
2 row (s)in 0.1440 seconds
```

2. 更改表结构

更改表结构可以使用 alter 命令，例如增加列族、删除列族、修改列族的参数等。

（1）更改列族的参数，将 Grades 列族的 VERSIONS 参数值改为 3，具体代码如下。

```
hbase(main):024:0> alter 'Student',{NAME => 'Grades',VERSIONS => 3}
Updating all regions with the new schema...
1/1 regions updated.
Done.
0 row(s) in 2.1590 seconds
```

需要注意的是，当修改已经存储数据的列族参数时，HBase 会对所有数据进行更改。当数据量很大时，更改速度会很慢。

（2）给 Student 表增加一个列族 Hobby，具体代码如下。

```
hbase(main):026:0> alter 'Student','Hobby'
Updating all regions with the new schema...
1/1 regions updated.
Done.
0 row(s) in 1.8690 seconds

hbase(main):027:0> describe 'Student'
Table Student is ENABLED
Student
COLUMN FAMILIES DESCRIPTION
{NAME => 'Grades', BLOOMFILTER => 'ROW', VERSIONS => '3', IN_MEMORY => 'false',
```

```
KEEP_DELETED_CELLS => 'FALSE', DATA_BLOCK_ENCODING => 'NONE', TTL => 'FOREVER',
COMPRESSION=> 'NONE', MIN_VERSIONS => '0', BLOCKCACHE => 'true',
BLOCKSIZE => '65536', REPLICATION_SCOPE => '0'}
{NAME => 'Hobby', BLOOMFILTER => 'ROW', VERSIONS => '1', IN_MEMORY => 'false',
KEEP_DELETED_CELLS => 'FALSE', DATA_BLOCK_ENCODING => 'NONE', TTL => 'FOREVER',
COMPRESSION=> 'NONE', MIN_VERSIONS => '0', BLOCKCACHE => 'true', BLOCKSIZE => '65536',
REPLICATION_SCOPE => '0'}
{NAME => 'StuInfo', BLOOMFILTER => 'ROW', VERSIONS => '3', IN_MEMORY => 'false',
KEEP_DELETED_CELLS => 'FALSE', DATA_BLOCK_ENCODING => 'NONE', TTL => 'FOREVER',
COMPRESSION => 'NONE', MIN_VERSIONS => '0', BLOCKCACHE => 'true', BLOCKSIZE => '65536',
REPLICATION_SCOPE => '0'}
3 row(s) in 0.0110 seconds
```

（3）删除 Hobby 列族，具体代码如下。注意：若表中只有一个列族则无法删除，因为 HBase 数据表至少要有一个列族。

```
hbase(main):028:0> alter 'Student',{METHOD => 'delete',NAME => 'Hobby'}
Updating all regions with the new schema...
1/1 regions updated.
Done.
0 row(s) in 1.8760 seconds


hbase(main):029:0> describe 'Student'
Table Student is ENABLED
Student
COLUMN FAMILIES DESCRIPTION
{NAME => 'Grades', BLOOMFILTER => 'ROW', VERSIONS => '3', IN_MEMORY => 'false',
KEEP_DELETED_CELLS => 'FALSE', DATA_BLOCK_ENCODING => 'NONE', TTL => 'FOREVER',
COMPRESSION => 'NONE', MIN_VERSIONS => '0', BLOCKCACHE => 'true', BLOCKSIZE => '
65536', REPLICATION_SCOPE => '0'}
{NAME => 'StuInfo', BLOOMFILTER => 'ROW', VERSIONS => '3', IN_MEMORY => 'false',
KEEP_DELETED_CELLS => 'FALSE', DATA_BLOCK_ENCODING => 'NONE', TTL => 'FOREVER',
COMPRESSION => 'NONE', MIN_VERSIONS => '0', BLOCKCACHE => 'true', BLOCKSIZE => '65536',
REPLICATION_SCOPE => '0'}
2 row(s) in 0.0130 seconds
# 也可以使用以下命令进行删除
hbase(main):030:0> alter 'Student','delete' => 'Hobby'
```

3. 删除表

删除表之前需要先禁用表，具体操作如下。

```
# 禁用表
hbase(main):036:0> disable 'Student'
0 row(s) in 2.3720 seconds
# 查看是否禁用
hbase(main):037:0> is_disabled 'Student'
true
0 row(s) in 0.0050 seconds
# 删除表
hbase(main):038:0> drop 'Student'
0 row(s) in 1.3370 seconds
```

第 2 章 HBase 安装、数据模型与数据操作

如果只想删除表中的数据，则可以使用 truncate 命令。该命令删除表中数据的操作相当于先禁用表，再删除表，最后重新创建该表结构。

常用的 HBase Shell 命令如表 2-4 所示。

表 2-4 HBase Shell 的常用命令

命令	描述
create	创建一个表
alter	更改表
describe	查看表信息
list	列出所有的表
disable/enable	禁用/解除禁用表
disable_all	禁用所有的表
is_disabled	表是否被禁用
drop	删除表
truncate	清空表数据

2.4.3 HBase 的 CRUD 操作

HBase Shell 数据操作的命令如表 2-5 所示。

表 2-5 HBase Shell 数据操作的命令

命令	描述
put	添加一个值到单元格中
get	获取行、单元格数据
scan	扫描表数据
count	统计表中的逻辑行
delete	删除列族或列数据

1. 插入数据

插入数据使用 put 命令，该命令仅仅插入一个单元格数据。put 命令使用示意如图 2-10 所示。

图 2-10 put 命令使用示意

在 HBase 中，所有的数据均为字符串；时间戳标识数据的版本，若不指定时间戳则默认使用当前时间。使用 put 命令插入表 2-2 中的第一行数据，具体代码如下。

```
hbase(main):006:0> put 'Student','001','StuInfo:Name','Tom',1
0 row(s) in 0.0780 seconds
hbase(main):007:0> put 'Student','001','StuInfo:Age',20
0 row(s) in 0.0030 seconds
hbase(main):008:0> put 'Student','001','StuInfo:Sex','Male'
0 row(s) in 0.0040 seconds
hbase(main):009:0> put 'Student','001','Grades:BigData',90
0 row(s) in 0.0050 seconds
hbase(main):010:0> put 'Student','001','Grades:Computer',85
0 row(s) in 0.0050 seconds
hbase(main):012:0> put 'Student','001','Grades:Math',70
0 row(s) in 0.0020 seconds
```

若单元格中已经存在数据，则使用 put 命令插入数据时，新数据会覆盖已有数据。例如将行键 001 的学生姓名改为 Jack，具体代码如下。

```
hbase(main):013:0> put 'Student','001','StuInfo:Name','Jack'
0 row(s) in 0.0050 seconds
# 扫描表数据
hbase(main):014:0> scan 'Student'
ROW                COLUMN + CELL
 001               column = Grades:BigData, timestamp = 1630070946662, value = 90
 001               column = Grades:Computer, timestamp = 1630070971039, value = 85
 001               column = Grades:Math, timestamp = 1630071004799, value = 70
 001               column = StuInfo:Name, timestamp = 1630071166510, value = Jack
 001               column = StuInfo:age, timestamp = 1630070726950, value = 20
 001               column = StuInfo:name, timestamp = 1, value = Tom
 001               column = StuInfo:sex, timestamp = 1630070816505, value = Male
1 row(s) in 0.0160 seconds
```

在设置了列族的 VERSIONS 参数时，put 命令可以保存多个数据版本。

2．删除数据

使用 delete 命令可以删除一个单元格或者指定行键的某行列族数据。

```
# 删除 002 行键 Grades 列族 Computer 列的数据
hbase(main):015:0> delete 'Student','002','Grades:Computer'
0 row(s) in 0.0190 seconds
# 删除 002 行键 Grades 列族的所有数据
hbase(main):016:0> delete 'Student','002','Grades'
0 row(s) in 0.0030 seconds
```

需要注意的是，delete 命令不会马上删除数据，只是将数据打上"删除"的标签，在合并数据的时候，才会删除数据。删除时若指定了时间戳，则是删除小于或等于该指定时间戳的数据。另外，delete 命令删除数据是不能跨列族的，若需要删除一行数据，只能使用 deleteall 命令。例如，删除 Student 表行键 001 的这一行数据，具体代码如下。

```
hbase(main):017:0> deleteall 'Student','001'
0 row(s) in 0.0070 seconds
```

3. 查询数据

get 命令可以获取表中一行的数据，必须指定表名和行键。例如获取 Student 表中行键 001 的一行数据，具体代码如下。

```
hbase(main):025:0> get 'Student','001'
COLUMN                  CELL
 Grades:BigData         timestamp = 1630071771468, value = 90
 Grades:Computer        timestamp = 1630071781218, value = 85
 Grades:Math            timestamp = 1630071788138, value = 70
 StuInfo:Age            timestamp = 1630071738515, value = 20
 StuInfo:Sex            timestamp = 1630071747571, value = Male
1 row(s) in 0.0060 seconds
```

get 命令也可以根据指定的列族和列标识，获取一行中对应列族的数据或对应单元格的数据。如获取 Student 表中行键 001 的学生姓名及两个版本的学生信息，具体操作如下。

```
hbase(main):032:0> get 'Student','001','StuInfo:Name'
COLUMN                  CELL
 StuInfo:Name           timestamp = 1630072022705, value = Tom
1 row(s) in 0.0040 seconds

hbase(main):033:0> get 'Student','001','StuInfo'
COLUMN                  CELL
 StuInfo:Age            timestamp = 1630071738515, value = 20
 StuInfo:Name           timestamp = 1630072022705, value = Tom
 StuInfo:Sex            timestamp = 1630071747571, value = Male
1 row(s) in 0.0040 seconds
```

另外，查询数据还经常使用 scan 命令。scan 命令可以扫描全表数据，也可以扫描加入一些限定条件的表中数据，使用方式具体如下。

```
# 查询 Student 全表数据，获取所有的行
hbase(main):034:0> scan 'Student'
ROW              COLUMN + CELL
 001             column = Grades:BigData, timestamp = 1630071771468, value = 90
 001             column = Grades:Computer, timestamp = 1630071781218, value = 85
 001             column = Grades:Math, timestamp = 1630071788138, value = 70
 001             column = StuInfo:Age, timestamp = 1630071738515, value = 20
 001             column = StuInfo:Name, timestamp = 1630072022705, value = Tom
 001             column = StuInfo:Sex, timestamp = 1630071747571, value = Male
1 row(s) in 0.0140 seconds
# 查询 Student 表 StuInfo 列族的所有数据
hbase(main):035:0> scan 'Student',{COLUMN => "StuInfo"}
ROW              COLUMN + CELL
 001             column = StuInfo:Age, timestamp = 1630071738515, value = 20
 001             column = StuInfo:Name, timestamp = 1630072022705, value = Tom
 001             column = StuInfo:Sex, timestamp = 1630071747571, value = Male
1 row(s) in 0.0050 seconds
# 查询 StuInfo:Name 列的所有数据
```

```
hbase(main):036:0> scan 'Student',{COLUMN => "StuInfo:Name"}
 ROW              COLUMN + CELL
 001              column = StuInfo:Name, timestamp = 1630072022705, value = Tom
1 row(s) in 0.0050 seconds
# 限定查询的数据条数
hbase(main):037:0> scan 'Student',{LIMIT => 1}
 ROW              COLUMN + CELL
 001              column = Grades:BigData, timestamp = 1630071771468, value = 90
 001              column = Grades:Computer, timestamp = 1630071781218, value = 85
 001              column = Grades:Math, timestamp = 1630071788138, value = 70
 001              column = StuInfo:Age, timestamp = 1630071738515, value = 20
 001              column = StuInfo:Name, timestamp = 1630072022705, value = Tom
 001              column = StuInfo:Sex, timestamp = 1630071747571, value = Male
1 row(s) in 0.0080 seconds
# 限定行键的范围，只包含 STARTROW，不包含 ENDROW
hbase(main):039:0> scan 'Student',{STARTROW => '001',ENDROW => '002'}
 ROW              COLUMN + CELL
 001              column = Grades:BigData, timestamp = 1630071771468, value = 90
 001              column = Grades:Computer, timestamp = 1630071781218, value = 85
 001              column = Grades:Math, timestamp = 1630071788138, value = 70
 001              column = StuInfo:Age, timestamp = 1630071738515, value = 20
 001              column = StuInfo:Name, timestamp = 1630072022705, value = Tom
 001              column = StuInfo:Sex, timestamp = 1630071747571, value = Male
1 row(s) in 0.0120 seconds
```

统计一个 HBase 数据表中有多少行时可以使用 count 命令，该命令会进行全表扫描，但不统计相同的行键和标记"删除"的数据行的数量。当数据量大时，该命令耗费的时间将比较长。

2.4.4 HBase 过滤器

HBase 过滤器用于条件查询，这个功能类似于 SQL 语句中的 where 语句。在使用 get 命令 / scan 命令查询数据时，可以使用过滤器限定输出范围。查看当前 HBase 支持的过滤器可以使用 show_filters 命令，所得到的结果如图 2-11 所示。

```
hbase(main):007:0* show_filters
DependentColumnFilter
KeyOnlyFilter
ColumnCountGetFilter
SingleColumnValueFilter
PrefixFilter
SingleColumnValueExcludeFilter
FirstKeyOnlyFilter
ColumnRangeFilter
```

图 2-11 过滤器类型（部分）

过滤器的使用格式如下。

```
scan 'Student',{FILTER => "过滤器(比较运算符,'比较器')"}
```

在上述格式中，使用 FILTER => 指明过滤方法，所属语句整体使用大括号，也可以不使用大括号；过滤器使用双引号；比较器使用单引号。这里的比较运算符与比较器如图 2-12 所示。

比较运算符	描述
=	等于
>	大于
>=	大于或等于
<	小于
<=	小于或等于
!=	不等于

（a）比较运算符

比较器	描述
BinaryComparator	匹配完整字节数组
BinaryPrefixComparator	匹配字节数组前缀
BitComparator	匹配比特位
NullComparator	匹配空值
RegexStringComparator	匹配正则表达式
SubstringComparator	匹配子字符串

（b）比较器

图 2-12 比较运算符与比较器

下面介绍几种常见的过滤器。

1. RowFilter 行键过滤器

RowFilter 行键过滤器可以配合比较器来实现行键字符串的过滤，如配合 BinaryComparator 比较器过滤出行键大于 001 的数据，具体代码如下。

```
hbase(main):007:0> scan 'Student',{FILTER => "RowFilter(>,'binary:001')"}
ROW              COLUMN + CELL
 002             column = StuInfo:Name, timestamp = 1630073033269, value = Lucy
1 row(s) in 0.0070 seconds
```

配合 SubstringComparator 比较器过滤出行键以 001 开头的数据，具体操作如下。但是，该比较器不支持大于（>）和小于（<）比较运算符。

```
hbase(main):008:0> scan 'Student',{FILTER => "RowFilter( = ,'substring:001')"}
ROW              COLUMN + CELL
 001             column = Grades:BigData, timestamp = 1630071771468, value = 90
 001             column = Grades:Computer, timestamp = 1630071781218, value = 85
 001             column = Grades:Math, timestamp = 1630071788138, value = 70
 001             column = StuInfo:Age, timestamp = 1630071738515, value = 20
 001             column = StuInfo:Name, timestamp = 1630072022705, value = Tom
 001             column = StuInfo:Sex, timestamp = 1630071747571, value = Male
1 row(s) in 0.0220 seconds
```

过滤器还可以这样使用，具体如下。

```
hbase(main):008:0> scan 'Student ' ,FILTER=>"RowFilter(>, ' binary:001' )"
ROW              COLUMN + CELL
 002             column = StuInfo:Age, timestamp = 1627226994232,value=28
 002             column = StuInfo:Name, timestamp = 1627226963024, value = Jack
1 row(s) in 0.6690 seconds

hbase(main):008:0> scan 'Student ' ,FILTER => "RowFilter( =, ' substring:001' ) "
ROW              COLUMN + CELL
 001             column = Grades:Math, timestamp = 1627224477893, value=70
 001             column = Grades:Math, timestamp = 1627224477893, value=70
```

```
001                 column = StuInfo:Name, timestamp = 1627223409989, value=Jack
001                 column = StuInfo:Name, timestamp = 1627223409989, value=Jack
001                 column = StuInfo:Sex, timestamp = 1627224411413, value=Male
1 row(s) in 0.1480 seconds
```

HBase 其他的行键过滤器如表 2-6 所示。

表 2-6 HBase 其他行键过滤器

行键过滤器	功能描述	使用示例
PrefixFilter	前缀过滤器，比较行键的前缀	scan 'Student', FILTER => "PrefixFilter('001')" 作用等同于 scan 'Student', FILTER => "RowFilter(=,' substring:001')"
KeyOnlyFilter	只显示列名，不显示具体的值	scan 'Student', FILTER => "KeyOnlyFilter()"
FirstKeyOnlyFilter	只显示列族中第一列的单元格值	scan 'Student', FILTER => "FirstKeyOnlyFilter()"
InclusiveStopFilter	作用等同于 ENDROW，二者的区别在于本过滤器会返回结束行	scan 'Student', {STARTROW => '001', FILTER => "InclusiveStopFilter('binary:002')"} 作用等同于 scan 'Student', {STARTROW => '001', ENDROW => '003'}

2. FamilyFilter 列（族）过滤器

列（族）过滤器使用 FamilyFilter，其语法格式与 RowFilter 类似，查询指定列（族）的数据。例如，查询 Student 表中 StuInfo 列（族）的所有行数据，具体操作如下。

```
hbase(main):009:0> scan 'Student',FILTER = >"FamilyFilter( = ,'substring:StuInfo')"
ROW                 COLUMN + CELL
001                 column = StuInfo:Age, timestamp = 1630071738515, value=20
001                 column = StuInfo:Name, timestamp = 1630072022705, value=Tom
001                 column = StuInfo:Sex, timestamp = 1630071747571, value=Male
002                 column = StuInfo:Name, timestamp = 1630073033269, value=Lucy
2 row(s) in 0.0210 seconds
```

其他的列（族）过滤器如表 2-7 所示。

表 2-7 HBase 其他列（族）过滤器

列过滤器	功能描述	使用示例
QualifierFilter	列标识过滤器，只显示对应列的数据	scan 'Student', FILTER => "QualifierFilter(=,' substring:Com')" 作用等同于 scan 'Student', FILTER => "ColumnPrefixFilter('Com')"
ColumnPrefixFilter	列名前缀过滤器	scan 'Student', FILTER => "ColumnPrefixFilter('Com')"
MultipleColumnPrefixFilter	使用多个前缀对列过滤	scan 'Student', FILTER => "MultipleColumnPrefixFilter('Com',' Math')"
ColumnRangeFilter	列名范围过滤器，指明起始列、终止列使用 true / false 表示是否包含该列	scan 'Student', FILTER => "ColumnRangeFilter('Big', true,' Math', false)"

3．值过滤器

值过滤器针对 HBase 数据表中单元格的数据进行过滤。值过滤器如表 2-8 所示。

表 2-8　HBase 值的过滤器

值过滤器	功能描述	使用示例
ValueFilter	值过滤器，找到符合值条件的键值对	scan 'Student', FILTER => "ValueFilter(=, 'substring:ck')" # 找到值包含"ck"的键值对
SingleColumnValueFilter	在指定列族：列中的单元格进行值过滤 返回单元格所在的行	scan 'Student', FILTER => "SingleColumnValueFilter ('StuInfo', 'Name', = ,'substring:jack')"
SingleColumnValueExcludeFilter	排除成功匹配的单元格值，返回该行的其他值	scan 'Student', FILTER => "SingleColumnValueExcludeFilter ('StuInfo', 'Name' ,=, 'substring:jack')"

4．其他过滤器

HBase 还有一些其他过滤器，如表 2-9 所示。

表 2-9　HBase 的其他过滤器

过滤器	功能描述	使用示例
ColumnCountGetFilter	每行返回键值对的个数，仅在 get 命令中使用	get 'Student', '002', FILTER => "Column CountGetFilter(1)"
TimestampsFilter	时间戳过滤器，等值过滤	scan 'Student', FILTER => "Timestamps Filter(1, 2)"
InclusiveStopFilter	设置停止行，并包含该行可以实现提前停止	scan 'Student', {STARTROW => '001', ENDROW => '004', FILTER => "Inclusive Stop Filter('002')"}
PageFilter	查询结果按行分页	scan 'Student', {STARTROW => '001', ENDROW => '005', FILTER => "Page Filter(2)"}
ColumnPaginationFilter	对一行的所有列分页，返回 [limit, offset]之内的列	scan 'Student', {STARTROW => '001', ENDROW => '005', FILTER => "Column Pagination Filter(2,1)"}# offset 为 1，取 2 列

本章小结

在任务 2.1 中，本章介绍了 HBase 的相关概念及组件。在任务 2.2 中，本章讲解了 HBase 的伪分布式环境部署，伪分布式环境部署基于 HDFS 文件系统，既有 HMaster 主节点又有 HRegionServer 从节点。在任务 2.3 中，本章介绍了 HBase 的基本原理，HBase 存储数据是按照表的方式来进行组织存储的，只不过它的表结构跟普通的关系表略有不同，通过详细讲解 HBase 数据表的结构并与关系数据库对比的方式来让读者对 HBase 的理解更加深入。在任务 2.4 中，本章讲解了 HBase Shell 操作，包括命名空间的操作、表的操作、数据的增删改查等操作，这里的一些命令比较琐碎，读者需要多加练习才能灵活掌握。

学完本章,读者需要掌握如下知识点。
1. HBase 相关概念及各个组件,HBase 的特性及使用场景。
2. ZooKeeper 的安装、配置、伪分布式部署,Hadoop 的安装、配置、伪分布式部署。
3. HBase 的表结构数据模型及支持的数据类型。
4. HBase Shell 基本操作,例如命名空间、表、数据等操作。

第 3 章 MongoDB 安装、数据操作与安全操作

本章主要介绍 MongoDB 的基本概念、基本特性、安装和使用方法。

MongoDB 是一个开源文档数据库，具有高性能、高可用性和自动扩展的特点。MongoDB 是用 C++语言编写的非关系数据库；与 HBase 相比，MongoDB 可以存储数据结构更加复杂的数据，具有很强的数据描述能力。MongoDB 提供了丰富的操作功能，被认为是最像关系数据库的非关系数据库。

本章还介绍 MongoDB 的基本操作，其中包括 MongoDB 的聚合操作、MongoDB 的索引操作和 MongoDB 的安全操作。

【学习目标】
1. 了解 MongoDB 的概念，掌握类 SQL 语句的相关内容。
2. 完成 MongoDB 的安装。
3. 掌握 MongoDB 的基本使用方法。
4. 掌握 MongoDB 聚合操作语句的使用方法。
5. 掌握 MongoDB 索引操作语句的使用方法。
6. 掌握 MongoDB 安全操作语句的使用方法。

任务 3.1 MongoDB 概述

任务描述：了解 MongoDB 的概念、面向文档、数据类型、特性及优势，并理解 MongoDB 的数据结构以及类 SQL 语句。

3.1.1 MongoDB 简介

MongoDB（来自英文单词 Humongous，其中文含义为庞大）是可以应用于各种规模的企业、各个行业以及各类应用程序的开源数据库，是目前 NoSQL 数据库中使用非常广泛的数据库之一。根据 DB-Engines Ranking 于 2023 年 8 月份发布的全球数据库排名（如图 3-1 所示），前 6 名依次是 Oracle、MySQL、Microsoft SQL Server、PostgreSQL、MongoDB 和 Redis。此排名已经持续很长时间，在这排名前 6 的数据库中，MongoDB 被专业开发人员和编码学习人员所使用的比例持续增长，这说明信息技术公司和开发人员对 MongoDB 的认可度非常高。

Rank			DBMS	Database Model	Score		
Aug 2023	Jul 2023	Aug 2022			Aug 2023	Jul 2023	Aug 2022
1.	1.	1.	Oracle	Relational, Multi-model	1242.10	-13.91	-18.70
2.	2.	2.	MySQL	Relational, Multi-model	1130.45	-19.89	-72.40
3.	3.	3.	Microsoft SQL Server	Relational, Multi-model	920.81	-0.78	-24.14
4.	4.	4.	PostgreSQL	Relational, Multi-model	620.38	+2.55	+2.38
5.	5.	5.	MongoDB	Document, Multi-model	434.49	-1.00	-43.17
6.	6.	6.	Redis	Key-value, Multi-model	162.97	-0.80	-13.43
7.	↑8.	↑8.	Elasticsearch	Search engine, Multi-model	139.92	+0.33	-15.16
8.	↓7.	↓7.	IBM Db2	Relational, Multi-model	139.24	-0.58	-17.99
9.	9.	9.	Microsoft Access	Relational	130.34	-0.38	-16.16
10.	10.	10.	SQLite	Relational	129.92	-0.27	-8.95
11.	11.	↑13.	Snowflake	Relational	120.62	+2.94	+17.50
12.	12.	↓11.	Cassandra	Wide column, Multi-model	107.38	+0.86	-10.76
13.	13.	↓12.	MariaDB	Relational, Multi-model	98.65	+2.55	-15.24
14.	14.	14.	Splunk	Search engine	88.98	+1.87	-8.46
15.	↑16.	15.	Amazon DynamoDB	Multi-model	83.55	+4.75	-3.71
16.	↓15.	16.	Microsoft Azure SQL Database	Relational, Multi-model	79.51	+0.55	-6.67
17.	17.	17.	Hive	Relational	73.35	+0.48	-5.31
18.	18.	↑22.	Databricks	Multi-model	71.34	+2.87	+16.72
19.	19.	↓18.	Teradata	Relational, Multi-model	61.31	+1.06	-7.76
20.	20.	↑24.	Google BigQuery	Relational	53.90	-1.52	+3.87

图 3-1 2023 年 8 月全球数据库排名

MongoDB 具有高性能、高可用、可伸缩、易部署、易使用，以及数据存储十分方便等特点，主要特性有：面向集合存储，易于存储对象类型的数据，模式自由，支持动态查询，支持完全索引，支持复制和故障恢复，使用高效的二进制数据存储，文件存储格式为 BSON（一种 JSON 的扩展）等。

数据库访问时延的增大可能会带来直接的经济损失，所以，MongoDB#4.4 之后的版本提供了 Hedged Reads（对冲读）的功能，即在分片集群的场景下，MongoDB 会把一个读请求同时发送给某个分片的两个副本集成员，之后选择最快的返回结果回复给客户端，以缩短业务上的时延。

在生产过程中，因机器故障导致系统死机的情况不可避免。单体数据库在计算能力和存储能力上的瓶颈也无法满足当前的数据量爆发式增长的需求，而解决这两个问题就是系统对高可用和可伸缩架构的需求。MongoDB 在原生上可满足这两方面的需求，它的高可用性体现在对副本集的支持上，可伸缩性体现在分片集群的部署方式上。

MongoDB 的副本集提供自动故障转移和数据冗余服务，副本集的结构可以保证数据库中的全部数据都会有多份备份，这与 HDFS 的备份机制比较类似。采用副本集的集群中具有主（Master）、从（Slaver）、仲裁（Arbiter）这 3 种角色。主从（Master-Slaver）关系负责数据的同步和读写分离；Arbiter 服务负责心跳（Heartbeat）监控，在 Master 死机时将 Slaver 切换到 Master 状态，继续提供数据的服务，满足了数据的高可用需求。

当需要存储大量的数据时，主、从服务器都需要存储全部数据，这可能会出现写性能问题。同时，副本机制解决的主要是读数据高可用方面的问题，在对数据库查询时也只限制查询一台服务器，并不能支持一次查询多台数据库服务器，也没有满足数据库读/写操作的分布式需求。MongoDB 中提供水平可伸缩功能的是分片（Shard）。分片的操作与 HDFS 会将文件切成 128 MB（Hadoop 3.x 默认配置）这种操作相似，也是通过将数据切成数片

第 3 章 MongoDB 安装、数据操作与安全操作

（Sharding）写入不同的分片节点，完成分布式写入。同时，MongoDB 在读取数据时提供了分布式读的方式，这种方式与 HDFS 的分布式读/写方式十分类似。

MongoDB 的安装非常简单，支持多种安装方式，对第三方组件的依赖程度很低，这使得用户可以使用 MongoDB 较容易地搭建起一个完整的生产集群。MongoDB 的单机部署十分简单，对于分片副本集的安装也有第三方工具可提供辅助支持。

MongoDB 对开发者十分友好，便于使用，支持丰富的查询语言、数据聚合、文本搜索、地理空间查询等功能，让用户可以创建丰富的索引来提升查询速度。读者可以通过对比 MongoDB 与关系数据库操作的这种方式来掌握 MongoDB 的操作特点。MongoDB 允许用户在服务端执行脚本。用户可以先用 JavaScript 编写某个函数，然后直接在服务端执行；也可以把函数的定义存储在服务端，使用时直接调用即可。MongoDB 支持多种编程语言，例如 Ruby、Python、Java、C++、PHP、C#等。

1. 面向文档

（1）文档数据模型

传统的关系数据库需要对表结构进行预先定义，且对表结构有着严格的要求。而这样的严格要求导致处理数据的过程更加烦琐，甚至降低了执行效率。在数据量达到一定规模的情况下，传统关系数据库反应迟钝。要想解决这个问题，就需要反其道而行之，尽可能地去掉传统关系数据库的各种规范约束，甚至无须预览定义数据存储结构。

文档数据模型支持对结构化数据的访问。与关系数据模型不同的是，文档数据模型没有强制的架构。文档数据模型以封包键值对的方式进行数据存储，文档数据模型支持嵌套结构。例如，文档数据模型支持 XML 和 JSON 文档，字段的值可以嵌套存储其他文档，也可存储数组等数据类型。MongoDB 存储数据的文档类型为 BSON，BSON 是一种类 JSON 的二进制存储格式，是 Binary JSON 的简称。MongoDB 的文档数据模型如图 3-2 所示，它的存储逻辑结构为文档。文档中采用键值对结构，文档中的_id 为主键，默认创建主键索引。从 MongoDB 的存储逻辑结构中可以看出，MongoDB 的相关操作大多是通过指定键完成对值的操作。

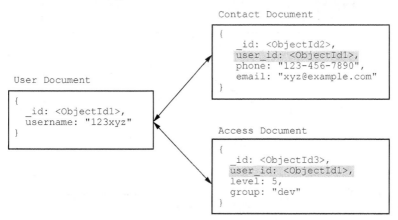

图 3-2 MongoDB 的文档数据模型

文档数据库无须预先定义数据存储结构，这与键值数据库和列族数据库类似，只需在存储时采用指定的文档结构。从图 3-2 中可以看出，一个大括号（{}）中包含了若干个键

值对,大括号中的内容称为一条文档。

(2)文档存储结构

文档数据库的存储结构分为 4 层,从小到大依次是:键值对、文档、集合、数据库。图 3-3 描述了 MongoDB 存储与 MySQL 存储的对应关系。从图 3-3 中可以看出,MongoDB 中的文档、集合、数据库对应于关系数据库中的行数据、表、数据库。

MySQL术语(概念)	MongoDB术语(概念)	解释(说明)
database	database	数据库
table	collection	数据表/集合
row(一条记录,实体)	document	行/文档
column	field	数据字段/域
table join	—	表连接,MongoDB不支持
primary key	primary key	主键,MongoDB自动将_id字段设置为主键

图 3-3 MongoDB 存储与 MySQL 存储的对应关系

① 键值对

文档数据库存储结构的基本单位是键值对,包含数据和类型。键值对的数据包含键和值,其中,键的格式一般为字符串,值的格式可以包含字符串、数值、数组、文档等类型。键值对可以按照复杂程度分为基本键值对和嵌套键值对。例如,图 3-2 中键值对的键为字符串,值为基本类型,这种键值对称为基本键值对。嵌套键值对如图 3-4 所示。从图 3-4 可以看出,contact 键对应的值为一个文档,该文档中又包含了相关的键值对,这种类型的键值对称为嵌套键值对。

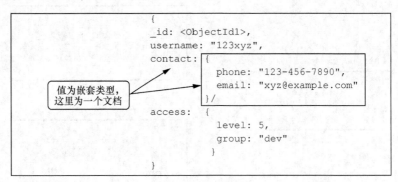

图 3-4 嵌套键值对

键起着唯一索引的作用,确保一个键值结构中数据记录的唯一性,同时也起着信息记录的作用。例如,"country: China"用":"实现了对一条地址的分割记录,"country"起到了"China"唯一地址的作用。另外,"country"作为键的内容,说明了所对应内容的一些信息。

值是键所对应的数据,其内容通过键来获取,可存储任何类型的数据,甚至可以为空。

键和值构成了键值对,它们之间的关系是一一对应的,例如定义了"country: China"键值对,那么"country"只能对应"China",而不能对应"USA"。

文档中键的命名规则如下。
- 名称为 UTF-8 标准的字符串。
- 不用有字符串"\0",不建议用字符"."和"$"。
- 以"_"开头的多为保留键,因此自定义时一般不以"_"开头。
- 文档键值对是有序的,英文字符严格区分大小写。

② 文档

文档是 MongoDB 的核心概念,是数据的基本单元,与关系数据库中的行十分类似,但比行复杂。文档是一组有序的键值对集合。文档的数据结构与 JSON 文档的数据结构基本相同,所有存储在集合中的数据格式都是 BSON。一个简单的文档例子如下。

```
{"country": "China", "city": "Beijing"}
```

MongoDB 中的数据具有灵活的架构,且集合不强制要求文档结构,但数据建模的不同可能会影响程序性能和数据库容量。文档和文档之间的关系是数据建模需要考虑的重要因素,包括嵌入和引用两种。下面通过一个顾客 patron 文档和地址 address 文档之间关系的例子来说明在某些情况下,嵌入关系优于引用关系。patron 文档和 address 文档的内容如下。

```
{
    _id: "joe",
    name: "Joe Bookreader",
    patron_id: "joe",
    street: "123 Fake Street",
    city: "Faketon",
    state: "MA",
    zip: "12345"
}
```

采用引用关系时,patron 文档和 address 文档是两个相互独立的文档,只有在查询时进行关联,这就是引用的使用方式。在实际查询中,如果需要频繁地通过_id 获得 address 信息,那么就需要频繁地通过关联引用来返回查询结果。在这种情况下,嵌入关系表示更为合适。将 address 信息嵌入 patron 信息中,这样通过一次查询就可获得完整的 patron 和 address 信息。具体代码如下。

```
{
    _id: "joe",
    name: "Joe Bookreader",
    address: {
            street: "123 Fake Street",
            city: "Faketon",
            state: "MA",
            zip: "12345"
        }
}
```

如果具有多个 address 文档，那么可以将它们嵌入 patron 文档中，这样通过一次查询就可获得完整的 patron 文档和多个 address 文档信息。具体代码如下。

```
{
    _id: "joe",
    name: "Joe Bookreader",
    addresses: [
                {
                  street: "123 Fake Street",
                  city: "Faketon",
                  state: "MA",
                  zip: "12345"
                },
                {
                  street: "1 Some Other Street",
                  city: "Boston",
                  state: "MA",
                  zip: "12345"
                }
              ]
}
```

但是，在一些情况下，引用关系比嵌入关系更有优势。下面通过一个图书出版商与图书信息的例子来进行说明，具体代码如下。

```
{
    title: "MongoDB: The Definitive Guide",
    author: [ "Kristina Chodorow", "Mike Dirolf" ],
    published_date: ISODate("2010-09-24"),
    pages: 216,
    language: "English",
    publisher: {
               name: "O'Reilly Media",
               founded: 1980,
               location: "CA"
               }
}
{
    title: "50 Tips and Tricks for MongoDB Developer",
    author: "Kristina Chodorow",
    published_date: ISODate("2011-05-06"),
    pages: 68,
    language: "English",
    publisher: {
               name: "O'Reilly Media",
               founded: 1980,
               location: "CA"
               }
}
```

第 3 章　MongoDB 安装、数据操作与安全操作

从上述代码中可以看出，嵌入关系导致出版商的信息被重复发布，这时可采用引用关系来描述集合之间的关系。在使用引用关系时，关系的增长速度决定了引用的存储位置。如果每个出版商的图书数量很少且新书增长量有限，那么将图书信息存储在出版商文档中是可行的。通过 books 数组来存储每本图书的 id 信息，这样就可以查询到指定出版商的指定图书信息。但如果图书出版商的图书数量很多，则此数据模型将导致 books 数组是可变的、不断增长的。具体代码如下。

```
{
    name: "O'Reilly Media",
    founded: 1980,
    location: "CA",
    books: [123456789, 234567890, ...]
}
{
    _id: 123456789,
    title: "MongoDB: The Definitive Guide",
    author: [ "Kristina Chodorow", "Mike Dirolf" ],
    published_date: ISODate("2010-09-24"),
    pages: 216,
    language: "English"
}
{
    _id: 234567890,
    title: "50 Tips and Tricks for MongoDB Developer",
    author: "Kristina Chodorow",
    published_date: ISODate("2011-05-06"),
    pages: 68,
    language: "English"
}
```

为了避免出现可变的、不断增长的数组，可以将出版商引用关系存储到图书文档中，具体代码如下。

```
{
    _id: "oreilly",
    name: "O'Reilly Media",
    founded: 1980,
    location: "CA"
}
{
    _id: 123456789,
    title: "MongoDB: The Definitive Guide",
    author: [ "Kristina Chodorow", "Mike Dirolf" ],
    published_date: ISODate("2010-09-24"),
    pages: 216,
    language: "English",
    publisher_id: "oreilly"
}
{
    _id: 234567890,
```

```
    title: "50 Tips and Tricks for MongoDB Developer",
    author: "Kristina Chodorow",
    published_date: ISODate("2011-05-06"),
    pages: 68,
    language: "English",
    publisher_id: "oreilly"
}
```

③ 集合

MongoDB 将文档存储在集合中，一个集合是一些文档所构成的对象。如果说 MongoDB 中的文档类似于关系数据库中的行，那么集合就如同关系数据库中的表。集合存在于数据库中，没有固定的结构，这意味着用户对集合可以插入不同格式和类型的数据。但是，在通常情况下，插入集合的数据都会有一定的关联性，即一个集合中的文档应该具有相关性。集合的结构如图 3-5 所示。

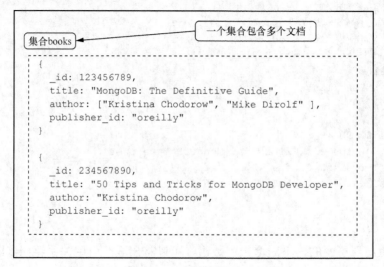

图 3-5　集合的结构

④ 数据库

在 MongoDB 中，数据库由集合组成。一个 MongoDB 实例可承载多个数据库，这些数据库之间彼此独立。在开发过程中，一个应用的所有数据通常被存储到同一个数据库中。MongoDB 将不同的数据库存储在不同文件中。数据库的结构如图 3-6 所示。

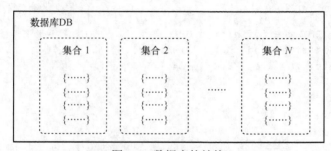

图 3-6　数据库的结构

2．数据类型

JSON 是一种网络常用的数据格式，具有自描述性。JSON 的数据表示方式易于解析，但支持的数据类型有限。BSON 目前主要用于 MongoDB 中，选择 JSON 进行改造的主要原因是 JSON 具有通用性及无模式写入（Schemaless）特性。BSON 对 JSON 的改进主要有下面 3 点。

（1）更快的遍历速度

BSON 对 JSON 的一个主要改进是 BSON 元素头部设置了一个区域，用于存储元素的长度。当遍历时，如果想跳过某个文档进行读取，就可以先读取存储在 BSON 元素头部的元素长度，直接查找到指定的点上。而在 JSON 中，要想跳过一个文档进行数据读取，需要先在对此文档进行扫描的同时匹配数据结构，这样才可以完成跳过文档操作。

（2）操作更简易

如果要修改 JSON 数据中的一个值，如将 9 修改为 10，这实际上是将一个字符变成了两个字符，那么会导致其后面的所有内容都向后移一位。而在 BSON 中，可以指定值所在列为整型，那么当将 9 修改为 10 时，只是在整型范围内对数字进行修改，数据总长并不会变化。需要注意的是：如果数字从整型变为长整型，那么值的修改还是会导致数据总长增加。

（3）支持更多的数据类型

BSON 在 JSON 的基础上增加了很多额外的类型，例如字节数组（Byte Array），这使得二进制数据的存储不再需要先进行 base64[①]转换、再存储为 JSON 格式，减少了计算开销。

BSON 支持的数据类型如表 3-1 所示。

表 3-1　BSON 支持的数据类型

类型	描述和示例
Null	表示空值或者不存在的字段，如{"x": null}
Boolean	布尔型有 true 和 false，如{"x": true}
Number	数值：客户端默认使用 64 bit 浮点型数值，如{"x": 3.14}或{"x": 3}。对于整型值，包括 NumberInt（长度为 4 B 的符号整数）或 NumberLong（长度为 8 B 的符号整数）。用户也可以指定数值类型，如{"x": NumberInt("3")}
String	字符串：BSON 字符格式是 UTF-8，如{"x": "中文"}
Regular Expression	正则表达式：语法与 JavaScript 的正则表达式相同，如{"x": /[cba]/}
Array	数组：使用"[]"表示，如{"x": ["a","b","c"]}
Object	内嵌文档：文档的值是嵌套文档，如{"a": {"b": 3 }}
ObjectId	对象 id：对象 id 是一个长度为 12 B 的字符串，是文档的唯一标识，如{"x": ObjectId() }
Binary Data	二进制数据：是一个任意长度（单位为 B）的字符串。它不能直接在 Shell 中使用。如果要将非 UTF-8 标准的字符保存到数据库中，那么二进制数据是唯一的方式

---

① base64 是一种用字符串表示二进制数的编码方式。

续表

类型	描述和示例
JavaScript	代码：查询和文档中可以包括任何 JavaScript 代码，如{"x": function(){/*...*/}}
Data	日期：{"x": new Date()}
Timestamp	时间戳：var a = new Timestamp()

3．特性

MongoDB 的特点是高性能、易部署、易使用，存储数据非常方便，具体如下。

① 面向集合存储，易存储对象类型的数据。
② 模式自由。
③ 支持动态查询。
④ 支持完全索引，其中包含内部对象。
⑤ 支持查询。
⑥ 支持复制和故障恢复。
⑦ 使用高效的二进制数据存储，其中包括大型对象（如视频）。
⑧ 自动处理碎片，以支持云计算层次的扩展性（碎片化会浪费云资源）。
⑨ 支持 Go、Ruby、Python、Java、C++、PHP、C#等多种语言。
⑩ 文件存储格式为 BSON。

4．优势

与关系数据库相比，MongoDB 具有以下优点。

（1）弱一致性（最终一致），更能保证用户的访问速度

举例来说，在传统的关系数据库中，一个 Count 类型的操作会锁定数据集，这样可以保证得到当前情况下较精确的值。这在一些情况下，例如通过自动取款机查看账户信息的时候很重要，但对于英文词库 Wordnik 来说，数据是不断更新的，数据量是不断增长的，这种"较精确"的保证几乎没有意义，反而会产生很大的操作时延，这时需要的是一个大约的数字以及更快的处理速度。

（2）内置 GridFS，支持大容量存储

GridFS 是一个出色的分布式文件系统，可以支持海量的数据存储。内置了 GridFS 的 MongoDB 能够满足对大数据集的快速查询。

（3）内置自动分片机制

MongoDB 提供自动分片（Auto Sharding）机制：一个集合可按照记录的范围分成若干个段，切分为不同的分片（Shard）。分片可以和复制集结合，配合复制集能够实现分片+故障转移，使分片之间可以做到负载均衡。

（4）第三方支持丰富

很多 NoSQL 数据库完全属于社区型的，没有官方支持，这给使用者带来了很大风险。而 MongoDB 有商业公司 10gen 为其提供商业培训和支持。

目前，MongoDB 社区非常活跃，很多开发框架迅速提供了对 MongDB 的支持。不少知名大公司和网站也在生产环境中使用 MongoDB。

（5）性能优越

在使用场合下，对于千万级别的文档对象，MongoDB 对有索引字段的查询速度并不会比 MySQL 慢；对非索引字段的查询，和 MySQL 比更是全面胜出。MongoDB 的写入性能同样比较优秀。

3.1.2 MongoDB 的类 SQL 数据库特性

MongoDB 中的数据有着灵活的架构。SQL 数据库必须先定义表结构，然后才能向 SQL 数据库中插入数据，而 MongoDB 的集合不强制要求任何文档结构，这种灵活性方便了文档与实体或者对象之间的映射。每个文档可以匹配所表示实体的数据域，哪怕这个数据之后会发生变化。当然在实际应用中，最好还是让集合中的文档有着类似的结构。

数据模型设计的难点在于要在应用需求、数据库引擎性能和数据获取模式之间达到平衡。在设计数据模型时，设计师总是会考虑应用程序对数据的使用（如查询、更新和数据处理），以及数据本身的继承结构。

1. 数据结构

MongoDB 的数据结构为 database -> collection -> document，其中：

- database 可以理解为关系数据库的数据库；
- collection 可以理解为表；
- document 为元素，即对象或文档（可以嵌套）。

这种结构类似于 JSON，格式如下。

```
{
    field1: value1,
    field2: value2,
    field3: value3,
    ...
    fieldN: valueN
}
```

MongoDB 中的 document 可能包含 Filed-Value 键值对，其中，Value 可以是其他文档、集合、文档数组和基本数据类型——双精度浮点型、字符串、日期等示例代码如下。

```
{
    _id: ObjectId("5099803df3f4948bd2f98391"),
    name: {first: "Alan", last: "Turing"},
    birth: new Date('Jun 23, 1912'),
    death: new Date('Jun 07, 1954'),
    contribs: ["Turing machine", "Turing test", "Turingery"],
    views: NumberLong(1250000)
}
```

在上述示例中，各字段的含义如下。

_id：保存对象 id（相当于主键）。

name：子文档，包含 first 和 last 字段。

birth 和 death：一个日期类型的字段。

contribs：字符串数组。

views：一个数据类型为长整型的字段。

在 MongoDB 中，所有的字段名称都是字符串类型。

2．类 SQL 语句

MongoDB 将 BSON 文档（即数据记录）存储在文档集合中，数据库包含文档集合。MongoDB 中存在数据库的概念，但没有模式的概念。MongoDB 保存数据的结构是 BSON，只不过在进行一些数据处理的时候才会使用 MongoDB 自带的操作。MongoDB 自带的 JavaScript Shell 可以用于管理或操作 MongoDB。

下面通过几个具体实例来介绍 MongoDB 常用的 SQL 与传统关系数据库的对比。

（1）创建、修改和删除

① 表的创建语句

```
//SQL 语句：
    create table users(
        id mediuminty not null auto_increment,
        user_id varchar(30),
        age Number,
        status char(1),
        primary key (id)
    )
//MongoDB 语句：
    db.users.insertOne({
        user_id:"xiaohao",
        age:55,
        status:"A"
    })
```

② 表的修改语句——新增字段

```
//SQL 语句：
    alter table users add join_date datetime
//MongoDB 语句：
    db.users.updateMany(
        {},
        {$set: {join_date: new Date()}}
    )
```

③ 表的修改语句——删除字段

```
//SQL 语句：
    alter table users drop column join_date
//MongoDB 语句：
    db.users updateMany(
        {},
        {$unset: {join_date: ""}}
    )
```

④ 索引的创建

```
//SQL 语句：
    create index idx_user_id_asc on user(user_id)
```

```
//MongoDB 语句：
    db.users.createIndex({user_id: 1})
```
⑤ 表的删除
```
//SQL 语句：
    drop table users
//MongoDB 语句：
    db.users.drop()
```
（2）数据插入
```
//SQL 语句：
    insert into users(user_id, age, status) values ("001",18, true)
//MongoDB 语句：
    db.users.insert(
        {user_id: "001", age: 18, status: true}
    )
```
（3）数据查询
① 数据全查询
```
//SQL 语句：
    select * from users
//MongoDB 语句：
    db.users.find({})
```
② 字段查询
```
//SQL 语句：
    select id, user_id, status from users
//MongoDB 语句：
    db.users.find({"user_id": 1, "status": 1})
```
③ 特定字段查询
```
//SQL 语句：
    select user_id, status from users
//MongoDB 语句：
    db.users.find(
        {},
        {"user_id": 1, "status": 1, "_id": 0}
    )
```
④ 条件查询
```
//SQL 语句：
    select * from users where status = "A"
//MongoDB 语句：
    db.users.find(
        {"status": "A"}
    )
```
⑤ 返回特定字段的条件查询
```
//SQL 语句：
    select user_id, status from users where status = "A"
//MongoDB 语句：
    db.users.find(
        {"status": "A"},
```

```
            {"user_id": 1, "status": 1, "_id": 0}
    )
```

（4）数据删除

① 条件删除

```
//SQL 语句：
    delete from users where status = "D"
//MongoDB 语句：
    db.users.delete(
        {"status": "D"}
    )
```

② 整个表删除

```
//SQL 语句：
    delete from users
//MongoDB 语句：
    db.users.delete({})
```

任务 3.2 MongoDB 的安装

本节主要介绍 MongoDB 单机模式的安装与使用，其中详细介绍 Windows 环境下和 Ubuntu 环境下 MongoDB 的安装过程。

3.2.1 在 Windows 环境下安装 MongoDB

1. 下载

MongoDB 官网下载界面如图 3-7 所示。读者根据自己的操作系统，选择对应版本下载 MongoDB 安装包。

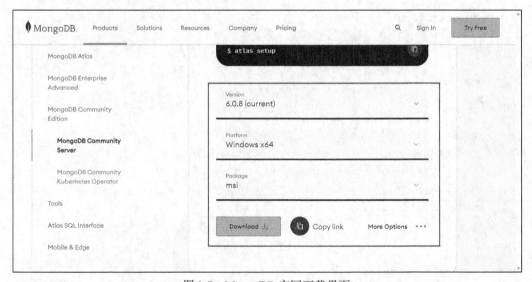

图 3-7 MongoDB 官网下载界面

第 3 章 MongoDB 安装、数据操作与安全操作

2. 安装

MongoDB 的安装界面如图 3-8 所示，具体步骤如下。

图 3-8　MongoDB 的安装界面

步骤 1：在终端用户许可协议（End-User License Agreement）界面选择"I accept the terms in the License Agreement"选项，如图 3-9 所示。

图 3-9　终端用户许可协议界面

步骤 2：在选择安装类型（Choose Setup Type）界面选择"Custom"，如图 3-10 所示。

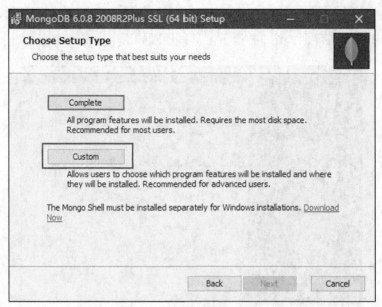

图 3-10　选择安装类型界面

步骤 3：在自定义安装（Custom Setup）界面设置安装路径，如图 3-11 所示。本次安装目录是 D:\Program Files\MongoDB\Server\6.0\。

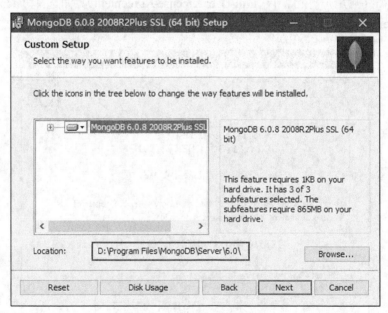

图 3-11　自定义安装路径选择

步骤 4：在服务配置（Service Configuration）界面设置相关路径，如图 3-12 所示。这一步中的 Data Directory 指定默认数据库文件路径，Log Directory 指定默认数据库日志路径。

步骤 5：选择是否安装 MongoDB Compass（MongoDB Compass 是 MongoDB 的图形

第 3 章 MongoDB 安装、数据操作与安全操作

化客户端),如图 3-13 所示。如果需要 MongoDB Compass,读者可以直接到官网下载。这一步不要勾选"Install MongoDB Compass",否则会花费较多时间。

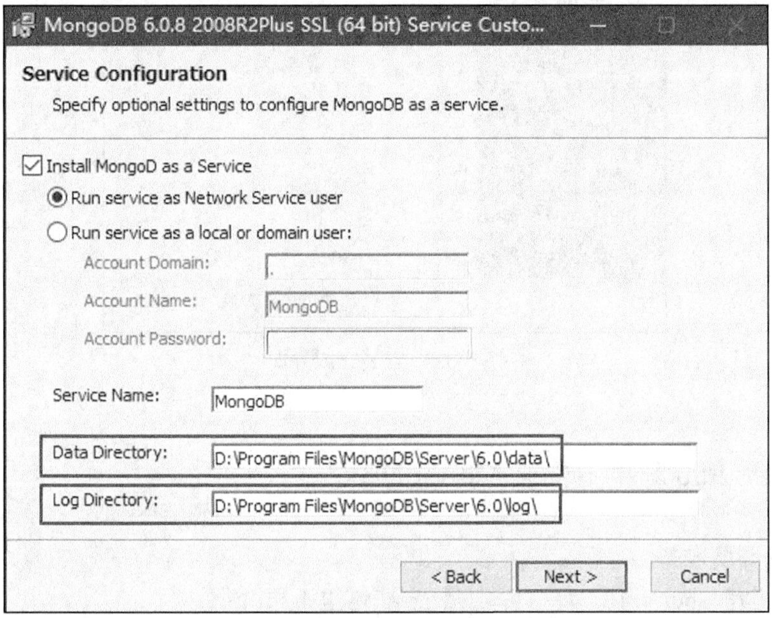

图 3-12 服务配置

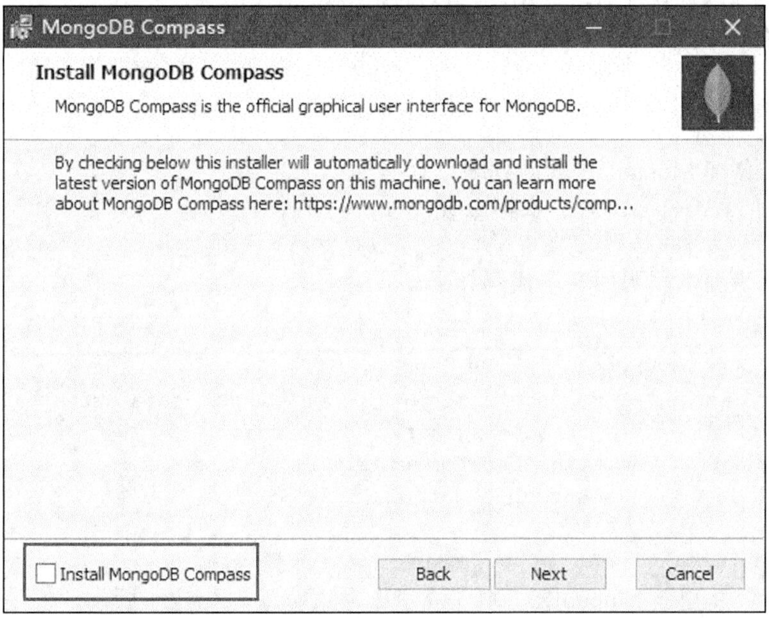

图 3-13 选择是否安装 MongoDB Compass

步骤 6:安装完成(Completed the MongoDB 6.0.8 2008R2Plus SSL (64 bit) Setup Wizard),其界面如图 3-14 所示。

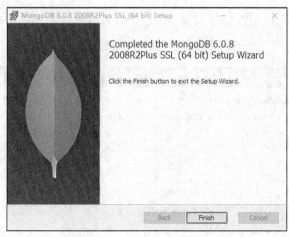

图 3-14 安装完成界面

3.2.2 在 Ubuntu 环境下安装 MongoDB

1. 系统环境准备

提前安装好 Ubuntu 18.04，具体安装方法这里不再介绍。

2. 在 Ubuntu 环境下安装 MongoDB 的步骤

步骤 1：导入包管理系统使用的 GPG[①] 公钥，代码如下。

```
# 先安装 gnupg 和 curl
sudo apt-get install gnupg curl
# 导入公钥
curl -fsSL
```

步骤 2：创建 MongoDB 的源列表，代码如下。

```
echo "deb [ arch = amd64,arm64 signed-by =
        /usr/share/keyrings/mongodb-server-6.0.gpg ]
```

步骤 3：更新本地源列表，代码如下。

```
sudo apt-get update
```

步骤 4：安装 MongoDB，代码如下。

```
sudo apt-get install -y mongodb-org = 6.0.8 mongodb-org-database = 6.0.8
                    mongodb-org-server = 6.0.8
                    mongodb-org-mongos = 6.0.8
                    mongodb-org-tools = 6.0.8
# 或者
sudo apt-get install -y mongodb-org
```

步骤 5：禁止更新 MongoDB，代码如下。尽管安装时指定了版本，但是有新版本时，MongoDB 还是会默认更新。

```
echo "mongodb-org hold" | sudo dpkg --set-selections
echo "mongodb-org-database hold" | sudo dpkg --set-selections
```

[①] GPG，GNU Privacy Guard，是 GNU 版的隐私保护软件，即加密软件。

```
echo "mongodb-org-server hold" | sudo dpkg --set-selections
echo "mongodb-mongosh hold" | sudo dpkg --set-selections
echo "mongodb-org-mongos hold" | sudo dpkg --set-selections
echo "mongodb-org-tools hold" | sudo dpkg --set-selections
```

步骤6：创建MongoDB数据库的文件目录、日志目录和日志，代码如下。

```
cd /home/ubuntu
mkdir -p mongodb/data
mkdir -p mongodb/log
touch mongodb/log/mongodb.log
```

步骤7：启动mongod服务，代码如下。

```
mongod --dbpath /home/ubuntu/mongodb/data --logpath /home/ubuntu/mongodb/log/mongodb.log --logappend -fork
```

3. 资源设置

大部分的类UNIX操作系统会限制用户可以使用的系统资源，这些限制会影响MongoDB的操作，所以需要进行相应的设置。

（1）查看系统资源的限制

代码如下。

```
sudo -s
ulimit -a
```

（2）更改系统资源的限制

代码如下。

```
ulimit -n 210000              # 更改文件描述符的数量
# 不指定-H 或-S 表示同时更改硬限制和软限制
ulimit -H / -S  -n 210000 # 设置了-H或-S时，只更改一个
# 改变其他的只需替换-n 参数
```

ulimit的更改是临时性的，会在系统重启时恢复原值。

（3）更改MongoDB的资源限制（当前设置对MongoDB的部署相当重要）

代码如下。

```
-f (file size): unlimited
-t (cpu time): unlimited
-v (virtual memory): unlimited
-l (locked-in-memory size): unlimited
-n (open files): 64000
-m (memory size): unlimited
-u (processes/threads): 64000
```

更改后需重启mongod进程，这样更改信息才会生效。

（4）配置MongoDB管理员账户

代码如下。

```
$ mongosh
> show dbs
> use admin # 进入admin数据库
> db.createUser({user: 'admin', pwd: 'admin', roles: [{role: 'root', db: 'admin'}]})
```

在上述代码中，user对应的字符串表示用户名，pwd对应的字符串表示密码。roles可以表示多个角色，其格式为：

roles: [{role: '角色名', db: '角色所属数据库'}, {role: '角色名 2', db: '角色所属数据库 2'}, …]。

（5）配置远程连接

代码如下。

```
sudo vim /etc/mongod.conf

net:
  port = 27017
  bindIp = 0.0.0.0          # 注意缩进一个空格

security:
  authorization: enabled    # 注意空格，否则服务无法启动
```

配置结束后重启服务，具体代码如下。

```
mongod --dbpath /home/ubuntu/mongodb/data --logpath /home/ubuntu/mongodb/log/mongodb.log --logappend --fork
mongosh
> show dbs                          # 显示数据库
> use admin
> db.auth('admin', 'admin')  # admin 前者对应 user，后者对应 pwd
```

下面进行远程连接，具体代码如下。

```
mongosh --host ip --port 27017 -u user -p pwd # ip、user 和 pwd 取实际值
```

若需查看帮助，可使用 mongo -h 命令。

（6）MongoDB 的卸载

卸载 MongoDB 的代码具体如下。

```
sudo apt-get purge mongoDB-org*
```

3.2.3　MongoDB 启动测试

前面介绍了 MongoDB 在 Windows 和 Ubuntu 环境下的安装过程，下面对 Windows 环境下的 MongoDB 进行启动测试。

注意：Windows 环境下的 MongoDB 6.x 不再默认安装 MongoDB Shell 工具，需要进行额外安装。读者可以在 MongoDB Shell 官网进行下载，安装后即可连接 MongoDB 数据库。MongoDB Shell 的安装步骤与 MongoDB 安装步骤相似，此处不再赘述。MongoDB 的启动测试过程如下。

（1）进入 mongo 命令行模式在"开始"菜单找到"MongoDB Inc"目录，单击运行"mongosh"即可进入 mongo 命令行模式。这时可以查看到 MongoDB 和 Mongo Shell 的版本信息，如图 3-15 所示。

输入数据库命令 db 查看当前数据库，得到的结果如图 3-16 所示。

（2）查看服务状态

进入"服务"列表，找到 MongoDB Server (MongoDB)，查看其状态是否为正在运行。从图 3-17 中可以看出，MongoDB Server 的服务状态为正在运行。

第 3 章 MongoDB 安装、数据操作与安全操作

图 3-15 mongo 命令行模式中的版本信息

图 3-16 测试　　　　　　　　图 3-17 MongoDB 的服务状态

（3）测试服务是否能正常使用

访问（内部网站）http://localhost:27017，得到的结果如图 3-18 所示。图中所示内容表示服务正常使用，默认端口号为 27017。

图 3-18 Web 访问

至此，Windows 环境下 MongoDB 的安装和启动测试全部完成。

任务 3.3　MongoDB 的基本使用方法

任务描述：掌握 MongoDB 的基本操作，其中包括文档操作、数据库操作、聚合操作、索引操作、安全操作以及 MongoDB 的编程操作，熟练使用这些操作的相关代码。

3.3.1　数据库与集合的基本操作

1. 数据库级别操作

MongoDB 安装完成后，其默认的数据库是 test。读者学习时可以在默认 test 数据库上进行各种练习操作。当然，实际的操作过程中需要创建很多实例，因此，读者需要掌握自定义数据库的基本规则。

（1）数据库的命名规则

数据库的名称为字符串，其命名规则要符合 UTF-8 标准，同时还要遵循表 3-2 所示的注意事项。

表 3-2　MongoDB 数据库命名的注意事项

序号	注意事项
1	不能是空字符串
2	不得含有/\、?、、$，以及空格、空字符等，建议使用 ASCII 码中的字母和数字
3	字母不区分大小写，建议采用全部小写的形式
4	名称大小最多为 64 B
5	不得使用保留的数据库名，如 admin、local、config 等

注意：数据库最终会以文件的形式存在，数据库名就是文件的名称，因此，在命名时还需注意以下几点。

① 由于数据库名称在 MongoDB 中不区分字母大小写，因此数据库名称的区别不能仅仅是字符大小写的区别。

② 对于在 Windows 环境上运行的 MongoDB，数据库名称不能包含这些字符：/\、"、$、*、<、>、:、|和？。

③ 对于在 UNIX 和 Linux 环境上运行的 MongoDB，数据库名称不能包含这些字符：/\、。、"和$。

④ 虽然 UTF-8 标准支持 MongoDB 使用中文作为数据库名，但我们建议采用以字母、数字、字符等为主的命名方式。

对于 MongoDB 来说，这些命名格式是正确的：myDB、my_NewDB、myDB12；这些命名格式是不被接受的：.myDB、/123。

（2）数据库操作

① 数据库类型

MongoDB 保留的数据库如表 3-3 所示。

表 3-3　MongoDB 保留的数据库

库名	作用
admin	权限数据库，添加用户到该数据库中，该用户会自动继承数据库的所有权限
local	该数据库中的数据永远不会被复制
config	分片时，config 数据库在内部使用，保存分片信息
test	默认数据库，可以用来做各种测试等
自定义数据库	根据应用系统的需要建立的业务数据库

② 创建自定义数据库

使用 use 命令创建数据库，具体代码如下。

```
use myDB
```

如果数据库不存在，那么 MongoDB 会在第一次使用该数据库时创建数据库。如果数据库已经存在，则 MongoDB 会连接数据库，然后在该数据库进行各种操作。

③ 查看数据库

使用 show 命令查看当前数据库列表，具体代码如下。

```
> show dbs            // 可以在当前数据库上执行该命令
admin   0.000GB       // 保留数据库 admin
myDB    0.000GB
                      // 自定义的数据库 myDB，该数据库中已经插入记录，没有记录的自定义数据库不会被显示
local   0.000GB       // 保留数据库 local
test    0.000GB       // 保留数据库 test
```

MongoDB 默认的数据库为 test。如果没有创建新的数据库，集合将存储在 test 数据库中。如果自定义数据库没有插入记录，那么当用户查看数据库时，这类数据库不会被显示，而插入数据的数据库会显示相应的信息。

④ 统计数据库信息

使用 stats() 方法可查看数据库的具体统计信息。注意对某个数据库进行操作之前，一定先用 use 命令切换至该数据库，否则会出错，代码如下。

```
> use test                // 选择执行的 test 数据库
switched to db test       // use 执行后返回的结果
> db.stats()              // 统计数据信息
{
    "db": "test",         // 数据库名
    "collections": 0,     // 集合数量
    "views": 0,
    "objects": 0,         // 文档数量
    "avgObjSize": 0,      // 平均每个文档的大小
```

```
    "dataSize": 0,        // 数据占用空间大小,不包括索引,单位为字节(B)
    "storageSize": 0,     // 分配的存储空间
    "numExtents": 0,      // 连续分配的数据块
    "indexes": 0,         // 索引个数
    "indexSize": 0,       // 索引占用空间大小
    "fileSize": 0,        // 物理存储文件的大小
    "ok": 1
}
```

⑤ 删除数据库

使用 dropDatabase()方法删除数据库,代码如下。

```
> db.dropDatabase()                      // 删除当前数据库
{"dropped": "myDB","ok": 1}              // 删除成功
```

⑥ 查看集合

使用 getCollectionName()方法查询当前数据库下的所有集合,代码如下。

```
use test
db.getCollectionNames()       // 查询当前数据库下的所有集合
```

2. 集合级别操作

MongoDB 将文档存储在集合中。如果集合不存在,则 MongoDB 会在第一次存储该集合数据时创建该集合。

(1)集合名称的命名规则

MongoDB 的集合相当于 MySQL 的表(Table),MySQL 使用 show tables 命令列出的所有表,MongoDB 可以使用 show collections 命令展示所有集合。集合是一组文档,是无模式的,其名称要符合 UTF-8 标准的字符串。同时,集合的命名还要遵循表 3-4 所示的注意事项。

表 3-4 MongoDB 集合命名的注意事项

序号	注意事项
1	集合名不能是空字符串
2	不能含有空字符 "\0"
3	不能以 "system." 开头,这是系统集合保留的前缀
4	集合名不能含保留字符$

对于部署在 Windows、Linux、UNIX 等环境上的 MongoDB 数据库,集合的命名方式与数据库的命名方式一致。

(2)集合操作

① MongoDB 创建集合的方式

集合的创建有显式和隐式两种方法。显式创建可通过使用 db.createCollection(name, options)方法来实现,其中,name 表示要创建的集合名称;options 是可选项,指定内存大小和索引。表 3-5 描述了 options 可使用的选项。

表 3-5　db.createCollection(name, options)方法中 options 参数的可用选项

参数	类型	描述
capped	布尔值	如果值为真（True），则启用上限集合。上限集合是固定元素数量的集合。当达到其最大值时，该集合的新条目会自动覆盖最旧的条目。如果指定值为 true，则还需要指定 size 参数
size	数值	指定上限集合的最大值（单位为字节，B）。如果 capped 参数的值为 true，那么此字段的值还需要进行指定
max	数值	指定上限集合中允许的最大文档数

显式创建集合的代码如下。

```
db.createCollection("myDB", {capped: true,size: 6142800, max: 10000 })
```

在 MongoDB 中，当插入文档时，如果集合不存在，则 MongoDB 会隐式地自动创建集合，代码如下。

```
db.myDB.insert({"name": "tom"})
```

② 集合的其他操作

创建集合后可以通过 show collections 命令查看集合的详细信息，使用 renameCollection()方法可对集合进行重新命名，删除集合使用 drop()方法，代码如下。

```
show collections
db.myDB.renameCollection("orders2014")
db.orders2014.drop()
```

3.3.2　文档的基本操作

1．文档的键定义规则

文档是 MongoDB 中存储的基本单元，是一组有序的键值对集合。文档中存储的文档键名是符合 UTF-8 标准的字符串。文档键的命名要遵循表 3-6 所示的注意事项。

表 3-6　MongoDB 文档键命名的注意事项

序号	注意事项
1	不能包含"\0"（空字符），因为这个字符表示键的结束
2	不能包含"$"和"."，因为"$"和"."是被保留的，只能在特定环境下使用
3	区分类型（如字符串和整数），同时也区分字母大小写
4	在一条文档中，键不能重复

注意：以上所有规范必须符合 UTF-8 标准，文档的键值对是有顺序的，相同的键值对如果顺序不同，那么对应的是不同的文档。MongoDB 文档会区分字母大小写和数据类型，例如，以下两组文档是不同的。

文档 1 如下。

```
{"recommend": "5"}
{"recommend": 5}
```

文档 2 如下。

```
{"Recommend": "5"}
{"recommend": "5"}
```

2．插入操作

要将数据插入 MongoDB 集合中，可以使用 insert()方法。对于插入单条和多条数据，MongoDB 提供了更可靠的 insertOne()方法和 insertMany()方法。

MongoDB 向集合中插入记录时，无须事先对数据存储结构进行定义。如果待插入的集合不存在，则插入操作会默认创建集合。在 MongoDB 中，插入操作以单个集合为目标，MongoDB 中的所有写入操作都是单个文档级别的原子操作。

向集合中插入数据的语法如下。

```
db.collection.insert(
   <document or array of documents>,
   {
   writeConcern: <document>,    // 可选字段
   ordered: <boolean>           // 可选字段
   }
)
```

上述代码中各参数的含义如下。db 表示数据库名，collection 表示集合名，insert 为插入文档命令，这三者之间用"."连接。<document or array of documents>参数表示可设置插入单个或多个文档。writeConcern:<document>参数表示自定义写出错的级别，这是一种出错捕捉机制。ordered:<boolean>默认值为 true，表示在数组中执行文档的有序插入，并且如果其中一个文档发生错误，MongoDB 将返回而不处理数组中的其余文档；如果值为 false，则执行无序插入，若其中一个文档发生错误，MongoDB 会忽略错误，继续处理数组中的其余文档。

插入不指定_id 字段的文档的代码如下。

```
> db.test.insert({ item: "card", qty: 15 })
```

在插入期间，mongod 实例将创建_id 字段并为其分配唯一的 ObjectId 值。这里的 mongod 是一个 MongoDB 服务器的实例，也就是 MongoDB 服务驻扎在计算机上的进程。查看集合文档的代码如下。

```
> db.test.find()
{"_id": ObjectId("5bacac84bb5e8c5dff78dc21"), "item": "card", "qty": 15}
```

这些 ObjectId 值与执行操作时的机器和时间有关，因此，读者执行这段命令后得到的返回值与上述代码中的值是不同的。

插入指定_id 字段的文档的代码如下。这里的_id 值必须在集合中是唯一的，以避免重复键错误。

```
> db.test.insert(
{_id: 10, item: "box", qty: 20}
)
> db.test.find()
{"_id": 10, "item": "box", "qty": 20}
```

可以看到，新插入文档的 id 值为指定的 id 值。

插入的多个文档无须具有相同的字段，例如，下面代码中的第一个文档包含一个_id 字段和一个 type 字段，第二个和第三个文档不包含_id 字段。由此可知，在插入过程中，MongoDB 将会为第二个和第三个文档创建默认_id 字段。

```
db.test.insert(
  [
    {_id: 11, item: "pencil", qty: 50, type: "no.2"},
    {item: "pen", qty: 20},
    {item: "eraser", qty: 25}
  ]
)
```

下面进行查询和验证，代码如下。可以看到，在_id 字段插入时，系统自动为第二个和第三个文档创建了字段。

```
> db.test.find()
{"_id": 11, "item": "pencil", "qty": 50, "type": "no.2"}
{"_id": ObjectId("5bacf31728b746e917e06b27"), "item": "pen", "qty": 20}
{"_id": ObjectId("5bacf31728b746e917e06b28"), "item": "eraser", "qty": 25}
```

用变量方式插入文档的代码如下。

```
> document=({name:"c 语言",price:40})  // document 为变量名
> db.test.insert(document)
```

有序地插入多条文档的代码如下。

```
> db.test.insert([
    {_id:10, item:"pen", price:"20"},
    {_id:12, item:"redpen", price:"30"},
    {_id:11, item:"bluepen", price:"40"}
  ], {ordered: true}
)
```

当设置了 ordered:true 时，插入的数据是有序的。如果存在某条待插入文档和集合中已存在文档_id 相同的情况，那么_id 相同的文档与后续文档都将不再进行插入。当设置了 ordered:false 时，除了出错记录（包括_id 重复）外，其他的文档继续进行插入。

MongoDB 新增文档可以指定插入单条还是多条，插入代码如下。

```
db.collection.insertOne()   // 插入单个文档
db.collection.insertMany()  // 插入多条文档
```

使用 insertOne()命令插入一条文档的代码如下。

```
db.test.insertOne( { item: "card", qty: 15 } )
```

使用 insertMany()命令插入多条文档的代码如下。

```
db.test.insertMany( [
  {item: "card", qty: 15},
  {item: "envelope", qty: 20},
  {item: "stamps", qty: 30}
] );
```

3．更新操作

MongoDB 使用 update()方法来更新集合中的文档。官方推荐使用 updateOne()方法和 updateMany()方法分别更新单条和多条文档。

update()方法更新文档的基本语法如下。

```
db.collection.update(
    <query>,
    <update>,
    {
        upsert,
        multi,
        writeConcern,
        collation
    }
)
```

上述代码中各参数的含义如下。<query>参数表示查询条件，<update>为更新操作符。upsert 为布尔型可选项，表示如果不存在待更新的文档，是否插入这个新的文档，其中，true 表示插入；默认值为 false，表示不插入。multi 参数也是布尔型可选项，默认值为 false，只更新找到的第一条记录。该字段的值如果为 true，则表示把按条件查询出来的记录全部更新。writeConcern 参数表示出错级别。collation 参数可以指定语言，例如按中文排序。

例如，插入一条数据后，使用 update()方法进行更改，代码如下。

```
db.test.insertMany([
    {item: "card", qty: 15},
    {item: "envelope", qty: 20},
    {item: "stamps", qty: 30}
]);
// 修改 item: "card", qty:15 中 qty 的值为 35
db.test.update(
    {
        Item: "card"
    },
    {
        $set: {qty: 35}
    }
)
```

collation 参数允许 MongoDB 的用户根据不同的语言定制排序规则。在 MongoDB 中，字符串被默认当作一个普通的二进制字符串进行对比。而使用中文名称时通常有按拼音顺序排序的需求，这时就可以通过 collation 参数来实现。在创建集合时，可指定 collation 参数的值为 zh，并按 name 字段排序，这样便会按照 collation 参数指定的中文规则来排序，代码如下。

```
db.createCollection("person", {collation: {locale: "zh"}})
// 创建集合并指定语言
db.person.insert({name: "张三"})
db.person.insert({name: "李四"})
db.person.insert({name: "王五"})
db.person.insert({name: "马六"})
db.person.insert({name: "张七"})
db.person.find().sort({name: 1})  // 查询并排序,name:1 指定返回 name 列
```

返回结果如下。

```
{ "_id": ObjectId("586b995d0cec8d86881cffae"), "name": "李四" }
{ "_id": ObjectId("586b995d0cec8d86881cffb0"), "name": "马六" }
{ "_id": ObjectId("586b995d0cec8d86881cffaf"), "name": "王五" }
{ "_id": ObjectId("586b995d0cec8d86881cffb1"), "name": "张七" }
{ "_id": ObjectId("586b995d0cec8d86881cffad"), "name": "张三" }
```

4．删除操作

（1）remove()方法

如果不再需要 MongoDB 中存储的文档，那么可以通过删除命令将其永久删除。删除 MongoDB 集合中的数据可以使用 remove()方法。remove()方法可以接收一个查询文档作为可选参数，来有选择性地删除符合条件的文档。删除文档是永久性的，这个操作不能撤销，被删除的文档也不能恢复，因此，在执行 remove()方法前最好先用 find()方法来查看所删文档是否正确。

remove()方法的基本语法格式如下。

```
db.collection.remove(
    <query>,
    {
        justOne: <boolean>, writeConcern: <document>
    }
)
```

上述代码中各参数含义如下。query 为必选项，可以设置删除的文档的条件。justOne 为布尔型可选项，默认值为 false，表示删除符合条件的所有文档；如果值为 true，则表示只删除一个文档。writeConcern 为可选项，可以设置抛出异常的级别。

下面举例来说明集合中文档的删除。首先进行两次插入操作，即执行两次以下代码。

```
> db.test.insert(
    {
        title: 'MongoDB ',
        description: 'MongoDB 是一个 NoSQL 数据库',
        by: '瑞翼教育',
        tags: ['MongoDB', 'database', 'NoSQL'],
        likes: 100
    }
)
```

然后使用 find()方法进行查询，代码如下。

```
> db.test.find()
{ "_id": ObjectId("5ba9d8b124857a5fefc1fde6"),
"title": "MongoDB ",
"description": "MongoDB 是一个 NoSQL 数据库",
"by": "瑞翼教育",
"tags":[ "MongoDB", "database", "NoSQL" ],
"likes": 100 }
{ "_id": ObjectId("5ba9d90924857a5fefc1fde7"),
"title": "MongoDB ",
"description": "MongoDB 是一个 NoSQL 数据库",
"by": "瑞翼教育",
"tags": [ "MongoDB", "database", "NoSQL" ],
"likes": 100 }
```

最后移除 title 为'MongoDB'的文档。执行后进行查询，会发现两条文档记录均被删除，代码如下。

```
> db.test.remove({'title':'MongoDB '})
WriteResult({ "nRemoved": 2 })        # 删除了两条文档记录
```

另外，remove()方法可以通过设置的比较条件来删除。以下代码展示了删除 price 大于 3 的文档记录。

```
> db.test.remove(
    {
        price:{$gt:3}
    }
)
```

（2）delete 命令

MongoDB 官方推荐使用 deleteOne()方法和 deleteMany()方法来删除文档，它们的语法格式如下。

```
db.collection.deleteMany({})
db.collection.deleteMany({ status: "A" })
db.collection.deleteOne({ status: "D" })
```

在上述代码中，第一条语句删除集合中的所有文档，第二条语句删除 status 为 A 的全部文档，第三条语句删除 status 为 D 的一个文档。

5．查询操作

关系数据库中可以实现基于表的各种查询，以及通过投影操作符来返回指定的列。相应的查询功能也可以在 MongoDB 中实现。由于支持嵌套文档和数组，MongoDB 也可以实现基于嵌套文档和数组的查询。

（1）find()方法

MongoDB 中查询文档使用 find()方法。find()方法以非结构化的方式来显示所要查询的文档，其语法格式如下。

```
> db.collection.find(query, projection)
```

其中，query 为可选项，设置查询操作符指定查询条件；projection 也为可选项，表示使用投影操作符指定返回的字段，如果忽略此选项则返回所有字段。

查询 test 集合中的所有文档时，为了使结果展示更为直观，可使用.pretty()方法以格式化的方式进显示，具体方法如下。

```
> db.test.find().pretty()
```

除了 find()方法，还可使用 findOne()方法来查询文档。该方法只返回一个文档。

（2）查询条件

MongoDB 支持条件操作符。表 3-7 展示了 MongoDB 与 RDBMS 条件操作符的对比，读者可以通过这种对比来理解 MongoDB 条件操作符的使用方法。

表 3-7　MongoDB 与 RDBMS 条件操作符的对比

操作符	MongoDB 格式	MongoDB 实例	RDBMS(where 语句)
等于（=）	{<key>:{<value>}	db.test.find({price:24 })	where price = 24

续表

操作符	MongoDB 格式	MongoDB 实例	RDBMS(where 语句)
大于（>）	{<key>:{$gt:<value>}}	db.test.find({price:{$gt:24}})	where price > 24
小于（<）	{<key>:{$lt:<value>}}	db.test.find({price:{$lt:24}})	where price < 24
大于或等于（>=）	{<key>:{$gte:<value>}}	db.test.find({price:{$gte:24}})	where price >= 24
小于或等于（<=）	{<key>:{$lte:<value>}}	db.test.find({price:{$lte:24}})	where price <= 24
不等于（!=）	{<key>:{$ne:<value>}}	db.test.find({price:{$ne:24}})	where price != 24
与（and）	{key01:value01,key02:value02,...}	db.test.find({name:"《MongoDB 教程》",price:24})	where name = "《MongoDB 教程》"and price = 24
或（or）	{$or:[{key01:value01},{key02:value02},...]}	db.test.find({$or:[{name:"《MongoDB 教程》"},{price:24}]})	where name = "《MongoDB 教程》"or price = 24

（3）特定类型查询

例如 test 集合中有以下文档数据：

```
> db.test.find()
{ "_id": ObjectId("5ba7342c7f9318ea62161351"),
"name": "《MongoDB 教程》",
"price":24,
"tags": [ "MongoDB", "NoSQL", "database" ],
"by": "瑞翼教育" }
{ "_id": ObjectId("5ba747bd7f9318ea62161352"),
"name": "Java 教程",
"price":36,
"tags": [ "编程语言", "Java 语言", " 面向对象程序设计语言" ],
"by": "瑞翼教育" }
{ "_id": ObjectId("5ba75a057f9318ea62161356"),
"name": "王二",
"age": null }
```

查询 age 为 null 的语法如下。

```
> db.test.find({age:null})
```

此语句不仅查询出 age 为 null 的文档，其他不同类型的文档也会被查询到，这是因为 null 不仅会匹配键值为 null 的文档，而且还会匹配不包含这个键的文档。

查询数组可使用以下语法。

```
> db.test.find(
    {
        tags:['MongoDB','NoSQL','database']
    }
)
{ "_id": ObjectId("5ba7342c7f9318ea62161351"),
"name": "《MongoDB 教程》",
"price":24,
"tags": [ "MongoDB", "NoSQL", "database" ],
"by": "瑞翼教育" }
```

查询有 3 个元素的数组的代码如下。

```
> db.test.find(
    {
        tags:{$size:3}
    }
)
{"_id": ObjectId("5baf9b6663ba0fb3cccc1e77"),
"name": "《MongoDB 教程》",
"price":24, "tags": ["MongoDB","NoSQL","database"],
"by": "瑞翼教育"}{"_id": ObjectId("5baf9bc763ba0fb3cccc1e78"),
"name": "《Java 教程》",
"price": 36,
"tags": ["编程语言","Java 语言"," 面向对象程序设计语言"],"by": "瑞翼教育"}
```

查询数组里的某一个文档（以 tags 为"MongoDB"为例）的代码如下。

```
> db.test.find(
    {
        tags:"MongoDB"
    }
)
{"_id": ObjectId("5baf9b6663ba0fb3cccc1e77"),
"name": "《MongoDB 教程》",
"price":24,
"tags": ["MongoDB","NoSQL","database"],
"by": "瑞翼教育"}
```

limit()方法在 MongoDB 与 SQL 中的作用是相同的，都是用于限制查询结果的个数。例如，以下代码只返回 3 个匹配的结果，若匹配的结果不足 3 个，则返回所有匹配的结果。

```
> db.test.find().limit(3)
```

skip()方法用于略过指定个数的文档。例如，以下代码略过 test 集合的第一个文档，返回后两个文档的查询结果。

```
> db.test.find().skip(1)
```

sort()方法用于对查询结果进行排序，值为 1 表示升序，值为 –1 表示降序。例如，以下代码将查询结果进行升序显示。

```
> db.test.find().sort({"price":1})
```

使用 $regex 操作符来设置匹配字符串的正则表达式。不同于全文检索，使用正则表达式无须进行任何配置。以下代码展示了使用正则表达式来查询含有 MongoDB 的文档。

```
> db.test.find({tags:{$regex:"MongoDB"}})
{ "_id": ObjectId("5ba7342c7f9318ea62161351"),
"name": "《MongoDB 教程》",
"price":24,
"tags": [ "MongoDB", "NoSQL" ],
"by": "瑞翼教育" }
```

（4）游标

游标是指对数据一行一行地进行操作。在 MongoDB 数据库中，游标的控制非常简单，只需使用 find()方法就可以返回游标。游标的使用方法如表 3-8 所示。

表 3-8 MongoDB 游标的使用方法

方法名	描述
hasNext	判断是否有更多的文档
next	用来获取下一条文档
toArray	将查询结果放到数组中
count	查询的结果为文档的总数量
limit	限制查询结果返回数量
skip	跳过指定数目的文档
sort	对查询结果进行排序
objsLeftlnBatch	查看当前批次剩余的未被迭代的文档数量
addOption	为游标设置辅助选项,修改游标的默认行为
hint	为查询强制使用指定索引
explain	用于获取查询执行过程报告
snapshot	对查询结果使用快照

在使用游标时,需要注意下面 4 个方面。

① 当调用 find()方法时,MongoDB Shell 并不会立即查询数据库,而是等真正开始获取结果时才发送查询请求。

② 游标对象的每个方法大部分会返回游标对象本身,这样可以方便地进行链式函数的调用。

③ 在 MongoDB Shell 中,使用游标输出文档包含以下两种情况。

情况 1:如果 find()方法返回的游标不被赋值给一个局部变量进行保存,那么在默认情况下,游标会自动迭代 20 次。

情况 2:如果 find()方法返回的游标被赋值给一个局部变量,则用户可以使用游标对象提供的函数进行手动迭代。

④ 当使用清空后的游标进行迭代输出时,显示的内容为空。

游标从创建到被销毁的整个过程所存在的时间称为游标的生命周期,具体包括游标的创建、使用及销毁这 3 个阶段。当客户端使用 find()方法向服务器端发起一次查询请求时,MongoDB Shell 会在服务器端创建一个游标,之后便可以使用游标函数来操作查询结果。以下 3 种情况会让游标被销毁。

情况 1:客户端保存的游标变量不在作用域内。

情况 2:游标遍历完成,或者客户端主动发送终止消息。

情况 3:服务器端 10 min 内未对游标进行操作。

以下代码展示了使用游标来查找所有文档。

```
> var cursor = db.test.find()
> while (cursor.hasNext()){
var doc = cursor.next();
```

```
print (doc.name);        // 把每一条数据单独拿出来进行逐行的控制
print (doc)
// 将游标数据取出来后，每行数据返回的都是一个[object BSON]类型的内容
printjson (doc);         // 将游标获取的集合以 JSON 格式显示
}
```

任务 3.4　MongoDB 聚合操作

聚合操作主要用于处理数据并返回计算结果。聚合操作将来自多个文档的值组合在一起，按条件分组后，再进行一系列操作（如求和、计算平均值、计算最大值、计算最小值）以返回单个结果。MongoDB 提供了 3 种执行聚合的操作：聚合管道、map-reduce 和单一目标聚合，本任务只介绍前两种操作。

3.4.1　聚合管道操作

MongoDB 的聚合管道操作就是将文档输入处理管道，在管道内完成对文档的操作，最终将文档转换为聚合结果。

最基本的管道阶段提供过滤器，过滤器操作类似查询和文档转换，可以修改输出文档的形式。其他管道操作提供按特定字段对文档进行分组和排序的工具，以及用于聚合数组内容（包括文档数组）的工具。此外，管道阶段还可以使用运算符来执行诸如计算平均值或连接字符串之类的任务。聚合管道可以在分片集合上运行。聚合管道操作的流程如图 3-19 所示。

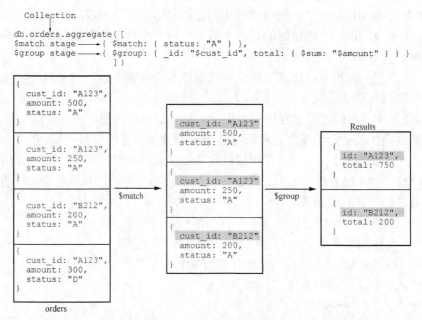

图 3-19　聚合管道操作流程

图 3-19 所示的聚合管道操作相当于 MySQL 中的以下语句。

```
select cust_id as _id,sum(amount) as total from orders where
status like "%A%" group by cust_id;
```

MongoDB 中聚合管道操作的语法如下。

```
db.collection.aggregate([
    {
        $match: {< query >} },
    }
    {
        $group: {< field1 >:< field2 >}
    }
])
```

上述代码中各参数的含义如下。query 参数设置统计查询条件，这类似于 SQL 的 where 语句的功能。field1 参数为分类字段，要求使用_id 表示分类字段。field2 参数为包含各种统计操作符的数字型字段，如$sum、$avg、$min 等。

聚合管道操作的语法比较难理解，下面给出一个示例，和 MySQL 进行对照。示例的代码如下。

```
db.mycol.aggregate([
    {
        $group: {_id: "$by_user", num_tutorial: {$sum: 1}}
    }
])
```

这段代码相当于 MySQL 中的以下代码。

```
select by_user as _id, count(*) as num_tutorial from mycol group by by_user;
```

再举一个复杂的例子：按照指定条件先对文档进行过滤，然后对满足条件的文档数量进行统计，最后将统计结果输出到临时文件中。首先插入多条文档，代码如下。

```
db.articles.insert([
  { "_id": 10, "author": "dave", "score": 80, "views": 100 },
  { "_id": 11, "author": "dave", "score": 85, "views": 521 },
  { "_id": 12, "author": "ahn", "score": 60, "views": 1000 },
  { "_id": 13, "author": "li", "score": 55, "views": 5000 },
  { "_id": 14, "author": "annT", "score": 60, "views": 50 },
  { "_id": 15, "author": "li", "score": 94, "views": 999 },
  { "_id": 16, "author": "ty", "score": 95, "views": 1000 }
]);
```

然后使用聚合管道操作对文档数量进行统计，代码如下。

```
db.articles.aggregate([
    {
        $match: {
            $or: [ { score: { $gt: 70, $lt: 90 } },
                { views: { $gte: 1000 } }
            ]
        }
    },
    {
```

```
        $group: { _id: null, count: { $sum: 1 } }
    }
]);
```
最后输出到临时文件中的统计结果如下。
```
{ "_id": null, "count": 5 }
```
管道阶段的 RAM 限制为 100 MB。若要允许处理大型数据集，则可使用 allowDiskUse 选项启用聚合管道操作阶段，将数据写入临时文件。

3.4.2 map-reduce 操作

MongoDB 提供了 map-reduce 操作来执行聚合。map-reduce 操作通常包括两个阶段：map 阶段先将大批量的工作数据分解执行，reduce 阶段再将结果合并成最终结果。与其他聚合操作相同，map-reduce 操作可以指定查询条件，以选择输入文档以及排序和限制结果。

map-reduce 操作使用自定义 JavaScript 函数来执行映射和减少操作，虽然自定义 JavaScript 函数比聚合管道具有更大的灵活性，但 map-reduce 操作比聚合管道的效率更低、操作更复杂。map-reduce 操作可以在分片集合上运行，也可以把输出结果存储到分片集合中。map-reduce 操作的语法如下。

```
> db.collection.mapReduce(
    function() { emit(key,value); },
    function(key, values) { return reduceFunction }{ query: document, out: collection }
)
```

上述代码中各参数的含义如下。function(){emit(key, value); }为 map 阶段函数，负责生成键值对序列，并作为 reduce 阶段函数输入参数。function(key, values) {return reduceFunction}为 reduce 阶段函数，该函数的任务是将 key-values 变成 key-value，也就是把 values 数组转换成单一的值 value。query 参数设置筛选条件，只有满足条件的文档才会调用 map 阶段函数。out 参数为统计结果的存储集合，如果不指定则使用临时集合，但会在客户端断开后自动删除该临时集合。

下面举例说明使用 map-reduce 操作进行数据聚合的过程。首先插入数据，数据表示每位顾客 cust_id 的消费情况，代码如下。

```
db.order.insert([
{"cust_id": "1", "status": "A", "price": 25, "items": [{"sku": "mmm", "qty":
 5, "price": 2.5}, {"sku": "nnn", "qty": 5, "price": 2.5}]},
{"cust_id": "1", "status": "A", "price": 25, "items": [{"sku": "mmm", "qty":
 5, "price": 2.5}, {"sku": "nnn", "qty": 5, "price": 2.5}]},
{"cust_id": "2", "status": "A", "price": 25, "items": [{"sku": "mmm", "qty":
 5, "price": 2.5}, {"sku": "nnn", "qty": 5, "price": 2.5}]},
{"cust_id": "3", "status": "A", "price": 25, "items": [{"sku": "mmm", "qty":
 5, "price": 2.5}, {"sku": "nnn", "qty": 5, "price": 2.5}]},
{"cust_id": "3"," status": "A", "price": 30, "items": [{"sku": "mmm", "qty":
 6, "price": 2.5}, {"sku": "nnn", "qty": 6, "price": 2.5}]}
])
```

编写 map 阶段函数，将 cust_id 作为阶段函数的输出 key，price 作为阶段函数的输出

value,代码如下。

```
var mapFunc = function() {
    emit(this.cust_id, this.price);
};
```

编写 reduce 阶段函数,将相同的 map 阶段函数的输出 key 聚合起来,并对输出()value 进行求和(sum)操作,代码如下。

```
var reduceFunc = function(key, values) {
    return Array.sum(values);
};
```

执行 map-reduce 操作,将 reduce 阶段函数的输出结果保存在集合 map_result_result 中,代码如下。

```
> db.order.mapReduce(mapFunc, reduceFunc, {out: {replace: 'map_result_result'}})
```

查看当前数据库下的所有集合,我们会发现 MongoDB 新建了一个 map_result_result。该集合里保存了执行 map-reduce 操作后的聚合结果,具体如下。

```
> show collections
map_result_result
myColl
order
> db.map_result_result.find()
{"_id": "1", "value": 50.0}
{"_id": "2", "value": 25.0}
{"_id": "3", "value": 55.0}
```

任务 3.5 MongoDB 索引操作

索引的作用是提升查询效率。在查询操作中,如果没有索引,那么 MongoDB 会扫描集合中的每个文档,以选择与查询语句匹配的文档。如果查询条件中含有索引,那么 MongoDB 将扫描索引,通过索引确定要查询的文档,而非直接对全部文档进行扫描。

3.5.1 索引简介

索引可以提升文档的查询速度,但建立索引的过程需要使用计算与存储资源,在已经建立索引的前提下,插入新的文档会引起索引顺序的重排。MongoDB 的索引是基于 B 树(B-tree)数据结构及对应算法形成的。树索引存储特定字段或字段集的值,并按字段值进行排序。索引条目的排序支持有效的等式匹配和基于范围的查询操作。索引结构如图 3-20 所示。

从根本上说,MongoDB 的索引与其他数据库系统中的索引类似。MongoDB 在集合级别上定义索引,并且支持集合中文档的任何字段或子字段的索引。

MongoDB 在创建集合时,会默认在_id 字段上创建唯一索引,该索引可防止客户端插入具有相同字段的两个文档。_id 字段上的索引不能被删除。在分片集群中,如果_id 字段不被用作分片键,则业务开发人员需要自定义逻辑,以确保_id字段值的唯一性。MongoDB通常使用标准的自生成的ObjectId作为_id字段的值。

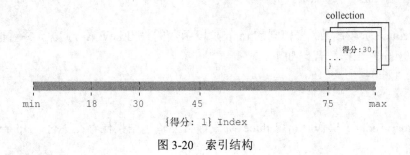

图3-20 索引结构

1. 索引类型

MongoDB中索引包含单键索引、复合索引、多键值索引、地理索引、全文索引、散列索引等类型。下面简单介绍这些索引的用法,关于索引的详细使用方法可参考官网手册。

(1)单键索引

MongoDB支持文档集合中任何字段的索引。在默认情况下,所有集合在_id字段上都有一个索引,应用程序和用户可以添加额外的索引来支持重要的查询操作。单键索引如图3-21所示。

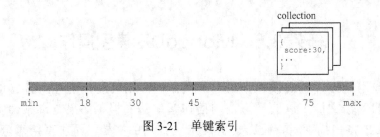

图3-21 单键索引

对于单字段索引和排序操作,索引键的排序顺序(升序或降序)无关紧要,因为MongoDB可以在任意方向上遍历索引。创建单键索引的语法。

```
> db.collection.createIndex( { key: 1 } )   // 1表示升序,-1表示降序
```

以下代码的作用是插入一个文档,并在score键上创建索引。

```
> db.records.insert(
   {
       "score": 1034,
       "location": { state: "NY", city: "New York" }
   }
   )
> db.records.createIndex( { score: 1 } )
```

接下来先使用score字段进行查询,再使用explain()函数查看查询过程,代码如下。

```
> db.records.find({score:1034}).explain()
```

具体返回结果这里不再显示,读者可自行运行程序进行获取。

（2）复合索引

MongoDB 支持复合索引，复合索引的结构包含多个字段。图 3-22 展示了包含两个字段的复合索引示例。

复合索引支持在多个字段上进行的匹配查询，其语法如下。

```
db.collection.createIndex( { <key1>: <type>, <key2>: <type2>, ... } )
```

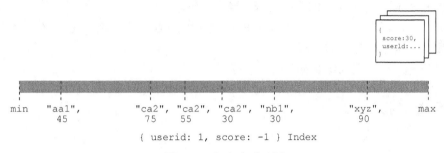

图 3-22　复合索引示例

需要注意的是，建立复合索引时一定要注意顺序的问题，顺序不同将导致查询的结果也不相同。创建复合索引的代码如下。

```
> db.records.createIndex( { "score": 1, "location.state": 1 } )
```

查看复合索引的查询计划的语法如下。

```
> db.records.find({score: 1034,"location.state": "NY"}).explain()
```

（3）多键值索引

若要为包含数组的字段建立索引，则 MongoDB 会为数组中的每个元素创建索引键。这些多键值索引支持对数组字段的高效查询。多键值索引如图 3-23 所示，其创建语法如下。

```
> db.collecttion.createIndex({<key>: <1 or -1>})
```

图 3-23　多键值索引

需要注意的是，如果集合中包含多个待创建索引字段是数组，则无法创建复合多键索引。

以下代码的作用是插入文档，并创建多键值索引。

```
> db.survey.insert({item: "ABC", ratings: [2, 5, 9]})
> db.survey.createIndex({ratings: 1})
```

```
> db.survey.find({ratings: 2}).explain()
```

（4）地理索引

地理索引包含以下两种情况。

情况 1：计算的地理数据在球形表面上的坐标，这时可以使用 2dsphere 索引。这种索引通常可以按照坐标轴、经度、纬度的方式把位置数据存储为 GeoJSON 对象，其中，GeoJSON 的坐标参考系使用的是 WGS84 坐标系统。

情况 2：计算距离（如在一个欧几里得平面上），通常可以按照正常坐标对的形式存储位置数据，这时可使用 2D 索引。

使用 2dsphere 索引的语法如下。

```
db.collection.createIndex({<location field>: "2dsphere"})
```

使用 2D 索引的语法如下。

```
db.<collection>.createIndex(
    {
        <location field>: "2d" ,
        <additional field>: <value>
    },
    {
        <index-specification options>
    }
)
```

这里以 2dsphere 为例来创建地理索引，代码如下。

```
> db.places.insert(
    {
        loc: { type: "Point", coordinates: [-73.97, 40.77 ]},
        name: "Central Park",
        category: "Parks"
    }
)
> db.places.insert(
    {
        loc: { type: "Point", coordinates: [-73.88, 40.78 ]},
        name: "La Guardia Airport",
        category: "Airport"
    }
)
> db.places.createIndex( { loc: "2dsphere" } )
> db.places.find({loc:"2dsphere"}).explain()
```

MongoDB 在地理空间查询方面还有很多的应用，读者可以自行学习。

（5）全文索引

MongoDB 的全文检索提供 3 个版本，用户在使用时可以指定具体版本，如果不指定则默认选择当前版本。MongoDB 提供的全文索引支持对字符串内容的文本搜索查询，但是这种索引检索的文件比较多，因此检索时间较长。全文索引的语法如下。

```
db.collection.createIndex( { key: "text" } )
```

（6）散列索引

散列索引是指按照某个字段的散列值来建立索引，目前主要用于 MongoDB Sharded Cluster 的散列分片。散列索引只能用于字段完全匹配的查询，不能用于范围查询，其创建语法如下。

```
db.collection.createIndex( { _id: "hashed" } )
```

MongoDB 支持散列任何单个字段的索引，但是不支持多键（即数组）索引。

（7）其他索引

每个索引的类别上还可以加上一些参数，使索引更加具有针对性。常见的参数包括稀疏索引、唯一索引、过期索引等。

稀疏索引只检索包含索引字段的文档，检索时会跳过缺少索引字段的文档，进而完成索引操作。因为索引不包含集合的所有文档，所以索引是稀疏的。与之相反，非稀疏索引包含集合中的所有文档。设置稀疏索引的语法如下。

```
db.collection.createIndex( { "key": 1 }, { sparse: true } )
```

如果设置了唯一索引，那么在新插入文档时，key 的值要求也是唯一的，不能出现重复。设置唯一索引的语法如下。

```
db.collection.createIndex( { "key": 1 }, { unique: true } )
```

过期索引是一种特殊的单字段索引，MongoDB 可以用它在一定时间或特定时间从集合中自动删除文档。过期索引对于某些类型信息的处理非常有用，例如，机器生成的事务数据、日志和会话信息，这些信息在数据库中只需要存在一段时间，并不需要长期保存。创建过期索引的语法如下。

```
db.collection.createIndex({ "key": 1 }, { expireAfterSeconds: 3600 })
```

2．索引操作

（1）查看现有索引

若要返回集合上所有索引的列表，则需使用 db.collection.getIndexes()方法或类似方法。例如，查看 records 集合上的所有索引，代码如下。

```
db.records.getIndexes()
```

（2）列出数据库的所有索引

若要列出数据库中所有集合的所有索引，则需在 MongoDB Shell 中执行以下代码。

```
db.getCollectionNames().forEach(function(collection)
{
    indexes = db[collection].getIndexes();
    print("Indexes for " + collection + ":");
    printjson(indexes);
});
```

（3）删除索引

MongoDB 提供两种从集合中删除索引的方法，如以下代码所示。

```
db.collection.dropIndex()
db.collection.dropIndexes()
```

若要删除特定索引，则可使用 db.collection.dropIndex() 方法。例如，以下代码的作用是删除集合中 score 字段的升序索引。

```
db.records.dropIndex({"score":1})  // 升序降序不能错,如果 score 字段的值为-1,则表示无索引
```
还可以使用 db.collection.dropIndexes() 删除除_id 索引之外的所有索引。例如,以下代码的作用是从 records 集合中删除所有索引。
```
db.records.dropIndexes()
```

(4) 修改索引

若要修改现有索引,可以使用 reIndex()方法,例如:
```
db.records.reIndex({"score":-1})  // 重置索引为降序
```
除了 reIndex()方法,我们也可以通过删除现有索引并重新创建索引,完成修改索引的操作。

3.5.2 索引策略

要创建适合的索引,必须先考虑这几个因素:所需使用的查询种类、读操作和写操作的比例,以及系统中的可用内存。

在建立索引之前,先明确所有会用到的查询种类。通常索引伴随着一定的性能代价,但是相较于在大数据集上高频查询的代价,这个代价还是值得的。然后根据应用中每种查询的相对频率,考虑为对应查询建立索引的合理性。

一个通用的索引设计策略是在和所使用的数据集相似的数据集上,根据一系列不同的索引配置分别建立索引,评估哪一种配置的性能最优。检查当前所创建的索引,确定当前所使用和计划使用的查询种类。如果一个索引不再使用,则应该删除它。

对于给定的某个操作,MongoDB 只能使用一个索引来支持该操作。此外,$or 查询语句中的不同子句可能会使用不同的索引。

1. 创建索引以支持查询

当包含了查询的所有键时,索引可以支持该查询。查询会扫描索引而不是集合。创建可以支持查询的索引可以极大地提升查询性能。

情况 1:如果所有的查询都使用同样的单键,则创建一个单键索引。

如果在某个集合上只查询某个单键,那么可以在这个集合上创建一个单键索引。例如,在 product 集合的 category 键上创建索引,代码如下。
```
db.products.createIndex({"category": 1})
```
情况 2:创建复合索引以支持不同的查询。

如果有时需要查询某个键,有时又需要查询同样的键和额外的键,那么和创建单键索引相比,创建复合索引会是更高效的选择。MongoDB 会使用复合索引来处理上述两种请求。例如,在 category 和 item 键上创建复合索引的代码如下。
```
db.products.createIndex({"category": 1, "item": 1})
```
情况 3:允许有两种选择,可以只查询 category 键或者同时查询 category 键和 item 键。

一个创建在多个键上的复合索引,可以支持那些附带索引键的"前缀"的子集的查询。在某集合上有如下索引:
```
{ x: 1, y: 1, z: 1 }
```
它可以支持如下查询:
```
{ x: 1 }
```

```
{ x: 1, y: 1 }
```
在某些情况下，带前缀键的索引会有更好的查询性能。例如，如果 z 是一个很大的数组，那么索引{x:1, y:1, z:1}也支持如下索引查询：
```
{ x: 1, z: 1 }
```
此外，{x:1, z:1}索引还有其他用途，例如给定如下查询：
```
db.collection.find( { x: 5 } ).sort( { z: 1} )
```
那么索引{x:1, z:1}同时支持查询和排序操作，但是索引{x:1, y:1, z:1}只支持查询。

2．使用索引对查询结果进行排序

在 MongoDB 中，排序操作可以通过从索引中按照索引顺序获取文档的方式来保证结果的有序性。

（1）使用单键索引排序

如果一个递增或递减索引是单键索引，那么在该键上的排序操作可以是任意方向，代码如下。
```
db.records.createIndex({a: 1})
```
索引可以支持在 a 上的递增排序，代码如下。
```
db.records.find().sort({a: 1})
```
索引也支持在 a 上的递减排序（索引的逆序），代码如下。
```
db.records.find().sort({a: -1})
```
（2）在多个键上排序

可以指定在索引的所有键或者部分键上进行排序，但待排序的键的顺序必须和这些键在索引中的排列顺序一致。例如，索引{a:1, b:1}可以支持对{a:1, b:1}的排序，但不支持{b:1, a:1}的排序。

此外，sort()方法中指定的所有键的排序顺序（如递增、递减）必须和索引中对应键的排序顺序完全相同，或者完全相反。例如，索引{a:1, b:1}可以支持排序{a:1, b:1}和排序{a:-1, b:-1}，但不支持排序{a:-1, b:1}。

（3）排序与索引前缀

如果参与排序的键符合索引的键或者前缀，那么 MongoDB 可以使用索引对查询结果进行排序。复合索引的前缀是指被索引键的子集，由一个或多个排在前列的键组成。

例如，在 data 集合上创建一个复合索引，代码如下。
```
db.data.createIndex( { a:1, b: 1, c: 1, d: 1 } )
```
那么，该索引的前缀如下。
```
{ a: 1 }
{ a: 1, b: 1 }
{ a: 1, b: 1, c: 1 }
```
（4）用非前缀的索引键排序

索引也支持使用非前缀的索引键来排序。在这种情况下，对于索引中排列在待排序键前面的所有键，查询语句中必须包含与它们相匹配的条件。

例如，data 集合有索引为：
```
{ a: 1, b: 1, c: 1, d: 1 }
```

图 3-24 所示展示了非前缀索引键排序。

使用非前缀的索引键排序示例	索引前缀
db.data.find({a: 5}).sort({ b: 1, c: 1})	{a: 1 , b: 1, c: 1}
db.data.find({b: 3, a: 4}).sort({c: 1})	{a: 1, b: 1, c: 1}
db.data.find({a: 5, b: { $lt: 3} }).sort({ b: 1})	{a: 1, b: 1}

图 3-24 非前缀索引键排序

任务 3.6 MongoDB 安全操作

任务描述：掌握 MongoDB 的安全检测列表、访问控制的启用和连接、身份验证等操作方法。

3.6.1 安全检测列表

MongoDB 提供了一系列安全措施来保护其安全，具体如下。

（1）启用访问控制和强制验证

启用访问控制并指定认证机制，可以使用 MongoDB 默认的身份验证机制。认证机制要求所有客户端和服务器在连接到系统之前先提供有效的凭据。群集部署时会为每台 MongoDB 服务器启用身份验证。

（2）配置基于角色的访问控制

先创建用户管理员，然后创建其他用户，为访问系统的每个用户和应用程序创建一个唯一的 MongoDB 用户角色。

（3）加密通信

通过配置 TLS/SSL 这种方式可以使 MongoDB 数据库中的 mongod 和 mongos 组件之间，以及所有应用程序和 MongoDB 数据库之间的通信都使用 TLS/SSL 进行加密。

3.6.2 启用访问控制

MongoDB 在默认情况下是没有访问控制的，整个数据库对外是开放的。只要能连上数据库，就可以进行任何操作，这会给数据带来很大的风险，因此，生产环境需要启用 MongoDB 的访问控制，只有通过认证的用户才能对数据库进行角色权限范围内的操作。访问控制的启动可以在启动 MongoDB 时通过指定 --auth 参数来设置。另外访问控制的启动还涉及创建用户 db.createUser() 操作以及一些角色的定义，我们先介绍这部分内容。

1．db.createUser()操作

db.createUser()操作的语法如下。

```
db.createUser({
  user: "$USERNAME",
```

```
    pwd: "$PASSWROD",
    roles: [
    { role: "$ROLE_NAME", db: "$DBNAME"}
    ]
})
```

在上述代码中，user 参数表示用户名，pwd 参数表示密码，role 参数用于指定用户的角色，db 参数用于指定所属的数据库，roles 参数表示用户所有角色的集合。

2．MongoDB 预定义角色

MongoDB 预定义了一些角色，把这些角色赋予用户，用户将只能进行角色范围内的操作。常用的预定义角色有以下几种。

- 数据库用户角色。所有数据库都有该角色。
- 数据库管理角色。所有数据库都有该角色。在数据库角色中，dbAdmin 管理员用户角色不能管理用户和角色的授权，dbOwner 数据库所有者角色可管理任何任务，userAdmin 角色可以管理当前数据库的用户和角色。
- 集群管理角色。admin 数据库可用。在集群管理角色中，clusterAdmin 集群管理员角色是 clusterManager、clusterMonitor、hostManager 等角色合集，其中，clusterManager 角色负责集群管理和监控，clusterMonitor 角色负责集群监控，hostManager 角色负责集群监控和管理服务器。
- 备份和恢复角色。admin 数据库可用该角色，其中，备份角色为 backup，恢复角色为 restore。
- 所有数据库角色。admin 数据库可用这些角色，其中，readAnyDatabase 角色可以在所有数据库执行读操作，readWriteAnyDatabase 角色可以在所有数据库执行读/写操作，userAdminAnyDatabase 角色具有所有数据库 userAdmin 权限，dbAdminAnyDatabase 角色具有所有数据库的 dbAdmin 权限。
- 超级角色。admin 数据库可用该角色，其中超级角色为 root。

3．启用访问控制的步骤

步骤 1：启动 MongoDB 实例，关闭访问控制。启动实例时，若启动参数不带 --auth，则不需要输入用户和密码。

步骤 2：连接 MongoDB 实例。

步骤 3：创建用户管理员。在 admin 数据库中添加一个 userAdminAnyDatabase 角色的用户作为用户管理员。创建 admin 为用户管理员的代码如下。

```
> use admin
switched to db admin
> db.createUser({
    user: "admin",
    pwd: "admin",
    roles: [
        { role: "userAdminAnyDatabase", db: "admin"}
    ]
})
```

返回的结果如下。
```
Successfully added user: {
```

```
        "user": "admin",
        "roles": [
            {
                "role": "userAdminAnyDatabase",
                "db": "admin"
            }
        ]
}
```

成功创建用户后，关闭客户端，退出连接。

步骤4：重启数据库启用访问控制。命令行启动，启动参数添加 --auth。

步骤5：使用客户端连接数据库，有以下两种方法。

方法1：命令行：/mongo-u"$USERNAME"-p"$PASSWROD"--authenticationDatabase"

方法2：使用 db.auth()方法：如果已经连接数据库，那么可以使用 db.auth()方法验证是否有权限操作对应的数据库。

这里我们使用第二种方法，具体如下。

```
> use admin
switched to db admin
> db.auth("admin", "admin")
1
```

use admin 表示切换到 admin 数据库，db.auth("admin", "admin")表示验证 admin 用户（其密码为 admin）是否具有 admin 数据库权限，返回值 1 表示连接成功。

下面以 test 数据库为例，在其中创建具有读/写权限的用户。test 数据库已有的 testadmin 用户只有 userAdminAnyDatabase 角色权限，没有数据的读/写权限。为了能够在 test 数据库中进行读/写操作，我们需要创建一个用户。先看一下直接用 admin 时会有什么结果，代码如下。

```
> use test
> show collections
2023-08-13T13:49:17.691+0800 E QUERY [thread1] Error: listCollections
failed: {
"ok": 0,
"errmsg": "not authorized on test to execute command { listCollections:
1.0, filter: {} }",
"code": 13
}:
_getErrorWithCode@src/mongo/shell/utils.js:25:13
DB.prototype._getCollectionInfosCommand@src/mongo/shell/db.js:773:1
DB.prototype.getCollectionInfos@src/mongo/shell/db.js:785:19
DB.prototype.getCollectionNames@src/mongo/shell/db.js:796:16
shellHelper.show@src/mongo/shell/utils.js:754:9
shellHelper@src/mongo/shell/utils.js:651:15
@(shellhelp2):1:1
```

我们直接使用 show collections 命令，这时系统返回错误信息，为：not authorized on test to execute command，意思是没有权限。接下来我们创建用户 testuser，代码如下。

```
> use test
switched to db test
> db.createUser({
```

```
user: "testuser",
pwd: "testpwd",
roles: [
{ role: "readWrite", db: "test"}
]
})
```
返回结果如下。
```
Successfully added user: {
    "user": "testuser",
    "roles": [
        {
            "role": "readWrite",
            "db": "test"
        }
    ]
}
>
```

我们先使用 db.auth("testuser" , "testpwd")命令,再执行 show collections 命令,代码如下。这时系统没有报错。
```
> db.auth("testuser", "testpwd")
1
> show collections
```
接下来我们试着写入一条数据,代码如下。
```
> db.t.insert({name: "buzheng"});
WriteResult({ "nInserted": 1 })
> db.t.find();
{ "_id": ObjectId("58786c84bf5dd606ddfe1144"), "name": "buzheng" }
>
```
从上述代码可以发现,test 数据库可以正常进行读/写操作了。

3.6.3 身份验证

MongoDB 安装之后,默认使用 27017 端口,不提供默认用户,不开启身份认证,这意味着只要知道服务器的 IP 地址就可以连接上这台服务器上的数据库。下面介绍在 MongoDB 上创建用户并开启身份验证的过程。

1. 创建用户

(1)创建用户(用户名、密码)

MongoDB 提供了 createUser()方法来创建用户。该方法包含以下两个参数。

user:文档,表示包含有关要创建的用户的身份验证和访问信息。

writeConcern:文档,描述保证 MongoDB 提供写操作的成功报告。

示例代码如下。
```
db.createUser({
    user: "test",
    pwd: "test",
```

```
        roles: [
            { role: "readWrite", db: "test"}
        ]
    }
)
```
　　修改用户密码的代码如下。
```
db.changeUserPassword('test', 'newtest')
```
　　删除用户的代码如下。
```
db.dropUser('test')
```
　　更复杂的使用方式请参考官方文档。

（2）查看用户信息

查看单个用户的代码如下。
```
db.getUser('userName');
```
　　查看所有用户的代码如下。
```
> db.getUsers()
[
    {
        "_id": "admin.root",
        "userId": UUID("54d7c5a9 - 511c - 4517 - 986b - fa82e3040314"),
        "user": "root",
        "db": "admin",
        "roles": [
            {
                "role": "dbOwner",
                "db": "admin"
            }
        ],
        "mechanisms": [
            "SCRAM - SHA - 1",
            "SCRAM - SHA - 256"
        ]
    }
]
>
```

（3）创建用户管理员

在 MongoDB 上创建一个用户管理员，代码如下。
```
// 进入 admin 数据库
use admin
// 使用 db.createUser()方法创建用户
db.createUser({
    user:"myadmin",
    pwd:"123456",
    roles:[
        {
            role:"userAdminAnyDatabase",
```

```
                db:"admin"
        }
    ]
})
```

2．开启身份验证

开启身份验证有以下两种方式。

（1）开启身份认证命令，代码如下。

```
mongod --auth --port 27017 --dbpath '数据库文件的绝对路径'
```

（2）修改 mongod.conf 文件。如果使用配置文件启动 MongoDB，且配置文件采用的是 YMAL 格式，则在配置文件中加入下列内容：

```
security:
    authorization: enabled
```

读者也可以使用命令 mongod -f/etc/mongod.conf 来启动 MongoDB。如果解析错误，会在终端打印出失败的原因，没有信息则说明 mongod 实例启动成功。

下面使用用户管理员登录数据库，在连接期间进行身份验证，代码如下。

```
mongosh --port 27017 -u "登录名" -p "密码" --authenticationDatabase "数据库名"
# 连接成功之后再认证
# 连接
mongosh --port 27017
# 进入 admin 数据库
use admin
# 在 admin 数据库中认证
db.auth('用户管理员名称','密码')
```

若 db.auth 验证成功则打印 1，反之则打印 0。上述代码打印的是 1，这表示身份验证成功。

本章小结

首先，本章介绍了 MongoDB 的基本概念，让读者认识 MongoDB 的面向文档、数据类型以及 MongoDB 的特性及优势；介绍了 MongoDB 的数据结构以及类 SQL 语句，通过传统关系数据库以及 MongoDB 语法对比，读者更容易掌握 MongoDB 的语法。

然后，本章介绍了 MongoDB 在 Windows 环境和 Ubuntu 环境下的安装，同时还相应地加上了 MongoDB 的启动测试。读者通过本章内容的学习，对 MongoDB 的概念以及安装方法都会有更深的了解。

最后，本章系统地讲解了 MongoDB 的操作，其中包括文档的基本操作、数据库与集合的基本操作、MongoDB 的聚合操作以及 map-reduce 操作、MongoDB 的索引策略及操作、MongoDB 的安全策略及其操作以及通过 Python 和 Java 操作 MongoDB 的编程实例。通过本章的学习，读者能相对比较全面地掌握 MongoDB 的各种操作。

为便于理解，学完本章，读者需要掌握以下知识点。

1．MongoDB 的基本概念、关键特性和优势。

2．MongoDB 的数据结构和类 SQL 模型相关内容。

3. MongoDB 在 Windows 和 Ubuntu 环境下的安装以及启动测试方法。
4. MongoDB 的数据库操作、集合操作以及文档操作。
5. MongoDB 的聚合操作以及 MapReduce 操作。
6. MongoDB 的索引操作。
7. MongoDB 的安全操作列表以及安全操作。

第 4 章 Redis 安装、数据类型与数据操作

本章主要介绍 Redis 的基本概念、基本特性、安装与基本操作。

在 Redis 概述部分，本章主要介绍 Redis 是什么，以及 Redis 特点和应用场景。在 Redis 安装部分，本章介绍 Windows、CentOS、Ubuntu 等环境下的安装过程，并对 Redis 的配置文件进行阐述。在 Redis 的基本操作与应用部分，本章主要介绍 Redis 基本命令与相关操作，介绍 Redis 支持的数据类型有哪些以及如何操作。

【学习目标】
1．可以准确地描述 Redis 键值对（Key-Value）数据存取服务以及 Redis 的特点。
2．了解 Redis 的典型应用场景。
3．掌握不同环境下 Redis 的安装与配置方法。
4．熟悉 Redis 的基本命令和语法。
5．熟悉 Redis 常用数据类型的基本操作。

任务 4.1 Redis 概述

任务描述：认识并了解 Redis，以及 Redis 与其他键值对存储之间的区别。

4.1.1 Redis 简介

1．什么是 Redis

Redis 是一种完全开源的高性能的键值对数据库，遵守 BSD（Berkeley Distribution License）。Redis 还是一种非关系数据库，支持主从同步，即数据可以由主服务器向从服务器同步，从服务器也可以关联其他从服务器的主服务器。Redis 支持 Java、Python、C、C++、C#、PHP、JavaScript、Perl、Object-C 等语言，使用便捷。

2．Redis 的优缺点

Redis 具有以下优势。

（1）读/写性能非常高。Redis 读取的速度能达到 110000 次/s，写的速度能达到 81000 次/s。

（2）数据类型丰富。Redis 支持二进制的字符串、列表、哈希、集合、有序集合等数

据类型操作，可以将任何类型的文件转换成二进制数值进行存储，并在读取的时候转换成相应的文件类型。

（3）具有原子性。Redis 的操作属于原子性的，操作时要么执行成功要么执行失败，不允许有未知状态。

（4）支持丰富的个性化内容。Redis 支持通知、消息发布/订阅、键过期等特性。

Redis 的缺点如下。

（1）当 Master 节点写内存快照时，save 动作调用 rdbSave 函数，会阻塞主线程的工作。当快照比较大时，性能会受到非常大的影响，服务会产生间断性暂停。所谓内存快照，是指内存中的数据在某个时刻被记录下来，并以文件的形式保存到硬盘上。

（2）Master 节点 AOF（Append Only File）持久化。在系统运行的同时，AOF 文件会不断增大，而 AOF 文件过大会影响 Master 节点重启的性能。

（3）Master 节点调用 BgreWriteAOF 重写 AOF 文件，而 AOF 文件在重写的时候会占大量的 CPU 和内存资源，这会导致服务节点负载过高，出现短暂服务暂停现象。

（4）要保证 Redis 主从复制的速度和连接的稳定性，Master 节点和 Slave 节点必须在同一个局域网中。

4.1.2　Redis 的应用场景

1．会话缓存

会话缓存是一种常见的 Redis 应用情景和使用。与其他存储（如 Memcached）作为会话缓存相比，使用 Redis 作为会话缓存的优势在于读取速度快，提供缓存持久化。当维护的数据不是严格要求一致性的缓存数据时，此类数据也需要缓存持久化。例如，用户在网上购物的时候，购物车的信息突然全部丢失了，这样会导致用户的体验感很差。但是，用 Redis 做缓存持久化过后，上述情况就不会出现了。

2．全页缓存

除基本的会话缓存之外，Redis 还提供很简便的全页缓存平台。回到一致性问题，即使重启了 Redis 实例，因为有磁盘的持久化，用户也不会体验到页面加载速度的下降，这是一个极大改进。以 Magento 为例，它通过提供一个插件来使用 Redis 作为全页缓存后端。

3．队列

Redis 在内存存储引擎领域的一大优点是提供列表和集合操作，这使得 Redis 能作为一个很好的消息队列平台被使用。当我们把 Redis 作为队列使用时，对应的操作类似于编程语言（如 Python）对列表的数据插入/数据弹出操作。

4．计数排序

Redis 在内存中可以对数字进行递增或递减排序。集合和有序集合能够使得排序类操作变得容易，而 Redis 正好支持这两种数据结构。

任务 4.2　Redis 的安装

任务描述：完成 Windows、CentOS、Ubuntu 这 3 种环境下 Redis 的安装。我们所用版本为 Redis 7.0.12。

4.2.1　在 Windows 环境下安装 Redis

1．下载 Windows 版本安装包

Redis 没有官方的 Windows 版本安装包，我们用的是 Github 提供的 Windows 版本安装包。Redis 有 32 位和 64 位两种版本，读者根据实际情况选择即可。我们下载的安装包是 Redis-7.0.12-Windows-x64-with-Service.tar.gz，在进行解压后，文件夹重新命名为 redis。上述过程如图 4-1 和图 4-2 所示。

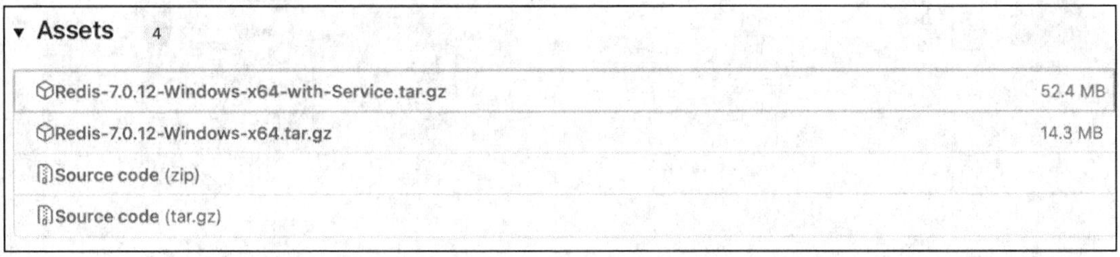

图 4-1　选择安装包

图 4-2　解缩并重命名后的 redis 文件夹内容

2．启动 Redis 服务

Windows 环境下的 Redis 支持以下几种运行模式。

模式 1：使用 start.bat 脚本一键启动。
模式 2：使用命令行。
使用 CMD 启动的代码如下。

```
redis-server.exe redis.conf
```

使用 PowerShell 启动的代码如下。

```
./redis-server.exe redis.conf
```

使用 CMD 启动 Redis 服务如图 4-3 所示。

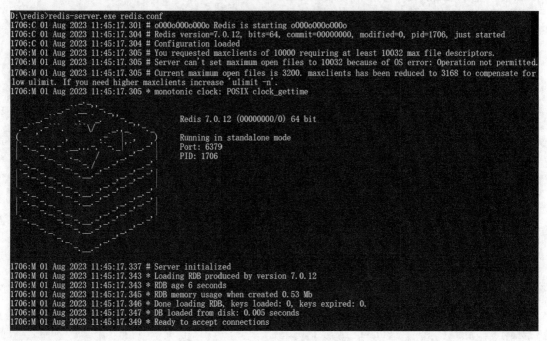

图 4-3　启动 Redis 服务

模式 3：以系统服务运行。

这种方式可以实现 Redis 的开机自启动。以管理员身份运行，将 RedisService.exe 的存储路径改为实际存储的路径，代码如下。

```
sc.exe create Redis binpath = D:\Redis\RedisService.exe start = auto
```

启动 Redis 服务的代码如下。

```
net start Redis
```

停止 Redis 服务的代码如下。

```
net stop Redis
```

卸载 Redis 服务的代码如下。

```
sc.exe delete Redis
```

启动 Redis 服务后就可以打开 Redis 客户端交互界面，进入 Redis。新打开一个 CMD 窗口，进入 redis 文件夹，输入命令 redis-cli.exe 来启动 redis-cli 交互环境，运行效果如图 4-4 所示。至此，Redis 在 Windows 环境下的安装已经完成。

图 4-4 Redis 客户端交互界面

4.2.2 在 CentOS 环境下安装 Redis

在大多数情况下，特别是在生产环境下，Redis 被部署在 Linux 环境中。下面介绍 Redis 在 CentOS7 上的安装步骤，具体如下。

步骤 1：安装 gcc 依赖。由于 Redis 是用 C 语言开发的，因此安装之前必先确认是否安装 GCC 环境（使用的命令是 gcc-v）。如果没有安装，则执行以下命令进行安装。

```
[root@localhost local] # yum install -y gcc
```

步骤 2：下载并解压安装包。从本书配套资源获取安装的代码如下，读者也可以从网络上进行获取。

```
[root@localhost local] # redis-7.0.12.tar.gz
[root@localhost local] # tar - zxvf redis-7.0.12.tar.gz
```

步骤 3：使用 cd 命令切换到 redis 解压目录下，执行编译。

```
[root@localhost local]           # cd redis-7.0.12
[root@localhost redis - 7.0.12]  # make
```

步骤 4：安装并指定安装目录，命令如下。

```
[root@localhost redis - 7.0.12] # make install PREFIX = /usr/local/redis
```

步骤 5：启动服务，命令如下。

```
[root@localhost redis - 7.0.12] # cd /usr/local/redis/bin/
[root@localhost bin]            # ./redis-server
```

4.2.3 在 Ubuntu 环境下安装 Redis

在 Ubuntu 环境下安装 Redis 的步骤如下。

步骤1：执行 sudo apt-get update 命令更新软件包，代码如下。

步骤2：执行 sudo apt-get install redis-server 命令，输入 y 确认安装 redis-server，如图 4-5 所示。

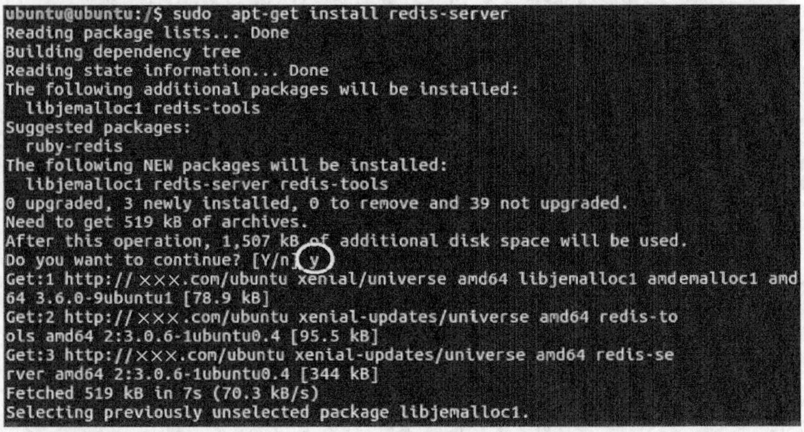

图 4-5　执行 sudo apt-get install redis-server 命令安装 redis-server

步骤3：查看 Redis 服务的状态，执行 service redis status 命令，如图 4-6 所示。从图中可以看出，Redis 服务的状态为 running，这说明安装完成后系统自动启动了服务。

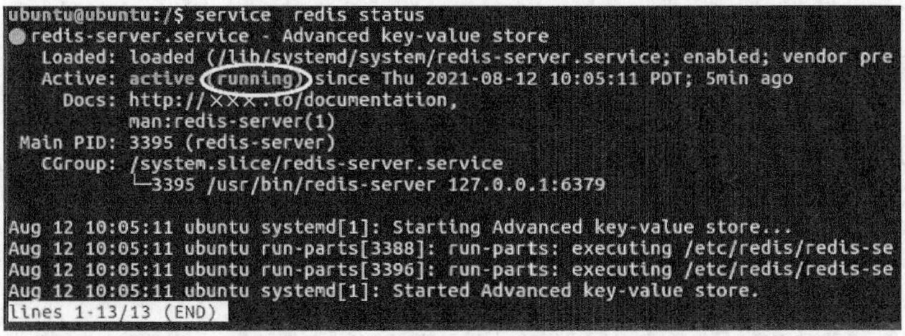

图 4-6　执行 service redis status 命令查看 Redis 服务的状态

步骤4：执行 whereis redis 命令查看配置文件所在位置，如图 4-7 所示。

图 4-7　执行 whereis redis 命令查看配置文件所在位置

步骤5：设置 Redis 端口，默认端口是 6379。读者可以根据自己的需要，找到/etc/redis/redis.conf 文件，修改端口（port）值。

步骤6：在配置文件中添加 requirepass 123456 来设置密码，如图 4-8 所示。

步骤7：其他电脑连接 Redis 的时候发现连接失败，通过 netstat-talnp 命令查看后发现，端口 6379 只允许本地访问。要远程连接 Redis，还得注释掉 Redis 配置中的 bind 127.0.0.1，如图 4-9 中椭圆形标注所示（已注释）。

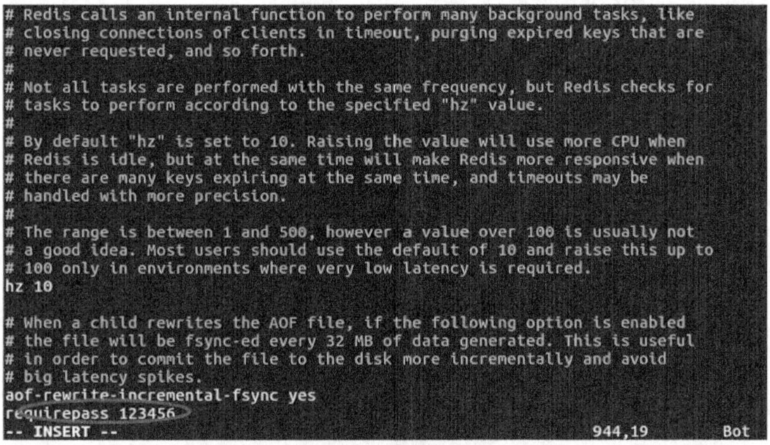

```
# Redis calls an internal function to perform many background tasks, like
# closing connections of clients in timeout, purging expired keys that are
# never requested, and so forth.
#
# Not all tasks are performed with the same frequency, but Redis checks for
# tasks to perform according to the specified "hz" value.
#
# By default "hz" is set to 10. Raising the value will use more CPU when
# Redis is idle, but at the same time will make Redis more responsive when
# there are many keys expiring at the same time, and timeouts may be
# handled with more precision.
#
# The range is between 1 and 500, however a value over 100 is usually not
# a good idea. Most users should use the default of 10 and raise this up to
# 100 only in environments where very low latency is required.
hz 10

# When a child rewrites the AOF file, if the following option is enabled
# the file will be fsync-ed every 32 MB of data generated. This is useful
# in order to commit the file to the disk more incrementally and avoid
# big latency spikes.
aof-rewrite-incremental-fsync yes
requirepass 123456
-- INSERT --                                                944,19        Bot
```

图 4-8　设置密码

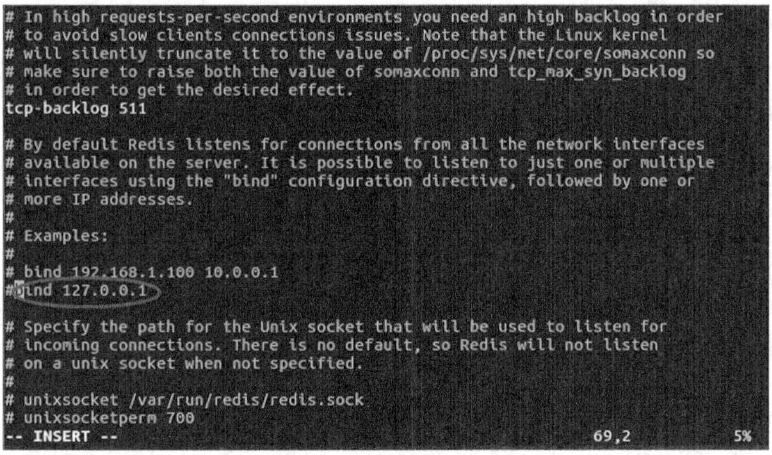

```
# In high requests-per-second environments you need an high backlog in order
# to avoid slow clients connections issues. Note that the Linux kernel
# will silently truncate it to the value of /proc/sys/net/core/somaxconn so
# make sure to raise both the value of somaxconn and tcp_max_syn_backlog
# in order to get the desired effect.
tcp-backlog 511

# By default Redis listens for connections from all the network interfaces
# available on the server. It is possible to listen to just one or multiple
# interfaces using the "bind" configuration directive, followed by one or
# more IP addresses.
#
# Examples:
#
# bind 192.168.1.100 10.0.0.1
#bind 127.0.0.1

# Specify the path for the Unix socket that will be used to listen for
# incoming connections. There is no default, so Redis will not listen
# on a unix socket when not specified.
#
# unixsocket /var/run/redis/redis.sock
# unixsocketperm 700
-- INSERT --                                                69,2           5%
```

图 4-9　注释 bind 127.0.0.1

步骤 8：先使用 service redis restart 命令重启 Redis，再通过 netstat –talnp 命令查看端口情况，得到的结果如图 4-10（a）所示。可以看出，对应端口已存在 Redis 服务。最后使用./redis-cli 命令访问 Redis，并输入 ping 命令进行测试，得到的结果如图 4-10（b）所示。可以看出，Redis 可正常连接。

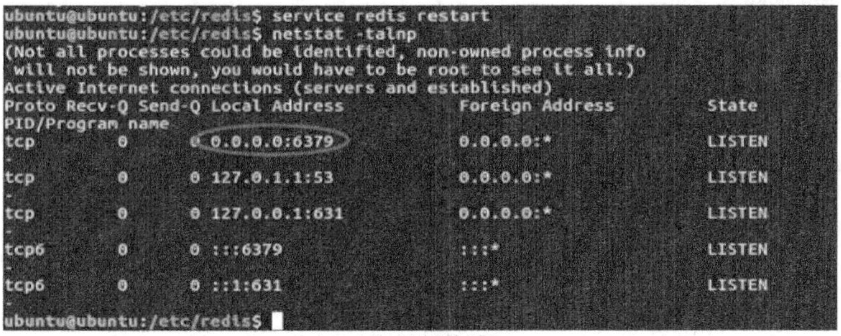

```
ubuntu@ubuntu:/etc/redis$ service redis restart
ubuntu@ubuntu:/etc/redis$ netstat -talnp
(Not all processes could be identified, non-owned process info
 will not be shown, you would have to be root to see it all.)
Active Internet connections (servers and established)
Proto Recv-Q Send-Q Local Address           Foreign Address         State       PID/Program name
tcp        0      0 0.0.0.0:6379            0.0.0.0:*               LISTEN
tcp        0      0 127.0.1.1:53            0.0.0.0:*               LISTEN
tcp        0      0 127.0.0.1:631           0.0.0.0:*               LISTEN
tcp6       0      0 :::6379                 :::*                    LISTEN
tcp6       0      0 ::1:631                 :::*                    LISTEN
ubuntu@ubuntu:/etc/redis$
```

（a）运行结果1

图 4-10　远程访问开启

```
ubuntu@7a7378e2f0a8:~/opt/redis-6.2.1/src$ ./redis-cli
127.0.0.1:6379> ping
PONG
127.0.0.1:6379>
```

(b）运行结果2

图 4-10　远程访问开启（续）

任务 4.3　Redis 的基本命令

任务描述：了解 Redis 的基本命令以及关于键（Key）的操作。

4.3.1　Redis 基本命令的相关操作

Redis 的 Shell 命令在 Redis 服务上执行操作，执行命令需要启动 Redis 客户端。启动 Redis 客户端的基本命令为：$ redis-cli。下面介绍如何启动 Redis 客户端。

启动 Redis 服务，打开终端并输入 redis-cli 命令，该命令会连接本地的 Redis 服务。

```
$ redis-cli
redis 127.0.0.1:6379>
```

在以上实例中，我们连接到本地的 Redis 服务，该命令用于检测 Redis 服务是否启动。

如果需要在 Redis 服务远程上执行命令，使用的命令也是 redis-cli，具体语法为 $ redis-cli -h host -p port -a password。

以下代码展示了如何连接到主机为 127.0.0.1、端口为 6379、密码为 mypass 的 Redis 服务上。

```
$redis-cli -h 127.0.0.1 -p 6379 -a "mypass"
redis 127.0.0.1:6379>
```

4.3.2　Redis 关于键的操作

1．键的特征

键表示一个字符串。用户可以通过键获取 Redis 中保存的数据。

2．涉及键的操作

涉及键的操作有以下几种。

关于键自生状态的相关操作，例如删除、判定存在、获取类型等。

关于键有效性控制的相关操作，例如有效期设定、判断是否有效、有效状态的切换等。

关于键快速查询操作，例如按指定策略查询 key。

3．键的基本操作

键的基本操作及相关有以下几种。

删除指定键：del key。

判断键是否存在：exists key。

获取键的类型：type key。

具体实现如图 4-11 所示。

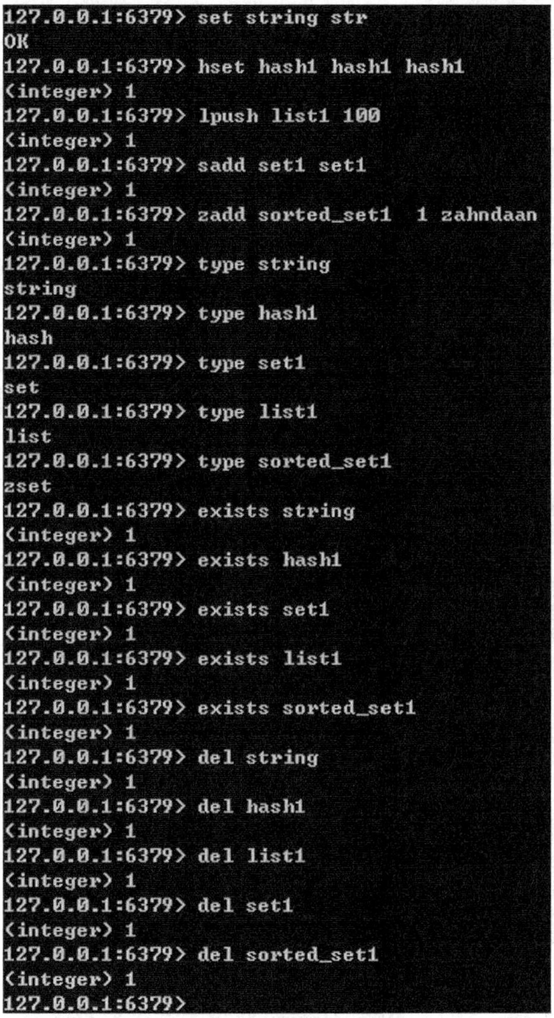

```
127.0.0.1:6379> set string str
OK
127.0.0.1:6379> hset hash1 hash1 hash1
(integer) 1
127.0.0.1:6379> lpush list1 100
(integer) 1
127.0.0.1:6379> sadd set1 set1
(integer) 1
127.0.0.1:6379> zadd sorted_set1 1 zahndaan
(integer) 1
127.0.0.1:6379> type string
string
127.0.0.1:6379> type hash1
hash
127.0.0.1:6379> type set1
set
127.0.0.1:6379> type list1
list
127.0.0.1:6379> type sorted_set1
zset
127.0.0.1:6379> exists string
(integer) 1
127.0.0.1:6379> exists hash1
(integer) 1
127.0.0.1:6379> exists set1
(integer) 1
127.0.0.1:6379> exists list1
(integer) 1
127.0.0.1:6379> exists sorted_set1
(integer) 1
127.0.0.1:6379> del string
(integer) 1
127.0.0.1:6379> del hash1
(integer) 1
127.0.0.1:6379> del list1
(integer) 1
127.0.0.1:6379> del set1
(integer) 1
127.0.0.1:6379> del sorted_set1
(integer) 1
127.0.0.1:6379>
```

图 4-11　键基本操作

4．键的扩展操作

为指定键设置有效期，具体代码如下。

```
expire key seconds
pexpire key milliseconds
expireat key timestamp
pexpireat key milliseconds - timestamp
```

获取键的有效期的命令如下。

返回秒值：ttl key。

返回毫秒值：pttl key。

将键从时效性转化为永久性：persist key。

5. 查询键

键支持模糊查询，查询规则如下。

*：匹配任意数量的任意字符。

?：匹配一个任意符号。

[]：匹配一个指定符号。

6. 键的其他操作

为键改名的命令如下。

```
rename key newkey
renamenx key newkey
```

对所有键进行排序的代码如下，其中，sort 命令没有任何参数传入表，只是简单地对集合自身元素进行排序，并返回排序结果。示例如下。

```
redis> lpush ml 1      # 采用 lpush 命令将 1 插入列表头部
(integer) 1
redis> lpush ml 2      # 采用 lpush 命令将 2 插入列表头部
(integer) 2
redis> lpush ml 3      # 采用 lpush 命令将 3 插入列表头部
(integer) 3
redis> lpush ml 4      # 采用 lpush 命令将 4 插入列表头部
(integer) 4
redis> sort ml         # 升序排列
1) "1"
2) "2"
3) "3"
4) "4"
redis> sort ml desc    # 降序排列
1) "4"
2) "3"
3) "2"
4) "1"
```

sort 命令默认升序排序，增加 desc 参数后可进行降序排序。

任务 4.4　Redis 支持的数据类型与基本操作

任务描述：熟悉 Redis 支持的 5 种数据类型（字符串、哈希、列表、集合、有序集合），掌握这 5 种数据类型的基本操作。

4.4.1　字符串基本操作

1. 基本概念

字符串是 Redis 基本的数据类型，一个键对应一个值。这种类型能存储任何形式的字符串，例如 JSON 对象，或者一张图片（可以将图片编码成二进制的格式进行存储）。

2．应用场景

字符串的应用场景有以下几种。
- 高速缓存 HTML 页面片段或者页面。
- 高速缓存关系数据库的查询结果。
- 缓存用户的会话（Session）信息（可以实现分布式的会话共享）。
- 统计网站的访问者总数量、日注册量以及用户活跃度/用户签到数。
- 限制 API 的访问频率。
- 分布式锁。它是控制分布式系统之间互斥访问共享资源的一种方式。当多个请求同时发起对同一个数据进行的操作会导致数据重复插入，而分布式锁机制可以解决这类问题，保证多个服务之间互斥地访问共享资源。如果一个服务获得了分布式锁，那么其他没获取到分布式锁的服务将不进行后续操作。
- 防止重复提交。前端请求的响应速度慢可能让用户多次提交请求。

3．常用命令

常用的字符串命令有 set、get、strlen、exists、dect、incr、setex 等。

get/set key value 命令的作用是自动将 key（键）对应到 value（值）上，并且返回 key 原来对应的 value。如果 key 存在但是对应的 value 不是字符串，这时会返回错误提示。

4.4.2 哈希基本操作

1．哈希表基本概念

哈希表是一个字符串类型的字段（Field）和值（Value）的映射表，Redis 中每个哈希表可以存储 $2^{32}-1$ 个键值对。哈希表特别适合用于存储对象，比如存储用户信息、商品信息，等等。

2．基本操作

（1）将哈希表 key 中字段 field 的值设为 value

命令：hset。

格式：hset key field value。

实例

```
127.0.0.1:6379> hset hash_key key1 v1
(integer) 1
127.0.0.1:6379> hset hash_key key2 v2
(integer) 1
```

（2）获取存储在哈希表中指定字段的值

命令：hget。

格式：hget key field。

实例

```
127.0.0.1:6379> hget hash_key key1
"v1"
127.0.0.1:6379> hget hash_key key2
"v2"
```

（3）删除一个或多个哈希表字段

命令：hdel。

格式：hdel key field。

实例

```
127.0.0.1:6379> hget hash_key key1
"v1"
127.0.0.1:6379> hget hash_key key2
"v2"
127.0.0.1:6379> hdel hash_key key2
(integer) 1
127.0.0.1:6379> hget hash_key key2
(nil)
127.0.0.1:6379> hget hash_key key1
"v1"
```

（4）查看哈希表的 key 中指定的字段是否存在

命令：hexists。

格式：hexists key field。

实例

```
127.0.0.1:6379> hget hash_key key2
(nil)
127.0.0.1:6379> hget hash_key key1
"v1"
127.0.0.1:6379> hexists hash_key key1
(integer) 1
127.0.0.1:6379> hexists hash_key key2
(integer) 0
```

（5）获取哈希表中指定 key 的所有字段和值

命令：hgetall。

格式：hgetall key。

实例

```
127.0.0.1:6379> hset hash_key key1 v1
(integer) 1
127.0.0.1:6379> hgetall hash_key
"key1"
"v1"
127.0.0.1:6379> hset hash_key key2 v2
(integer) 1
127.0.0.1:6379> hgetall hash_key
"key1"
"v1"
"key2"
"v2"
```

（6）获取所有哈希表中的字段

命令：hkeys。

格式：kheys key。

实例

```
127.0.0.1:6379> hset hash_key key1 v1
(integer) 1
127.0.0.1:6379> hkeys hash_key
"key1"
127.0.0.1:6379> hset hash_key key2 v2
(integer) 1
127.0.0.1:6379> hkeys hash_key
"key1"
"key2"
```

（7）获取哈希表中字段的数量

命令：hlen。

格式：hlen key。

实例

```
127.0.0.1:6379> hset hash_key key1 v1
(integer) 1
127.0.0.1:6379> hlen hash_key
(integer) 1
127.0.0.1:6379> hset hash_key key2 v2
(integer) 1
127.0.0.1:6379> hlen hash_key
(integer) 2
```

（8）同时将多个 field-value 域值对设置到哈希表的 key 中

命令：hmset。

格式：hmset key field1 value1 [field2 value2] …

实例

```
127.0.0.1:6379> hgetall hash_key
"key1"
"v1"
"key2"
"v2"
127.0.0.1:6379> hkeys hash_key
"key1"
"key2"
127.0.0.1:6379> hmset hash_key key3 v3 key4 v4 key5 v5
OK
127.0.0.1:6379> hgetall hash_key
"key1"
"v1"
"key2"
"v2"
"key3"
"v3"
"key4"
"v4"
"key5"
"v5"
```

```
127.0.0.1:6379> hkeys hash_key
"key1"
"key2"
"key3"
"key4"
"key5"
```

(9)获取所有给定字段的值

命令：hmget。

格式：hmget key field1 [field2] …

实例

```
127.0.0.1:6379> hmget hash_key key1 key3 key5
"v1"
"v3"
"v5"
```

(10)获取哈希表中所有值

命令：hvals。

格式：hvals key。

实例

```
127.0.0.1:6379> hgetall hash_key  # 获取指定字段（field）的所有键值对
"key1"
"v1"
"key2"
"v2"
"key3"
"v3"
"key4"
"v4"
"key5"
"v5"
127.0.0.1:6379> hvals hash_key   # 获取键值对中的值
"v1"
"v2"
"v3"
"v4"
"v5"
```

(11)只有在字段 field 不存在时，设置哈希表字段的值

命令：hsetnx。

格式：hsetnx key field value。

实例

```
127.0.0.1:6379> hset hash_key key1 value1
(integer) 1
127.0.0.1:6379> hget hash_key key1
"value1"
127.0.0.1:6379> hset hash_key key1 value100
(integer) 0
```

```
127.0.0.1:6379> hget hash_key key1
"value100"
127.0.0.1:6379> hsetnx hash_key key1 value10000
(integer) 0
127.0.0.1:6379> hget hash_key key1
"value100"
127.0.0.1:6379> hsetnx hash_key key10 value10000
(integer) 1
127.0.0.1:6379> hget hash_key key10
"value10000"
```

（12）为哈希表中 key 指定字段的整数值加上增量 increment

命令：hincrby。

格式：hincrby key field increment。

实例

```
127.0.0.1:6379> hset hash_key num 100
(integer) 1
127.0.0.1:6379> hget hash_key num
"100"
127.0.0.1:6379> hincrby hash_key num 5
(integer) 105
127.0.0.1:6379> hget hash_key num
"105"
127.0.0.1:6379> hincrby hash_key num -15
(integer) 90
127.0.0.1:6379> hget hash_key num
"90"
```

（13）为哈希表中 key 指定字段的浮点数值加上增量 increment

命令：hincrbyfloat。

格式：hincrbyfloat key field increment。

实例

```
127.0.0.1:6379> hset hash_key float 100
(integer) 1
127.0.0.1:6379> hget hash_key float
"100"
127.0.0.1:6379> hincrbyfloat hash_key float 0.5
"100.5"
127.0.0.1:6379> hget hash_key float
"100.5"
127.0.0.1:6379> hincrbyfloat hash_key float -1.5
"99"
127.0.0.1:6379> hget hash_key float
"99"
```

（14）迭代哈希表中的键值对

命令：hscan。

格式：hscan key cursor [MATCH pattern] [COUNT count]。

实例
```
127.0.0.1:6379> hmset hash key1 "1" key2 "2" key3 "3"
OK
127.0.0.1:6379> hkeys hash
1) "key1"
2) "key2"
3) "key3"
127.0.0.1:6379> hscan hash 0 MATCH key2*
1) "0"
2) 1) "key2"
   2) "2"
```

4.4.3 列表基本操作

1．基本概念

列表是简单的字符串列表，其元素按照插入顺序排序。列表中可以添加一个元素到其头部（最左边）或者尾部（最右边）。

一个列表最多可以包含 $2^{32}-1$ 个元素。

2．基本操作

（1）在列表中添加一个或多个值

RPUSH 命令的作用是将一个或多个值插入到列表的尾部（最右边）。

如果列表不存在，那么 Redis 会创建一个空列表并执行 rpush 命令。当列表名称存在，但不是列表类型时，则返回一个错误。

命令：RPUSH。

格式：RPUSH key_name value1 … valuen。

返回值：列表的长度。

实例
```
127.0.0.1:6379> RPUSH mylist "hello"   # 将 hello 插入列表的最右端
(integer) 1
127.0.0.1:6379> RPUSH mylist "foo"     # 将 foo 插入列表的最右端
(integer) 2
127.0.0.1:6379> RPUSH mylist "bar"     # 将 bar 插入列表的最右端
(integer) 3
127.0.0.1:6379> LRANGE mylist 0 -1     # 显示列表中所有元素
"hello"
"foo"
"bar"
```

（2）为已存在的列表添加值

RPUSHX 命令的作用是将一个或多个值插入已存在列表的尾部（最右边）。如果列表不存在，则此命令无效。

命令：RPUSHX。

格式：RPUSHX key_name value1 … valuen。

返回值：列表的长度。

实例

```
127.0.0.1:6379> RPUSH mylist "hello"
(integer) 1
127.0.0.1:6379> RPUSH mylist "foo"
(integer) 2
127.0.0.1:6379> RPUSHX mylist2 "bar"
(integer) 0
127.0.0.1:6379> LRANGE mylist 0 -1
"hello"
"foo"
```

（3）将一个或多个值插入列表头部

LPUSH 命令的作用是将一个或多个值插入列表头部。如果 key 不存在，则 Redis 会创建一个空列表并执行 LPUSH 命令。当 key 存在但不是列表类型时，返回一个错误。

命令：LPUSH。

格式：LPUSH key_name value1 … valuen。

返回值：列表的长度。

实例

```
127.0.0.1:6379> LPUSH list1 "foo"
(integer) 1
127.0.0.1:6379> LPUSH list1 "bar"
(integer) 2
127.0.0.1:6379> LRANGE list1 0 -1
"foo"
"bar"
```

（4）通过索引获取列表中的元素

LINDEX 命令的作用是通过索引来获取列表中的元素。使用时可以用负数表示下标，用-1 表示列表的最后一个元素，-2 表示列表的倒数第二个元素，依次类推。

命令：LINDEX。

格式：LINDEX key_name index_position。

返回值：列表中下标为指定索引值的元素。如果指定索引值不在列表的区间范围内，则返回 nil。

实例

```
127.0.0.1:6379> LPUSH mylist "World"
(integer) 1
127.0.0.1:6379> LPUSH mylist "Hello"
(integer) 2
127.0.0.1:6379> LINDEX mylist 0
"Hello"
127.0.0.1:6379> LINDEX mylist -1
"World"
127.0.0.1:6379> LINDEX mylist 3         # index 不在 mylist 的区间范围内
(nil)
```

（5）获取列表指定范围内的元素

LRANGE 命令的作用是返回列表中指定区间内的元素，区间以偏移量通过 START 参数和 END 参数来指定，其中，0 表示列表的第一个元素，1 表示列表的第二个元素，依次类推。使用时也可以负数表示下标，用−1 表示列表的最后一个元素，−2 表示列表的倒数第二个元素，依次类推。

命令：LRANGE。

格式：LRANGE key_name START END。

返回值：一个列表，其中包含指定区间内的元素。

实例

```
127.0.0.1:6379> LPUSH list1 "foo"
(integer) 1
127.0.0.1:6379> LPUSH list1 "bar"
(integer) 2
127.0.0.1:6379> LPUSHX list1 "bar"
(integer) 0
127.0.0.1:6379> LRANGE list1 0 -1
"bar"
"bar"
"foo"
```

（6）移除列表的最后一个元素，将该元素添加到另一个列表中并返回

RPOPLPUSH 命令用于移除列表的最后一个元素，并将该元素添加到另一个列表并返回。

命令：RPOPLPUSH。

返回值：被弹出的元素。

格式：RPOPLPUSH source_key_name destination_key_name。

实例

```
127.0.0.1:6379> RPUSH mylist "hello"
(integer) 1
127.0.0.1:6379> RPUSH mylist "foo"
(integer) 2
127.0.0.1:6379> RPUSH mylist "bar"
(integer) 3
127.0.0.1:6379> RPOPLPUSH mylist myotherlist
"bar"
127.0.0.1:6379> LRANGE mylist 0 -1
"hello"
"foo"
```

（7）移出并获取列表的第一个元素

BLPOP 命令的作用是移出并获取列表的第一个元素，如果列表中没有元素则会阻塞列表，直到等待超时或发现可弹出元素为止。

命令：BLPOP。

格式：BLPOP list1 list2 … listn timeout。

返回值：如果列表为空，返回一个 nil。否则，返回一个含有两个元素的列表，第一

个元素是被弹出元素所属的 key，第二个元素是被弹出元素的值。

实例

```
127.0.0.1:6379> BLPOP list1 100
# 在以上实例中，操作会被阻塞，如果指定的列表 key list1 存在数据则会返回第一个元素，否则在等待
# 100 s 后返回 nil。
(nil)
(100.06s)
```

（8）移出并获取列表的最后一个元素

BRPOP 命令的作用是移出并获取列表的最后一个元素，如果列表中没有元素则会阻塞列表，直到等待超时或发现可弹出元素为止。

命令：BRPOP。

格式：BRPOP list1 list2 ... listn timeout。

返回值：假如在指定时间内没有任何元素被弹出，则返回一个 nil 和等待时长。反之，返回一个含有两个元素的列表，第一个元素是被弹出元素所属的 key，第二个元素是被弹出元素的值。

实例

```
127.0.0.1:6379> BRPOP list1 100
# 在以上实例中，操作会被阻塞，如果指定的列表 key list1 存在数据则会返回第一个元素，否则在等待
# 100 秒后会返回 nil 。
(nil)
(100.06s)
```

（9）从列表中弹出一个值，将弹出的元素插入到另外一个列表中并返回该元素

BRPOPLPUSH 命令的作用是从列表中弹出一个值，将弹出的元素插入到另外一个列表中并返回该元素。如果列表没有元素则会阻塞列表，直到等待超时或发现可弹出元素为止。

命令：BRPOPLPUSH。

格式：BRPOPLPUSH list1 another_list timeout。

实例

```
# 非空列表
127.0.0.1:6379> BRPOPLPUSH msg reciver 500
"hello moto"                              # 弹出元素的值
(3.38s)                                   # 等待时长
127.0.0.1:6379> LLEN reciver
(integer) 1
127.0.0.1:6379> LRANGE reciver 0 0
"hello moto"
# 空列表
127.0.0.1:6379> BRPOPLPUSH msg reciver 1
(nil)
(1.34s)
<pre>
(nil)
(100.06s)
```

（10）移除列表中的元素

LREM 命令的作用是根据 COUNT 参数的值，移除列表中与 VALUE 参数相等的元素。

命令：LREM。

格式：LREM key_name COUNT VALUE。

返回值：被移除元素的数量。当列表不存在时返回 0。

COUNT 的值可以是以下几种。

COUNT 值>0：从表头开始向表尾搜索，移除列表中与 VALUE 参数相等的元素，数量为 COUNT。

COUNT 值<0：从表尾开始向表头搜索，移除列表中与 VALUE 参数相等的元素，数量为 COUNT 的绝对值。

COUNT 值=0：移除表中所有与 VALUE 参数相等的元素。

实例

```
127.0.0.1:6379> RPUSH mylist "hello"
(integer) 1
127.0.0.1:6379> RPUSH mylist "hello"
(integer) 2
127.0.0.1:6379> RPUSH mylist "foo"
(integer) 3
127.0.0.1:6379> RPUSH mylist "hello"
(integer) 4
127.0.0.1:6379> LREM mylist -2 "hello"
(integer) 2
```

（11）获取列表长度

LLEN 命令的作用是返回列表的长度。如果列表中的 key 不存在，则 key 被解释为一个空列表，返回 0。如果 key 不是列表类型，则返回一个错误。

命令：LLEN。

格式：LLEN key_name。

返回值：列表的长度。

实例

```
127.0.0.1:6379> RPUSH list1 "foo"
(integer) 1
127.0.0.1:6379> RPUSH list1 "bar"
(integer) 2
127.0.0.1:6379> LLEN list1
(integer) 2
```

（12）对一个列表进行修剪

LTRIM 命令的作用是对一个列表进行修剪，也就是说，让列表只保留指定区间内的元素，不在指定区间内的元素都将被删除。

下标 0 表示列表的第一个元素，下标 1 表示列表的第二个元素，依次类推。读者也可以使用负数下标，用-1 表示列表的最后一个元素，-2 表示列表的倒数第二个元素，依次类推。

命令：LTRIM。

格式：LTRIM key_name start stop。

返回值：命令执行成功时，返回 OK。

实例

```
127.0.0.1:6379> RPUSH mylist "hello"
(integer) 1
127.0.0.1:6379> RPUSH mylist "hello"
(integer) 2
127.0.0.1:6379> RPUSH mylist "foo"
(integer) 3
127.0.0.1:6379> RPUSH mylist "bar"
(integer) 4
127.0.0.1:6379> LTRIM mylist 1 -1
OK
127.0.0.1:6379> LRANGE mylist 0 -1
"hello"
"foo"
"bar"
```

（13）弹出列表的第一个元素并返回该值

LPOP 命令的作用是移除并返回列表的第一个元素。

命令：LPOP。

格式：LPOP listname。

返回值：列表的第一个元素。当列表 key 不存在时，返回 nil。

实例

```
127.0.0.1:6379> RPUSH list1 "foo"
(integer) 1
127.0.0.1:6379> RPUSH list1 "bar"
(integer) 2
127.0.0.1:6379> LPOP list1
"foo"
```

（14）将一个或多个元素插入已存在列表的头部

LPUSHX 命令的作用是将一个或多个值插入到已存在的列表头部。当列表不存在时，该命令无效。

命令：LPUSHX。

格式：LPUSHX key_name value1 … valuen。

返回值：列表的长度。

实例

```
127.0.0.1:6379> LPUSH list1 "foo"
(integer) 1
127.0.0.1:6379> LPUSHX list1 "bar"
(integer) 2
127.0.0.1:6379> LPUSHX list2 "bar"
(integer) 0
127.0.0.1:6379> LRANGE list1 0 -1
"foo"
"bar"
```

(15) 在列表的指定元素前或者后插入元素

LINSERT 命令的作用是在列表的指定元素前或者后插入元素。当指定元素不存在于列表中时，Redis 不执行任何操作。当列表不存在时，命令中的列表被视为空列表，Redis 不执行任何操作。如果 key 不是列表类型，返回错误信息。

命令：LINSERT。

格式：LINSERT key_name BEFORE existing_value new_value。

返回值：如果命令执行成功，则返回插入操作完成之后列表的长度。如果没有找到指定元素，返回-1。如果 key 不存在或为空列表，返回 0。

实例

```
127.0.0.1:6379> RPUSH list1 "foo"
(integer) 1
127.0.0.1:6379> RPUSH list1 "bar"
(integer) 2
127.0.0.1:6379> LINSERT list1 BEFORE "bar" "Yes"
(integer) 3
127.0.0.1:6379> LRANGE mylist 0 -1
"foo"
"Yes"
"bar"
```

(16) 移除并获取列表最后一个元素

RPOP 命令的作用是移除列表的最后一个元素，并返回该元素的值。

命令：RPOP。

格式：RPOP key_name。

返回值：列表的最后一个元素。当列表不存在时，返回 nil。

实例

```
127.0.0.1:6379> RPUSH mylist "hello"
(integer) 1
127.0.0.1:6379> RPUSH mylist "hello"
(integer) 2
127.0.0.1:6379> RPUSH mylist "foo"
(integer) 3
127.0.0.1:6379> RPUSH mylist "bar"
(integer) 4
127.0.0.1:6379> RPOP mylist
OK
127.0.0.1:6379> LRANGE mylist 0 -1
"hello"
"hello"
"foo"
```

(17) 通过索引设置列表元素的值

LSET 命令的作用是通过索引来设置元素的值。

命令：LSET。

格式：LSET key_name index value。

返回值：操作成功返回 OK，否则返回错误信息。

实例

```
127.0.0.1:6379> RPUSH mylist "hello"
(integer) 1
127.0.0.1:6379> RPUSH mylist "hello"
(integer) 2
127.0.0.1:6379> RPUSH mylist "foo"
(integer) 3
127.0.0.1:6379> RPUSH mylist "hello"
(integer) 4
127.0.0.1:6379> LSET mylist 0 "bar"
OK
127.0.0.1:6379> LRANGE mylist 0 -1
"bar"
"hello"
"foo"
"hello"
```

4.4.4 集合基本操作

1．基本概念

集合是字符串数据类型的无序集合。集合的成员是唯一的，这就意味着集合中不能出现重复的数据。

集合对象的编码可以是整数集合或者哈希表。

Redis 中集合是通过哈希表实现的，所以添加、删除、查找等操作的复杂度都是 $O(1)$。集合中最大的成员数为 $2^{32} - 1$。

2．基本操作

（1）返回所有给定集合的并集

SUNION 命令的作用是返回给定集合的并集。不存在的集合被视为空集。

命令：SUNION。

格式：SUNION key key1 . keyn。

返回值：并集成员的列表。

实例

```
127.0.0.1:6379> SADD myset1 "hello"
(integer) 1
127.0.0.1:6379> SADD myset1 "world"
(integer) 1
127.0.0.1:6379> SADD myset1 "bar"
(integer) 1
127.0.0.1:6379> SADD myset2 "hello"
(integer) 1
127.0.0.1:6379> SADD myset2 "bar"
(integer) 1
127.0.0.1:6379> SUNION myset1 myset2
```

```
"bar"
"world"
"hello"
```

（2）获取集合的成员数

SCARD 命令的作用是返回集合中元素的数量。

命令：SCARD。

格式：SCARD key_name。

返回值：集合的数量。当集合 key 不存在时，返回 0。

实例

```
127.0.0.1:6379> SADD myset "hello"# 在集合 myset 中添加 hello
(integer) 1
127.0.0.1:6379> SADD myset "foo"  # 在集合 myset 中添加 foo
(integer) 1
127.0.0.1:6379> SADD myset "hello"# 在集合 myset 中添加 hello
(integer) 0
127.0.0.1:6379> SCARD myset        # 获取集合 myset 中元素的个数
(integer) 2
```

（3）返回集合中一个或多个随机元素

SRANDMEMBER 命令的作用是返回集合中的一个或多个随机元素。

命令：SRANDMEMBER。

格式：SRANDMEMBER key[count]。

返回值：只提供集合名时，返回一个元素；如果集合为空，返回 nil。如果命令中设置了 count 参数，那么返回一个数组；如果集合为空，返回空数组。

SRANDMEMBER 命令接收的 count 参数如下。

如果 count 参数值为正数且小于集合基数，那么命令返回一个包含相应个数元素的数组，而且数组中的元素各不相同。如果 count 参数的值大于或等于集合基数，那么返回整个集合。

如果 count 参数值为负数，那么命令返回一个数组，数组中的元素可能会重复出现，而数组的长度为 count 参数值的绝对值。

SRANDMEMBER 命令和 SPOP 命令相似，只不过 SPOP 命令将随机元素从集合中移除并返回，而 SRANDMEMBER 仅仅返回随机元素，不对集合进行任何改动。

实例

```
127.0.0.1:6379> SADD myset1 "hello"
(integer) 1
127.0.0.1:6379> SADD myset1 "world"
(integer) 1
127.0.0.1:6379> SADD myset1 "bar"
(integer) 1
127.0.0.1:6379> SRANDMEMBER myset1
"bar"
127.0.0.1:6379> SRANDMEMBER myset1 2
"Hello"
"world"
```

(4) 返回集合中的所有成员

SMEMBERS 命令的作用是返回集合中的所有成员。不存在的集合名被视为空集合。

命令：SMEMBERS。

格式：SMEMBERS key value。

返回值：集合中的所有成员。

实例

```
127.0.0.1:6379> SADD myset1 "hello"
(integer) 1
127.0.0.1:6379> SADD myset1 "world"
(integer) 1
127.0.0.1:6379> SMEMBERS myset1
"World"
"Hello"
```

(5) 返回所有给定集合的交集

SINTER 命令的作用是返回所有给定集合的交集。不存在的集合名被视为空集。当给定集合当中有一个空集时，返回结果也为空集（根据集合运算定律）。

命令：SINTER。

格式：SINTER key key1 . keyn。

返回值：交集成员的列表。

实例

```
127.0.0.1:6379> SADD myset "hello"
(integer) 1
127.0.0.1:6379> SADD myset "foo"
(integer) 1
127.0.0.1:6379> SADD myset "bar"
(integer) 1
127.0.0.1:6379> SADD myset2 "hello"
(integer) 1
127.0.0.1:6379> SADD myset2 "world"
(integer) 1
127.0.0.1:6379> SINTER myset myset2
"hello"
```

(6) 移除集合中的一个或多个成员元素

SREM 命令的作用是移除集合中的一个或多个成员元素，不存在的成员元素会被忽略。当 key 不是集合类型时，返回一个错误信息。

命令：SREM。

格式：SREM key member1 … membern。

返回值：被成功移除的元素的数量，该数不包括被忽略的元素的数量。

实例

```
127.0.0.1:6379> SADD myset1 "hello"
(integer) 1
127.0.0.1:6379> SADD myset1 "world"
(integer) 1
```

```
127.0.0.1:6379> SADD myset1 "bar"
(integer) 1
127.0.0.1:6379> SREM myset1 "hello"
(integer) 1
127.0.0.1:6379> SREM myset1 "foo"
(integer) 0
127.0.0.1:6379> SMEMBERS myset1
"bar"
"world"
```

（7）将成员元素从源（source）集合移动到目的（destination）集合

SMOVE 命令的作用是将指定的成员元素从 source 集合移动到 destination 集合。

SMOVE 命令的操作是原子性操作。

如果 source 集合不存在或不包含指定的成员元素，则 SMOVE 命令不执行任何操作，仅返回 0。否则，成员元素被从 source 集合中移除，并添加到 destination 集合中去。

当 destination 集合已经包含成员元素时，SMOVE 命令只是简单地将 source 集合中的成员元素删除。

当 source 或 destination 不是集合类型时，则返回一个错误信息。

命令：SMOVE。

格式：SMOVE source destination member。

返回值：如果成员元素被成功移除，返回 1。如果成员元素不是 source 集合的成员，并且没有任何操作对 destination 集合执行，那么返回 0。

实例

```
127.0.0.1:6379> SADD myset1 "hello"
(integer) 1
127.0.0.1:6379> SADD myset1 "world"
(integer) 1
127.0.0.1:6379> SADD myset1 "bar"
(integer) 1
127.0.0.1:6379> SADD myset2 "foo"
(integer) 1
127.0.0.1:6379> SMOVE myset1 myset2 "bar"
(integer) 1
127.0.0.1:6379> SMEMBERS myset1
"World"
"Hello"
127.0.0.1:6379> SMEMBERS myset2
"foo"
"bar"
```

（8）向集合添加一个或多个成员元素

SADD 命令的作用是将一个或多个成员元素加入到集合中，已经存在于集合的成员元素将被忽略。

假如集合名不存在，则创建一个只包含添加的成员元素的集合。

当集合名不是集合类型时，返回一个错误信息。

命令：SADD。

格式：SADD key_name value1 . valueN。

返回值：被添加到集合中的新成员元素的数量，该数不包括被忽略的元素的数量。

实例

```
127.0.0.1:6379> SADD myset "hello"
(integer) 1
127.0.0.1:6379> SADD myset "foo"
(integer) 1
127.0.0.1:6379> SADD myset "hello"
(integer) 0
127.0.0.1:6379> SMEMBERS myset
"hello"
"foo"
```

（9）判断成员元素是否为集合的成员

SISMEMBER 命令的作用是判断成员元素是否为集合的成员。

命令：SISMEMBER。

格式：SISMEMBER key value。

返回值：如果成员元素是集合的成员，则返回 1。如果成员元素不是集合的成员，或集合 key 不存在，则返回 0。

实例

```
127.0.0.1:6379> SADD myset1 "hello"
(integer) 1
127.0.0.1:6379> SISMEMBER myset1 "hello"
(integer) 1
127.0.0.1:6379> SISMEMBER myset1 "world"
(integer) 0
```

（10）返回所有给定集合的差集并存储在 destination 集合中

SDIFFSTORE 命令的作用是将给定集合之间的差集存储在 destination 集合，即指定的集合中。如果 destination 集合中 key 已存在，则其元素会被覆盖。

命令：SDIFFSTORE。

格式：SDIFFSTORE destination_key key1 … keyn。

返回值：destination 集合中的元素数量。

实例

```
127.0.0.1:6379> SADD myset "hello"
(integer) 1
127.0.0.1:6379> SADD myset "foo"
(integer) 1
127.0.0.1:6379> SADD myset "bar"
(integer) 1
127.0.0.1:6379> SADD myset2 "hello"
(integer) 1
127.0.0.1:6379> SADD myset2 "world"
(integer) 1
127.0.0.1:6379> SDIFFSTORE destset myset myset2
(integer) 2
```

```
127.0.0.1:6379> SMEMBERS destset
"foo"
"bar"
```

（11）返回所有给定集合的差集

SDIFF 命令的作用是返回给定集合之间的差集。不存在的集合 key 将被视为空集。

命令：SDIFF。

格式：SDIFF first_key other_key1 … other_keyn。

返回值：包含差集成员元素的列表。

实例

```
127.0.0.1:6379> SADD myset "hello"
(integer) 1
127.0.0.1:6379> SADD myset "foo"
(integer) 1
127.0.0.1:6379> SADD myset "bar"
(integer) 1
127.0.0.1:6379> SADD myset2 "hello"
(integer) 1
127.0.0.1:6379> SADD myset2 "world"
(integer) 1
127.0.0.1:6379> SDIFF myset myset2
"foo"
"bar"
```

（12）迭代集合键中的成员元素

SSCAN 命令的作用是迭代集合键中的元素。

命令：SSCAN。

格式：SSCAN key [MATCH pattern] [COUNT count]。

返回值：数组列表。

实例

```
127.0.0.1:6379> SADD myset1 "hello"
(integer) 1
127.0.0.1:6379> SADD myset1 "hi"
(integer) 1
127.0.0.1:6379> SADD myset1 "bar"
(integer) 1
127.0.0.1:6379> sscan myset1 0 MATCH h*
"0"
"hello"
"h1"
```

（13）返回所有给定集合的交集并存储在 destination 集合中

SINTERSTORE 命令的作用是将给定集合之间的交集存储在 destination 集合，即指定的集合中。如果指定的集合已经存在，则其成员元素被覆盖。

命令：SINTERSTORE。

格式：SINTERSTORE destination_key key key1 … keyn。

返回值：交集成员的列表。

实例

```
127.0.0.1:6379> SADD myset1 "hello"
(integer) 1
127.0.0.1:6379> SADD myset1 "foo"
(integer) 1
127.0.0.1:6379> SADD myset1 "bar"
(integer) 1
127.0.0.1:6379> SADD myset2 "hello"
(integer) 1
127.0.0.1:6379> SADD myset2 "world"
(integer) 1
127.0.0.1:6379> SINTERSTORE myset myset1 myset2
(integer) 1
127.0.0.1:6379> SMEMBERS myset
"hello"
```

（14）将所有给定集合的并集存储在 destination 集合中

SUNIONSTORE 命令的作用是将给定集合的并集存储在 destination 集合，即指定的集合中。

命令：SUNIONSTORE。

格式：SUNIONSTORE destination key key1 … keyn。

返回值：结果集中的元素数量。

实例

```
127.0.0.1:6379> SADD myset1 "hello"
(integer) 1
127.0.0.1:6379> SADD myset1 "world"
(integer) 1
127.0.0.1:6379> SADD myset1 "bar"
(integer) 1
127.0.0.1:6379> SADD myset2 "hello"
(integer) 1
127.0.0.1:6379> SADD myset2 "bar"
(integer) 1
127.0.0.1:6379> SUNIONSTORE myset myset1 myset2
(integer) 1
127.0.0.1:6379> SMEMBERS myset
"bar"
"world"
"hello"
```

（15）移除并返回集合中的一个随机成员元素

SPOP 命令的作用是移除并返回集合中的一个随机成员元素。

命令：SPOP。

格式：SPOP key。

返回值：被移除的随机成员元素。当集合不存在或是空集时，则返回 nil。

实例

```
127.0.0.1:6379> SADD myset1 "hello"
(integer) 1
127.0.0.1:6379> SADD myset1 "world"
```

```
(integer) 1
127.0.0.1:6379> SADD myset1 "bar"
(integer) 1
127.0.0.1:6379> SPOP myset1
"bar"
127.0.0.1:6379> SMEMBERS myset1
"hello"
"world"
```

4.4.5 有序集合基本操作

（1）返回有序集合中指定成员的排名，有序集合成员按分数值递减排序

ZREVRANK 命令的作用是返回有序集合中成员的排名，其中，有序集合成员按分数值递减排序。该命令的排名从 0 开始，也就是说，分数值最大的成员排名为 0。

命令：ZREVRANK。

格式：ZREVRANK key member。

返回值：如果参与排序的成员是有序集合的成员，则返回该成员的排名。 如果参与排序的成员不是有序集合的成员，则返回 nil。

实例

```
127.0.0.1:6379> ZRANGE salary 0 -1 WITHSCORES        # 测试数据
"Jack"
"2000"
"Peter"
"3500"
"Tom"
"5000"
127.0.0.1:6379> ZREVRANK salary peter                # Peter 的工资排第二
(integer) 1
127.0.0.1:6379> ZREVRANK salary tom                  # Tom 的工资最高
(integer) 0
```

（2）在有序集合中计算指定字典区间内的成员数量

ZLEXCOUNT 命令的作用是在计算有序集合中指定字典区间内成员数量。

命令：ZLEXCOUNT。

格式：ZLEXCOUNT key min max。

返回值：指定区间内的成员数量。

实例

```
127.0.0.1:6379> ZADD myzset 0 a 0 b 0 c 0 d 0 e
(integer) 5
127.0.0.1:6379> ZADD myzset 0 f 0 g
(integer) 2
# " - "表示得分最小值的成员，" + "表示得分最大值的成员
127.0.0.1:6379> ZLEXCOUNT myzset - +
(integer) 7
127.0.0.1:6379> ZLEXCOUNT myzset [b [f
```

```
(integer) 5
```

（3）计算给定的一个或多个有序集合的并集，并将其存储在新的 key 中

ZUNIONSTORE 命令的作用是计算给定的一个或多个有序集合的并集，其中，给定 key 的数量必须以 numkeys 参数进行指定，并将该并集（结果集）储存到 destination 集合中。

在默认情况下，并集中某个成员的分数值是所有给定集合中该成员分数值之和。

命令：ZUNIONSTORE。

格式：ZUNIONSTORE destination numkeys key [key…] [WEIGHTS weight [weight…]] [aggregate sum | min | max]。

返回值：保存到 destination 集合的并集的成员数量。

实例

```
127.0.0.1:6379> ZRANGE programmer 0 -1 WITHSCORES
"Peter"
"2000"
"Jack"
"3500"
"Tom"
"5000"
127.0.0.1:6379> ZRANGE manager 0 -1 WITHSCORES
"Herry"
"2000"
"Mary"
"3500"
"Bob"
"4000"
127.0.0.1:6379> ZUNIONSTORE salary 2 programmer manager WEIGHTS
# 公司决定加薪……除了程序员……
(integer) 6
127.0.0.1:6379> ZRANGE salary 0 -1 WITHSCORES
"Peter"
"2000"
"Jack"
"3500"
"Tom"
"5000"
"Herry"
"6000"
"Mary"
"10500"
"Bob"
"12000"
```

（4）移除有序集合中给定排名区间内的所有成员元素

ZREMRANGEBYRANK 命令的作用是移除有序集合中指定排名区间内的所有成员。

命令：ZREMRANGEBYRANK。

格式：ZREMRANGEBYRANK key start stop。

返回值：被移除成员的数量。

实例

```
127.0.0.1:6379> ZADD salary 2000 Jack
(integer) 1
127.0.0.1:6379> ZADD salary 5000 Tom
(integer) 1
127.0.0.1:6379> ZADD salary 3500 Peter
(integer) 1
127.0.0.1:6379> ZREMRANGEBYRANK salary 0 1      # 移除下标 0 ~ 1 区间内的成员
(integer) 2
127.0.0.1:6379> ZRANGE salary 0 -1 WITHSCORES
# 有序集合只剩下一个成员
"Tom"
"5000"
```

（5）获取有序集合的成员元素数

ZCARD 命令的作用是计算集合中成元素的数量。

命令：ZCARD。

格式：ZCARD key_name。

返回值：当 key 存在且是有序集合类型时，返回有序集合的基数。当 key 不存在时，返回 0。

实例

```
127.0.0.1:6379> ZADD myset 1 "hello"
(integer) 1
127.0.0.1:6379> ZADD myset 1 "foo"
(integer) 1
127.0.0.1:6379> ZADD myset 2 "world" 3 "bar"
(integer) 2
127.0.0.1:6379> ZCARD myzset
(integer) 4
```

（6）移除有序集合中的一个或多个成员元素

ZREM 命令的作用是移除有序集合中的一个或多个成员元素，不存在的成员将被忽略。

当 key 存在但不是有序集合类型时，返回一个错误信息。

命令：ZREM。

格式：ZREM key member [member ...]。

返回值：被成功移除的成员元素的数量，该数量不包括被忽略的成员元素的数量。

实例

```
# 测试数据
127.0.0.1:6379> ZRANGE page_rank 0 -1 WITHSCORES
"test 1.com"
"8"
"test 2.com"
"9"
"test 3.com"
"10"
# 移除单个元素
127.0.0.1:6379> ZREM page_rank test 3.com
```

```
(integer) 1
127.0.0.1:6379> ZRANGE page_rank 0 -1 WITHSCORES
"test 1.com"
"8"
"test 2.com"
"9"
# 移除多个成员元素
127.0.0.1:6379> ZREM page_rank test 1.com test 2.com
(integer) 2
127.0.0.1:6379> ZRANGE page_rank 0 -1 WITHSCORES
(empty list or set)
# 移除不存在成员元素
127.0.0.1:6379> ZREM page_rank non - exists-element
(integer) 0
```

（7）计算给定的一个或多个有序集合的交集，并将该集合存储在新的有序集合 key 中

ZINTERSTORE 命令的作用是计算给定的一个或多个有序集合的交集，其中，给定 key 的数量必须以 numkeys 参数来指定，并将该交集储存到 destination 集合中。

在默认情况下，交集中某个成员元素的分数值是所有给定集合中该成员分数值之和。

命令：ZINTERSTORE。

格式：ZINTERSTORE destination numkeys key [key …] [WEIGHTS weight[weight …]] [aggregate sum | min | max]。

返回值：保存到 destination 集合的成员元素数量。

实例

```
# 有序集合 mid_test
127.0.0.1:6379> ZADD mid_test 70 "Li Lei"
(integer) 1
127.0.0.1:6379> ZADD mid_test 70 "Han Meimei"
(integer) 1
127.0.0.1:6379> ZADD mid_test 99.5 "Tom"
(integer) 1
# 另一个有序集合 fin_test
127.0.0.1:6379> ZADD fin_test 88 "Li Lei"
(integer) 1
127.0.0.1:6379> ZADD fin_test 75 "Han Meimei"
(integer) 1
127.0.0.1:6379> ZADD fin_test 99.5 "Tom"
(integer) 1
# 交集
127.0.0.1:6379> ZINTERSTORE sum_point 2 mid_test fin_test
(integer) 3
# 显示有序集合中所有成员及其分数值
127.0.0.1:6379> ZRANGE sum_point 0 -1 WITHSCORES
"Han Meimei"
"145"
"Li Lei"
"158"
```

```
"Tom"
"199"
```

（8）返回有序集合中指定成员元素的排名

ZRANK 命令的作用是返回有序集合中指定成员的排名，其中，有序集合成员元素按分数值递增排列。

命令：ZRANK。

格式：ZRANK key member。

返回值：如果成员是有序集合 key 的成员元素，返回该成员的排名。如果成员元素不是有序集合的成员，则返回 nil。

实例

```
127.0.0.1:6379> ZRANGE salary 0 -1 WITHSCORES
# 显示所有成员及其 score 值
"Peter"
"3500"
"Tom"
"4000"
"Jack"
"5000"
127.0.0.1:6379> ZRANK salary tom      # 显示 Tom 的薪水排名（第二）
(integer) 1
```

（9）为有序集合中指定成员的分数加上增量

ZINCRBY 命令的作用是为有序集合中指定成员的分数加上增量。该命令可以通过传递一个负值增量让分数减去相应的值，比如 ZINCRBY Key-5member 的作用就是为 member（成员）的 score 值（分数）减去 5。

当 key 不存在或分数不是 key 的成员时，ZINCRBY key increment member 的作用等同于 ZADD key increment member 的作用。

当 key 不是有序集合类型时，返回一个错误信息。

这里的分数值可以是整数值或双精度浮点值。

命令：ZINCRBY。

格式：ZINCRBY key increment member。

返回值：member 成员的新分数值，该值以字符串形式表示。

实例

```
127.0.0.1:6379> ZADD myzset 1 "hello"
(integer) 1
127.0.0.1:6379> ZADD myzset 1 "foo"
(integer) 1
127.0.0.1:6379> ZINCRBY myzset 2 "hello"
(integer) 3
127.0.0.1:6379> ZRANGE myzset 0 -1 WITHSCORES
"foo"
"1"
"hello"
"3"
```

（10）通过分数返回有序集合指定区间内的成员

ZRANGEBYSCORE 命令的作用是返回有序集合中指定分数区间的成员列表。有序集合成员按分数大小递增排列。具有相同分数的成员按字典序来排列（该属性是有序集合提供的，不需要额外的计算）。

命令：ZRANGEBYSCORE。

格式：ZRANGEBYSCORE key min max [WITHSCORES] [LIMIT offset count]。

返回值：指定区间内带有分数值（可选）的有序集合成员的列表。

实例

```
127.0.0.1:6379> ZADD salary 2500 Jack                    # 测试数据
(integer) 0
127.0.0.1:6379> ZADD salary 5000 Tom
(integer) 0
127.0.0.1:6379> ZADD salary 12000 Peter
(integer) 0
127.0.0.1:6379> ZRANGEBYSCORE salary -inf +inf
# 显示整个有序集合
"Jack"
"Tom"
"Peter"
127.0.0.1:6379> ZRANGEBYSCORE salary -inf +inf WITHSCORES
# 显示整个有序集合及成员的 score 值
"Jack"
"2500"
"Tom"
"5000"
"Peter"
"12000"
127.0.0.1:6379> ZRANGEBYSCORE salary -inf 5000 WITHSCORES
# 显示工资小于或等于 5000 的所有成员
"Jack"
"2500"
"Tom"
"5000"
127.0.0.1:6379> ZRANGEBYSCORE salary (5000 12000
# 显示工资大于 5000 小于或等于 12000 的成员
"Peter"
```

在默认情况下，区间的取值使用闭区间（小于或等于、大于或等于。开区间（小于或大于）可以通过给参数前增加"（"来实现。

例如代码

`ZRANGEBYSCORE zset (1 5`

的作用是返回所有符合条件 1＜score ≤ 5 的成员，而代码

`ZRANGEBYSCORE zset (5 (10`

的作用是返回所有符合条件 5＜score＜10 的成员。

（11）通过字典区间返回有序集合的成员

ZRANGEBYLEX 命令的作用是通过字典区间返回有序集合的成员。

命令：ZRANGEBYLEX。

格式：ZRANGEBYLEX key min max [LIMIT offset count]。

返回值：指定区间内的元素列表。

实例

```
127.0.0.1:6379> ZADD myzset 0 a 0 b 0 c 0 d 0 e 0 f 0 g
(integer) 7
127.0.0.1:6379> ZRANGEBYLEX myzset - [c
"a"
"b"
"c"
127.0.0.1:6379> ZRANGEBYLEX myzset - (c
"a"
"b"
127.0.0.1:6379> ZRANGEBYLEX myzset [a (g
"b"
"c"
"d"
"e"
"f"
```

（12）返回有序集合中成员的分数值

ZSCORE 命令的作用是返回有序集合中成员的分数值。如果成员元素不是有序集合 key 的成员或 key 不存在，则返回 nil。

命令：ZSCORE。

格式：ZSCORE key member。

返回值：成员的分数，该值以字符串形式表示。

实例

```
127.0.0.1:6379> ZRANGE salary 0 -1 WITHSCORES        # 测试数据
"Tom"
"2000"
"Peter"
"3500"
"Jack"
"5000"
127.0.0.1:6379> ZSCORE salary Peter                  # 注意返回值是字符串
"3500"
```

（13）移除有序集合中指定分数区间内的所有成员

ZREMRANGEBYSCORE 命令的作用是移除有序集合中，指定分数区间内的所有成员。

命令：ZREMRANGEBYSCORE。

格式：ZREMRANGEBYSCORE key min max。

返回值：被移除成员的数量。

实例

```
127.0.0.1:6379> ZRANGE salary 0 -1 WITHSCORES
# 显示有序集合内所有成员及其分数
"Tom"
```

```
"2000"
"Peter"
"3500"
"Jack"
"5000"
127.0.0.1:6379> ZREMRANGEBYSCORE salary 1500 3500
# 移除所有薪水在 1500～3500 内的员工
(integer) 2
redis> ZRANGE salary 0 -1 WITHSCORES            # 剩下的有序集合成员
"Jack"
"5000"
```

(14) 迭代有序集合中的元素

ZSCAN 命令的作用是迭代有序集合中的元素（包括元素成员和元素分值）。

命令：ZSCAN。

格式：ZSCAN key cursor [MATCH pattern] [COUNT count]。

返回值：返回的每个元素都是一个有序集合元素，一个有序集合元素由一个成员（Member）和一个分数（Score）组成。

(15) 返回有序集合中指定分数区间内的成员元素，按分数从高到低进行排序

ZREVRANGEBYSCORE 返回有序集合中指定分数区间内的所有的成员。有序集合成员按分数值递减（从大到小）的次序排列。具有相同分数值的成员按字典序的逆序排列。

除了成员按分数递减的顺序排列这一点外，ZREVRANGEBYSCORE 命令的其他作用和 ZRANGEBYSCORE 命令一样。

命令：ZREVRANGEBYSCORE。

格式：ZREVRANGEBYSCORE key max min [WITHSCORES] [LIMIT offset count]。

返回值：指定区间内，带有分数（可选）的有序集合成员的列表。

实例

```
127.0.0.1:6379> ZADD salary 10086 Jack
(integer) 1
redis > ZADD salary 5000 Tom
(integer) 1
127.0.0.1:6379> ZADD salary 7500 Peter
(integer) 1
127.0.0.1:6379> ZADD salary 3500 Joe
(integer) 1
127.0.0.1:6379> ZREVRANGEBYSCORE salary + inf - inf
# 按工资降序排列所有成员元素
"Jack"
"Peter"
"Tom"
"Joe"
127.0.0.1:6379> ZREVRANGEBYSCORE salary 10000 2000
"Peter"
"Tom"
"Joe"
```

(16）移除有序集合中指定字典区间内的所有成员

ZREMRANGEBYLEX 命令的作用是移除有序集合中指定字典区间内的所有成员。

命令：ZREMRANGEBYLEX。

格式：ZREMRANGEBYLEX key min max。

返回值：被成功移除的成员的数量，该数量不包括被忽略的成员数量。

实例

```
127.0.0.1:6379> ZADD myzset 0 aaaa 0 b 0 c 0 d 0 e
(integer) 5
127.0.0.1:6379> ZADD myzset 0 foo 0 zap 0 zip 0 ALPHA 0 alpha
(integer) 5
127.0.0.1:6379> ZRANGE myzset 0 -1
"ALPHA"
"aaaa"
"alpha"
"b"
"c"
"d"
"e"
"foo"
"zap"
"zip"
127.0.0.1:6379> ZREMRANGEBYLEX myzset [alpha [omega
(integer) 6
127.0.0.1:6379> ZRANGE myzset 0 -1
"ALPHA"
"aaaa"
"zap"
"zip"
redis>
```

（17）返回有序集合中指定区间内的成员元素，并通过索引对成员元素按分数从高到低进行排序。

ZREVRANGE 命令的作用是返回有序集合中指定区间内的成员，其中，成员的位置按分数递减来排列，具有相同分数值的成员按字典序的逆序排列。

除了成员按分数递减的顺序排列这一点外，ZREVRANGE 命令的其他作用和 ZRANGE 命令一样。

命令：ZREVRANGE。

格式：ZREVRANGE key start stop [WITHSCORES]。

返回值：指定区间内，带有分数（可选）的有序集合成员的列表。

实例

```
127.0.0.1:6379> ZRANGE salary 0 -1 WITHSCORES        # 递增排列
"Peter"
"3500"
"Tom"
"4000"
"Jack"
```

```
"5000"
127.0.0.1:6379> ZREVRANGE salary 0 -1 WITHSCORES      # 递减排列
"Jack"
"5000"
"Tom"
"4000"
"Peter"
"3500"
```

(18)通过索引区间返回有序集合中指定区间内的成员

ZRANGE 命令的作用是返回有序集合中指定索引区间内的成员,其中,成员的位置按分数递增来排序,具有相同分数的成员按字典序来排列。

命令:ZRANGE。

格式:ZRANGE key start stop [WITHSCORES]。

返回值:指定索引区间内,带有分数(可选)的有序集合成员的列表。

下标参数 start 和 stop 都以 0 为底,也就是说,用 0 表示有序集合第一个成员,用 1 表示有序集合第二个成员,依次类推。

下标也可以使用负数,用-1 表示最后一个成员,用-2 表示倒数第二个成员,依次类推。

实例

```
127.0.0.1:6379> ZRANGE salary 0 -1 WITHSCORES
# 显示整个有序集合成员
"Jack"
"3500"
"Tom"
"5000"
"Boss"
"10086"
127.0.0.1:6379> ZRANGE salary 1 2 WITHSCORES
# 显示有序集合下标区间 1 至 2 的成员
"Tom"
"5000"
"Boss"
"10086"
127.0.0.1:6379> ZRANGE salary 0 200000 WITHSCORES
# 测试 end 下标超出最大下标时的情况
"Jack"
"3500"
"Tom"
"5000"
"Boss"
"10086"
redis > ZRANGE salary 200000 3000000 WITHSCORES
# 测试当给定区间在有序集合中不存在时的情况
(empty list or set)
```

(19)计算在有序集合中指定分数区间内的成员数量

ZCOUNT 命令的作用是计算有序集合中指定分数区间内的成员数量。

命令：ZCOUNT。

格式：ZCOUNT key min max。

返回值：分数在最小值（min）和最大值（max）之间的成员数量。

实例

```
127.0.0.1:6379> ZADD myzset 1 "hello"
(integer) 1
127.0.0.1:6379> ZADD myzset 1 "foo"
(integer) 1
127.0.0.1:6379> ZADD myzset 2 "world" 3 "bar"
(integer) 2
127.0.0.1:6379> ZCOUNT myzset 1 3
(integer) 4
```

（20）向有序集合添加一个或多个成员，或者更新已存在成员的分数

ZADD 命令的作用是将一个或多个成员及其分数值加入到有序集合中。如果某个成员已经是有序集合的成员，那么更新这个成员的分数值，并通过重新插入这个成员来保证该成员在正确的位置上。这里的分数可以是整型数或双精度浮点数。

如果有序集合 key 不存在，则创建一个空的有序集合并执行 ZADD 操作。当 key 存在但不是有序集合类型时，返回一个错误信息。

命令：ZADD。

格式：ZADD key_name score1 value1…scoren valuen。

返回值：被成功添加的新成员的数量，该数量不包括那些被更新的、已经存在的成员数量。

实例

```
127.0.0.1:6379> ZADD myset 1 "hello"
(integer) 1
127.0.0.1:6379> ZADD myset 1 "foo"
(integer) 1
127.0.0.1:6379> ZADD myset 2 "world" 3 "bar"
(integer) 2
127.0.0.1:6379> ZRANGE myzset 0 -1 WITHSCORES
"hello"
"1"
"foo"
"1"
"world"
"2"
"bar"
"3"
```

本章小结

本章系统讲解了 Redis 的相关概念、Redis 的特点和应用场景，分别描述了 Redis 在 Windows、CentOS、Ubuntu 这 3 种环境下的安装过程，以及介绍了相关配置文件。此外，

本章还讲解了 Redis 的基本命令与相关操作，并展示了多个实例。学完本章，读者需要掌握如下知识点。

1. Redis 的相关概念、特点和应用场景。
2. Redis 在 Windows、CentOS、Ubuntu 环境下的安装步骤。
3. Redis 基本命令操作方法。
4. Redis 支持的数据类型。

第 5 章 Neo4j 安装与 Cypher 操作

本章主要介绍图数据库 Neo4j 的简介与安装。在 Neo4j 简介部分，本章主要介绍 Neo4j 是什么，以及 Neo4j 的特点。在 Neo4j 安装部分，本章介绍 Windows 和 Ubuntu 环境下 Neo4j 的安装过程，并对 Neo4j 的配置文件和 Cypher 语句进行阐述。

【学习目标】
1. 可以准确地描述 Neo4j 属性图模型以及 Neo4j 的特点。
2. 可以完成 Neo4j 的安装。
3. 可以完成 Neo4j 配置文件的修改。
4. 可以掌握 Cyber 的基本概念。
5. 可以掌握 Cyber 的基本操作。

任务 5.1　Neo4j 概述

任务描述：认识并了解 Neo4j。

5.1.1　Neo4j 简介

1852 年，刚从伦敦大学学院毕业的 Francis Gutherie 发现了四色问题。四色问题在一个世纪后被 Kenneth Appel 和 Wolfgang Haken 解决，这被认为是图论真正的诞生。在计算机领域中，图（Graph）是一种数据结构，由顶点（Vertex）、边（Edge）和属性（Property）组成，其中，顶点也称节点（Node），边也称关系。顶点和边可以设置属性，每个节点和关系可以有一个或多个属性。

Neo4j 是一种图数据库，Cypher 是一种图数据库操作语言。Neo4j 和 Cypher 的命名有一个有趣的来历，Neo 是电影《黑客帝国》中的主角，Cypher 是《黑客帝国》中投靠了机器世界的人类叛徒，而在图数据库 Neo4j 中，Cypher 是 Neo4j 的操作语句，两者互相赋能。

1. Neo4j 是什么

Neo4j 是一个高性能的 NoSQL 图数据库。Neo4j 又是一个嵌入式的、基于磁盘的、具备完全的事务特性的 Java 持久化引擎，可以被看作是一个高性能的图引擎，该引擎具有成熟数据库的所有特性。Neo4j 分为社区版和企业版，本书使用的是社区版本。

Neo4j 图数据库的查询语言是 Cypher，该语言可以操作和查询属性图。

2. Neo4j 的结构

在图数据库中，表达数据的方式称为图数据模型，该数据模型对存储效率和查询效率的影响较大。目前使用的图数据模型有两种，分别是属性图和资源描述框架。

使用 Neo4j 创建的图是基于属性图这种数据模型的。属性图是有向图，由顶点、边、标签、关系类型和属性组成。在属性图中的所有节点是独立存在的，可以设置标签。拥有相同标签的节点属于一个分组，也就是一个集合。属性图中的关系通过关系类型来分组，类型相同的关系属于同一个集合。节点可以有 0 个、1 个或多个标签，但是关系必须设置关系类型，并且只能设置一个关系类型。关系是有向的，关系的两端分别是起始节点和结束节点，通过有向的箭头来标识方向。节点之间的双向关系通过两个方向相反的关系来标识。在属性图中，节点和关系是重要的实体，每个实体都有唯一标识 ID（Identity）。

（1）节点

构成一张图的基本元素是节点和关系。在 Neo4j 中，节点和关系都可以包含属性，如图 5-1 所示。

节点经常被用来表示一些实体。下面介绍一个简单的节点，该节点只有一个属性，属性名是 name（姓名），属性值是 Marko，如图 5-2 所示。

图 5-1　Neo4j 节点和关系　　　　　图 5-2　节点示例

（2）关系

节点之间的关系是图数据库很重要的一部分。通过关系可以找到很多关联的数据，如节点集合、关系集合，以及它们的属性集合。关系示例如图 5-3 所示。

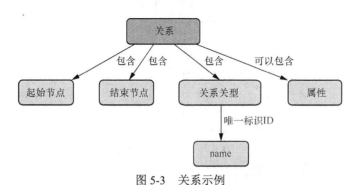

图 5-3　关系示例

一个关系连接两个节点，因此关系必须包含起始节点和结束节点，如图 5-4 所示。

因为关系总是直接相连的，所以对于一个节点来说，与它关联的关系有输入和输出两个方向，如图 5-5 所示。这个特性对于遍历图非常有帮助。

图 5-4　关系　　　　　　　　　　图 5-5　关系的输入和输出

需要特别注意的是，一个节点可以有一个关系是指向自己的，如图 5-6 所示。

为了便于在将来增强遍历图中所有的关系，需要为关系设置类型（type）。注意，关键字 type 在这里可能会被误解，读者可以把它简单地理解为一个标签。

图 5-7 展示的是一个有两种关系的社会化网络图。从图 5-7 中可以看出 Maja、Alice、Oscar 和 William 这 4 个人之间的关系：Alice 是服从（Follow）Oscar 管理的，Oscar 与 Maja 之间是互相 Follow 的平等关系，Oscar 则阻碍（Block）了 William 的发展。

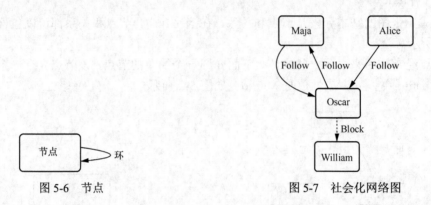

图 5-6　节点　　　　　　　　　　图 5-7　社会化网络图

图 5-8 展示的是一个简单的 Linux 文件系统，图中表示根目录"/"下有一个子目录 A，而 A 下有目录文件 B 和目录文件 C；B 是文件 D 的符号链接，即可指向 D，而 C 包含 D。从图 5-8 中可以顺着关系得到根目录下的所有文件信息。

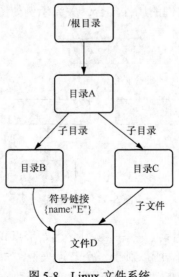

图 5-8　Linux 文件系统

(3）属性

节点和关系都可以设置自己的属性。在图 5-9 所示的属性组成关系图中，一个属性包含键和值两部分，表示属性是由键和值组成的，其中，键指向字符串，表示键是字符串类型；值的类型可以是多样的，如字符串、整型、布尔型等，也可以是 int[]这种类型。

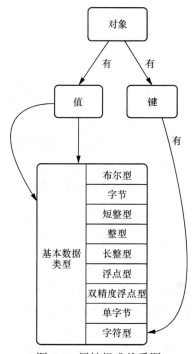

图 5-9　属性组成关系图

（4）路径

路径由至少一个节点通过多个关系连接组成，经常作为查询或者遍历的结果，如图 5-10 所示。

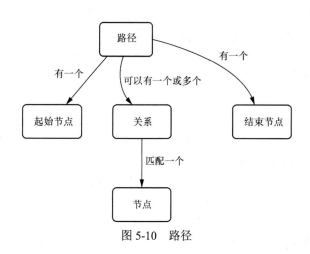

图 5-10　路径

图 5-11 中展示的是一个单独节点，它的路径长度为 0。图 5-12 展示的是长度为 1 的路径。

图 5-11　单独节点　　　　　　图 5-12　长度为 1 的路径

（5）遍历

遍历一张图就是按照一定的规则，跟随节点之间的关系，访问关联的节点集合。常见的情况是只有一部分子图被访问到，因为用户知道自己关注哪一部分节点或者关系。

Neo4j 提供了遍历的 API，可以让用户指定遍历规则。一种简单的遍历规则是宽度优先或深度优先。

3．Neo4j 的优点

Neo4j 包括如下几个显著特点。

（1）完整的 ACID 支持

适当的 ACID 操作是保证数据一致性的基础。Neo4j 保证了事务中多个操作同时发生时数据的一致性。无论是采用嵌入模式还是多服务器集群，Neo4j 都支持这一特性。

（2）高可用性和高可扩展性

可靠的图形存储可以非常轻松地被集成到任何一个应用中。随着应用在运营中不断被开发或完善，它的性能问题肯定会逐步凸显出来。无论应用如何变化，Neo4j 只会受到计算机硬件性能的影响，不会受业务本身的约束。一台部署了 Neo4j 的服务器可以承载亿级的节点和关系。当然，当单节点服务器无法承载数据需求时，可以部署分布式集群。

（3）通过遍历工具高速检索数据

图数据库最大的优势是可以存储关系复杂的数据。Neo4j 提供的遍历工具可以非常高效地进行数据检索，每秒可以达到亿级的检索量。

5.1.2　Cypher 简介

1．常见的图数据库语言

Gremlin：支持该图数据库有 JanusGraph、InfiniteGraph、Cosmos DB、Datastax Enterprise(5.0+)、Amazon Neptune。

Cypher：支持该图数据库有 Neo4j、StellarDB、RedisGraph、AgensGraph。

GSQL：支持该图数据库有 TigerGraph。

nGQL：支持该图数据库有 NebulaGraph。

下面通过一个创建节点的例子，说明上述图数据库语言的不同之处。

```
Gremlin: g.addv('person').property('name', 'Tom').property(id, "1")
Cypher: CREATE( Person(name: "Tom"))
GSQL: INSERT INTO Person(PRIMARY_ID, name) VALUES("1", "Tom")
nGQL: INSERT VERTEX Person(name) VALUES 1: ("Tom")
```

Neo4j 使用的图数据库语言是 Cypher。Cypher 是描述性的图数据库查询语言，具有语法简单、功能强大的特点。由于 Neo4j 在图数据库中的应用较多，因此 Cypher 成为图数据库查询语言的事实标准。

2．Cypher 的模式

模式由节点和关系组成，可以表示遍历和路径。模式和模式匹配是 Cypher 的核心，模式使用属性图的结构进行描述，通常使用()表示节点、-->表示关系、-[]->表示关系和关系的类型，其中，箭头表示关系的方向。在使用模式时，用户描述所需数据的形状，即模式，Cypher 会根据模式的形状返回对应的数据。

（1）节点模式

节点是模式中描述得最简单的形状，使用一对小括号即可，代码如下。

```
(a)
```

其中，a 表示节点的名称或别名，用于引用图中的某一个节点。匿名节点可以使用如下表示形式。

```
()
```

但需要注意的是，匿名节点无法被引用。

（2）节点关系模式

描述多个节点以及它们之间关系的模式尤为有用。在 Cypher 中，两个节点之间的关系使用箭头来描述，代码如下。

```
(a)-->(b)
```

上面的节点关系模式描述了一个非常简单的数据形状：两个节点（a 和 b），以及节点 a 到节点 b 的单一关系。在 Neo4j 中，关系是有方向的，这里仅匹配从节点 a 到节点 b 的模式。这种描述节点和节点间关系的模式可以扩展到任意数量的节点以及它们之间的关系，例如：

```
(a)-->(b)<--(c)
```

上述代码所示的这一系列相连的节点和关系也被称为路径。

（3）标签模式

模式除了描述节点的形状外，还可以描述属性。最简单的描述属性的模式是标签模式，例如：

```
(a:User)-->(b)
```

其中，User 表示节点 a 的标签。一个节点可以有多个标签，例如：

```
(a:User:Admin)-->(b)
```

（4）指定属性

属性可以使用 Map 映射表示。描述一个有两个属性的节点的代码如下。

```
(a {name: 'Andy', sport: 'Brazilian Ju-Jitsu'})
```

在上述代码中，a 表示节点，大括号中的键值对表示节点 a 的属性，其中的 name 参数和 sport 参数表示属性的键，Andy 和 Brazilian Ju-Jitsu 表示属性键对应的值。

（5）关系模式

最简单的描述关系的方法是在两个节点之间使用箭头-->，箭头表示方向性，如下面的代码所示。

```
(a)-->(b)
```

如果不关心关系的方向性，则箭头可以省略，如下方的代码所示。

```
(a)--(b)
```

与节点一样，关系也可以被命名。在关系中，使用-[]->表示关系、关系类型以及关系的方向性。关系变量可以放置在[]中间，代码如下。

```
(a) - [r] -> (b)
```

关系变量中也可以针对关系添加标签，代码如下。

```
(a) - [r:REL_TYPE] -> (b)
```

关系的标签只能有一个，这与节点有所不同。但是，关系的类型可以属于一个集合，使用"|"进行分割，以表示关系输入集合中的某些类型，代码如下。

```
(a) - [r:TYPE1|TYPE2] -> (b)
```

（6）路径模式

路径是由节点和关系构成的序列，路径的长度是节点之间的关系数量。根据长度不同，路径可分为固定长度的路径和可变长度的路径。在固定长度的路径中，路径中关系的数量是不变的。在可变长度的路径中，路径中关系的数量是可变的。

路径的固定长度用[*n]表示，其中，n 表示固定的关系数量。举例如下。

```
(a) - [*2] -> (b)
//等价于下面的写法
(a)-->()-->(b)
```

在上述示例中，*2 表示关系的数量为 2，路径两端的节点是 a 和 b，关系方向由节点 a 指向节点 b，两个节点中间存在一个无法被引用的匿名节点。

路径的可变长度用[*start..end]表示，其中，"..."表示关系的长度是可变的，start 表示关系数量的最小值，end 表示关系数量的最大值。需要注意的是，在可变长度的表示中，start 和 end 均可省略，如果省略 start，那么关系的数量为小于或等于最大值 end；如果省略 end，那么关系的数量大于或等于最小值 start；如果同时省略 start 和 end，那么关系的数量是任意的。举例如下。

```
(a) - [*3..5] -> (b)
(a) - [*3..] -> (b)
(a) - [*..5] -> (b)
(a) - [*] -> (b)
```

路径模式中还有一个路径变量的概念，该变量的作用对路径命名。例如把路径赋值给变量 p，代码如下。

```
p = (a) - [*3..5] -> (b)
```

任务 5.2　安装 Neo4j

任务描述：完成 Neo4j 的安装和测试，并了解 Neo4j 的配置文件。

5.2.1 在 Windows 环境下安装 Neo4j

本书所用 Windows 操作系统的版本为 Win10 64 位。数据库的安装过程基本可分为下载、安装、修改配置文件、启动等几个步骤。下面介绍 Neo4j 的安装步骤。

目前，Neo4j 版本已经更新到 5.10。按照 Neo4j 官网提示，5.x 版本的 Neo4j 安装依赖 Java SE17，4.x 版本的 Neo4j 安装依赖于 Java SE 11，3.x 版本的 Neo4j 安装运行依赖于 Java SE 8。由于国内的 Java 教材的内容大多基于 Java SE 8，因此，本书选用 3.x 版本中的 Neo4j 3.5，介绍安装步骤。

步骤 1：下载和解压 Neo4j 安装包。

Neo4j 的官网提出 Neo4j 安装包的下载，读者选择 3.5 版本，如图 5-13 所示。如果从官网下载速度比较慢，读者可以通过第三方网站的方式下载，Neo4j 3.5 的 zip 版本大小大约为 147 MB，如图 5-13 所示。

图 5-13　Neo4j 社区版本 3.5.5

下载后，将安装包解压到指定路径，本书解压到目录 D:\neo4j-community-3.5.5（内部地址）下，如图 5-14 所示。

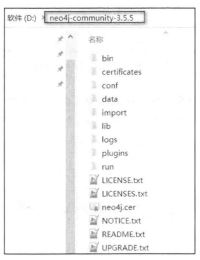

图 5-14　Neo4j 安装包被解压到指定目录

步骤 2：修改配置文件，开启远程访问。

在 Neo4j 的 conf 文档中修改 neo4j.conf，去掉注释符号（#）。

```
# dbms.connectors.default_listen_address = 0.0.0.0   # 去掉前
dbms.connectors.default_listen_address = 0.0.0.0     # 去掉后
```

步骤 3：启动 Neo4j 数据库。

在 CMD 窗口输入以下内容。

```
D:\neo4j - community - 3.5.5\bin>.\neo4j.bat console
```

得到的内容如图 5-15 所示。

```
D:\neo4j-community-3.5.5\bin>.\neo4j.bat console
2021-07-25 01:39:10.042+0000 WARN  dbms.active_database is deprecated.
2021-07-25 01:39:10.066+0000 INFO  ======== Neo4j 3.5.5 ========
2021-07-25 01:39:10.104+0000 INFO  Starting...
2021-07-25 01:39:24.535+0000 INFO  Bolt enabled on 0.0.0.0:7687.
2021-07-25 01:39:27.171+0000 INFO  Started.
2021-07-25 01:39:28.696+0000 INFO  Remote interface available at http://localhost:7474/
```

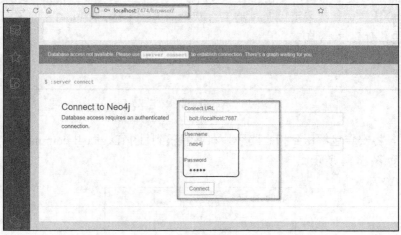

图 5-15　启动 Neo4j

在浏览器上输入（内部网址）http://localhost:7474/后，得到图 5-16 所示界面。第一次登录需要输入用户名和密码。

图 5-16　浏览器的登录界面

打开后需要输入默认用户名和密码（均为 neo4j），首次登录后 Neo4j 会要求更改密码。

登录后可以展开左边侧边栏，点击“Datebase”按钮，打开操作数据的面板，如图 5-17 所示。

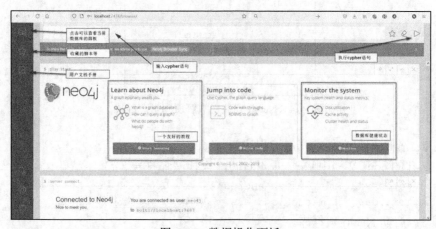

图 5-17　数据操作面板

neo4j.bat console 命令的作用是通过控制台启动 Neo4j，也可以将 Neo4j 注册为 Windows 服务。

步骤 4：注册为 Windows 服务（本步骤是可选的）。

将 Neo4j 安装注册为 Windows 服务的命令如下。

```
bin\neo4j.bat install - service    # 安装
bin\neo4j.bat uninstall - service  # 卸载
```

启动 Neo4j 服务、停止 Neo4j 服务、重启 Neo4j 服务和查询服务的状态的命令如下。

```
bin\neo4j.bat start     # 启动 neo4j 服务
bin\neo4j.bat stop      # 停止 neo4j 服务
bin\neo4j.bat restart   # 重启 neo4j 服务
bin\neo4j.bat status    # 查询 neo4j 服务
```

步骤 5：执行语句并测试。

在 Cypher 语句输入窗口输入以下语句：

```
CREATE p = (andy:Person { name:'Andy' }) - [:WORKS_AT] -> (neo:Loc) <- [:WORKS_AT]-
(michael:Person { name: 'Michael' })
RETURN p
```

数据操作面板返回的结果如图 5-18 所示。

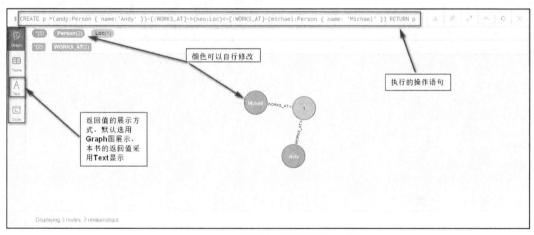

图 5-18　数据操作面板返回的结果

至此，Neo4j 安装并运行成功。

5.2.2　在 Ubuntu 环境下安装 Neo4j

在 Ubuntu 环境下安装 Neo4j 和在 Windows 环境下安装 Neo4j 类似。本书采用 Ubuntu 16.04 版本来安装 Neo4j，具体步骤如下。

步骤 1：增加 Neo4j version apt-key，并且更新 apt 库。

步骤 2：查看 Ubuntu 可以安装的 Neo4j 版本的命令如下。

```
sudo apt list -a neo4j
```

返回如下版本。

```
ubuntu@3e26a2e3ad51:~$ sudo apt list -a neo4j
Listing... Done
neo4j/stable 1:3.5.29 all
neo4j/stable 1:3.5.28 all
neo4j/stable 1:3.5.27 all
neo4j/stable 1:3.5.26 all
neo4j/stable 1:3.5.25 all
neo4j/stable 1:3.5.24 all
neo4j/stable 1:3.5.23 all
neo4j/stable 1:3.5.22 all
neo4j/stable 1:3.5.21 all
neo4j/stable 1:3.5.20 all
neo4j/stable 1:3.5.19 all
neo4j/stable 1:3.5.18 all
neo4j/stable 1:3.5.17 all
neo4j/stable 1:3.5.16 all
neo4j/stable 1:3.5.15 all
neo4j/stable 1:3.5.14 all
neo4j/stable 1:3.5.13 all
neo4j/stable 1:3.5.12 all
neo4j/stable 1:3.5.11 all
neo4j/stable 1:3.5.10 all
neo4j/stable 1:3.5.9 all
neo4j/stable 1:3.5.8 all
neo4j/stable 1:3.5.7 all
neo4j/stable 1:3.5.6 all
neo4j/stable 1:3.5.5 all
neo4j/stable 1:3.5.4 all
neo4j/stable 1:3.5.3 all
neo4j/stable 1:3.5.2 all
neo4j/stable 1:3.5.1 all
neo4j/stable 1:3.5.0 all
```

步骤3：安装指定版本（3.5）的 Neo4j，命令如下。

```
sudo apt install neo4j = 1:3.5.5
```

步骤4：测试是否安装成功。在终端输入以下命令。

```
neo4j -version
```

得到的返回值为：

```
neo4j 3.5.5
```

这表示安装成功。

步骤5：启动 Neo4j 数据库，在终端输入以下命令。

```
sudo neo4j start
```

得到的返回信息为：

```
ubuntu@3e26a2e3ad51:~$ sudo neo4j start
Active database: graph.db
Directories in use:
    home:         /var/lib/neo4j
    config:       /etc/neo4j
```

```
    logs:         /var/log/neo4j
    plugins:      /var/lib/neo4j/plugins
    import:       /var/lib/neo4j/import
    data:         /var/lib/neo4j/data
    certificates: /var/lib/neo4j/certificates
    run:          /var/run/neo4j
Starting Neo4j.
WARNING: Max 1024 open files allowed, minimum of 40000 recommended. See the
Neo4j manual.
Started neo4j (pid 3941). It is available at http://localhost:7474/
There may be a short delay until the server is ready.
See /var/log/neo4j/neo4j.log for current status.
```

在返回信息中可以查看到 Neo4j 目录结构位置：

- Neo4j 的安装目录 home 位于/var/lib/neo4j；
- 配置目录 config 位于/etc/neo4j；
- 日志目录 logs 位于/var/log/neo4j；
- 插件目录 plugins 位于/var/lib/neo4j/plugins；
- 加载数据目录 import 位于/var/lib/neo4j/import；
- 数据库目录 data 位于/var/lib/neo4j/data；
- 证书目录 certificates 位于/var/lib/neo4j/certificates；
- 命令目录 run 位于/var/run/neo4j。

这些目录，读者在配置文件或是导入数据时可能会用到。

步骤 6：打开浏览器并登录 Neo4j 服务器端口

登录（内部网址）http://localhost:7474/查看 Neo4j 服务器端口，首次登录的默认密码为 neo4j，登录完成后需要修改密码。

5.2.3　Neo4j 配置文件

同其他数据库类似，Neo4j 的配置和调优大多可以通过配置文件来完成。Neo4j 的配置文件位于安装目录的 conf 目录下，文件名称为 neo4j.conf。Neo4j 的配置文件信息可以根据所安装版本参考官网的相关内容，如本书 Neo4j 的版本为 3.5，则可访问 3.5 版本的相关文档。

1．Neo4j 的配置文件

neo4j.conf 配置文件位于 Windows 环境的 D:\neo4j-community-3.5.5\conf 或 Ubuntu 环境的/etc/neo4j/下。打开 neo4j.conf 后可以看到 Neo4j 支持的配置选项，其中包括 Neo4j Configuration（Neo4j 配置）、Network Connector Configuration（网络配置）、SSL System Configuration（SSL 配置）、SSL Policy Configuration（SSL 策略配置）、Logging Configuration（日志配置）、Miscellaneous Configuration（性能配置）、JVM Parameters（JVM 参数）、Wrapper Windows NT/2000/XP Service Properties（服务配置），以及 Other Neo4j system properties（其他配置），每个配置在对应的配置项上有英文描述。在配置过程中，读者可以根据官网文档或注释了解该配置项的含义。

配置文件的编写语法如下。

- 使用等号配置对应的键值对。
- 以"#"开头的行作为注释，忽略空行。
- 在 neo4j.conf 中所进行的配置设置将覆盖所有默认值。使用过程中如果要用自定义值修改默认值，则必须显式地列出默认值和新值。
- 配置设置没有顺序，neo4j.conf 文件中除了 dbms.jvm.additional 外的其他设置都必须唯一指定。dbms.jvm.additional 配置键上可以配置多个值，如果为 dbms.jvm.additional 设置了多个值，则每个设置值将向 Java 启动程序添加一个自定义 JVM 参数。此外，一个键不可具有不同的值。

下面介绍几种常用的配置。

(1) 开启远程访问

开启远程访问的代码如下。

```
#dbms.connectors.default_listen_address = 0.0.0.0  # 删除前
dbms.connectors.default_listen_address = 0.0.0.0   # 删除后
```

默认的 Neo4j 配置只接受本地连接，删除第一行代码的注释符（#）后，就可以开启远程访问。

(2) 修改并选用新的数据库

修改并选用新的数据库的代码如下。

```
dbms.active_database = graph.db
```

如果读者选用的是 Neo4j 4.x 版本，那么该版本自带两个数据库：system 和 neo4j。

(3) 数据库的存储路径

数据库的存储路径的代码如下。

```
dbms.directories.data = data
```

数据库的存储路径默认在安装路径下。例如本书中表示数据库的存储路径在 D:\neo4j-community-3.5.5\data（Windows 环境）或 /var/lib/neo4j/data（Ubuntu 环境）下，该路径下有 databases 目录，该目录是数据库的实际存储位置。plugins、certificates、logs、lib、run 等文件的配置和 dbms.directories.data 文件的配置基本类似，对应的配置命令为：

```
dbms.directories.plugins = plugins, dbms.directories.certificates = certificates,
dbms.directories.logs = logs, dbms.directories.lib = lib, dbms.directories.run = run
```

(4) 导入文件目录

导入文件目录的代码如下。

```
dbms.directories.import = import
```

上述配置表示只允许导入存储在 D:\neo4j-community-3.5.5\import（Windows 环境）或 /var/lib/neo4j/import（Ubuntu 环境）下的数据。如果上述配置代码被注释了，则可导入任意目录下的数据。

(5) JVM 初始化配置及缓存

JVM 初始化配置及缓存的代码如下。

```
dbms.memory.heap.initial_size = 2048m
dbms.memory.heap.max_size = 6144m
```

上述配置表示 JVM 初始化和最大堆内存。在生产环境中，该配置值在小于机器物理内存的基础上，可以设置得尽可能大一些。

```
dbms.memory.pagecache.size = 10g
```

上述配置表示 Neo4j 运行的缓存，可以越大越好。

（6）是否开启权限认证

是否开启权限认证的代码如下。

```
#dbms.security.auth_enabled = false    # 取消注释前
dbms.security.auth_enabled = false    # 取消注释后
```

默认开启权限认证，如果取消注释，则表示数据库不开启权限认证。

2. 修改 Neo4j 配置项

修改配置项后，需要关闭并重启服务。我们以 dbms.active_database 设置数据库名称为例，演示配置文件的修改过程。默认的 dbms.active_database 配置项为 graph.db，这时点击浏览器端左上侧的"Database"按钮，我们会看到图 5-19 所示的 Database 信息。

图 5-19　Database 信息

找到 neo4j 安装目录，编辑 conf 文件夹中 neo4j.conf 文件的内容，如图 5-20（a）所示。编辑后的内容如图 5-20（b）所示，其中，graph.db 是默认的图，增加的内容为：

```
dbms.active_database = zj.db
```

其中，zj.db 是新增的图数据库名。

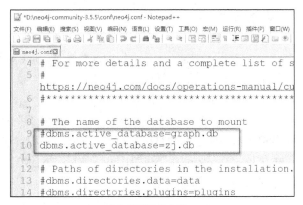

（a）neo4j.conf 文件　　　　　　　　　　（b）编辑后的内容

图 5-20　修改配置文件

重启 Neo4j，并在浏览器端打开"Database"面板，这时可以看到 Name 项已改为新的图数据库，如图 5-21 所示。

图 5-21　修改后的 Database 信息

在 data/databases 目录下可以看到新增的数据库目录 zj.db，见图 5-22 所示。

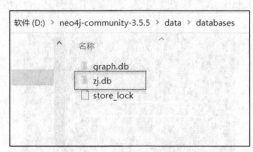

图 5-22　新增的数据库目录

任务 5.3　Cypher 入门

任务描述：掌握 Cypher 支持的数据类型、命名规范、常用关键字等内容，了解 Cypher 操作的相关案例。

5.3.1　数据类型

Cypher 支持的数据类型可以分为属性类型、结构类型、复合类型这 3 类。
（1）属性类型
属性类型的数据包括以下几种。
- 数值（Number）：一种抽象类型，它的子类型有整型和浮点型。
- 字符串（String）：如'Hello'、"World"。
- 布尔值（Boolean）：true/TRUE、false/FALSE。
- 点（Point）：空间类型。
- 时间类型：Date、Time、LocalTime、DateTime、LocalDateTime 和 Duration。

属性类型的数据可以作为 Cypher 查询的返回结果、充当参数，也可以作为配置存储，还可以作为 Cypher 表达式的某个结构。

(2)结构类型

结构类型的数据包括以下几种。

- 节点(Node):包括 ID、标签(Label)、属性(Map)。
- 关系(Relationship):包括 ID、类型(Type)、属性(Map)。
- 路径(Path):包括节点和关系的交替序列。

需要注意的是,节点、关系和路径是作为模式匹配的结果返回的。另外,标签不是值,而是模式语法的一种形式。

结构类型的数据可以作为 Cypher 查询的返回结果,但不可以充当参数、作为配置存储,也不可以作为 Cypher 表达式的某个结构。

(3)复合类型

复合类型的数据类型包括以下几种。

列表:是异构的、有序的值集合,每个值可以是任何数据类型。列表类型的数据采用 ['a', 'b']、[1, 2, 3]、['a', 2, n.property, $param]、[ ]等方式表示。

映射:是异构的、无序的键值对集合。在映射中,键的类型是字符串,值的类型可以是任何数据类型。映射类型采用 {key: 'Value', listKey:[{inner: 'Map1'}, {inner: 'Map2'}]}这种方式表示。

复合类型的值也可以为 null。

复合类型的数据可以作为 Cypher 查询的返回结果、充当参数,也可以作为 Cypher 表达式的某个结构,但不可以作为配置存储。

5.3.2 命名规范

节点标签、关系类型、属性名和变量名的命名规范和建议如下。

(1)命名规则

- 名字应该以英文字母开头,也可以使用非英语字符,如 å、ä、ö、ü 等。
- 名字不能以数字开头。例如,"1first"不符合规则,"first1"符合规则。
- 名字最长可以有 65535(即 $2^{16}-1$)或 65534 个字符,具体取决于 Neo4j 的版本。
- 名字区分大小写。例如,":PERSON"和":person"是不同的标签,n 和 N 是两个不同的变量。
- 前导和尾随的多余的空格字符会被自动删除,例如,以下代码

```
MATCH (　a　) RETURN a
```

等价于代码

```
MATCH (a) RETURN a
```

请注意:数字、符号和空格字符等非字母字符也可以用于名称,但必须使用反引号转义,例如 `^n`、`1first`、`$$n`和`my variable has spaces`。为了避免误解,我们一般不建议这样命名。

(2)范围和名称空间规则

节点的标签、关系类型和属性键的作用域(Scope)不同。在相同的作用域中,名

称是不允许重复的。但是，在不同的作用域中，名称是允许重复的，并且表示不同的含义。

节点标签、关系类型和属性名称可以重复使用名称，代码示例。

```
CREATE (a:a {a: 'a'}) - [r:a]→(b:a {a: 'a'})
```

在上述代码中，(a: a {a: 'a'})和(b: a {a: 'a'})表示节点，其中，a: a 中的第一个 a 表示节点变量别名，第二个 a 表示节点标签；{a: 'a'}中的 a 表示属性键，'a'表示属性的值；节点 b 与节点 a 的含义一致，故不细讲。上述代码中的[r: a]表示关系，其中，r 表示关系变量别名，a 表示关系的类别。节点 a、关系 r 和节点 b 的变量名称不可以重复，但节点标签、关系类型、属性名称可以重复。

节点和关系的变量别名不能在相同的查询范围内重用名称。以下代码所展示的查询无效，因为节点和关系都有名称 a。

```
CREATE (a) - [a]→(b)
```

（3）命名规范建议
- 节点名称别名采用小写驼峰命名法（首个单词小写，其他单词首字母大写）。
- 节点的标签采用大写驼峰命名法（各单词的首字母大写，例如 VehicleOwner。
- 关系类型的命名用蛇形命名法（各单词均大写且用下画线分隔），例如 OWNS_VEHICL_。
- 属性采用小写驼峰命名法，例如 firstName。
- 关键字为大写字母。

5.3.3 Cypher 保留关键字

同 SQL 语言一样，Cypher 也有一系列保留关键字，这些保留关键字在 Cypher 中都有特殊的含义。这些保留关键字不可以作为变量、函数名、参数中的标识符。

Neo4j 提供的保留关键字有：

CALL、CREATE、DELETE、DETACH、EXISTS、FOREACH、LOAD、MATCH、MERGE、OPTIONAL、REMOVE、RETURN、SET、START、UNION、UNWIND、WITH、LIMIT、ORDER、SKIP、WHERE、YIELD、ASC、ASCENDING、ASSERT、BY、CSV、DESC、DESCENDING、ON、ALL、CASE、ELSE、END、THEN、WHEN、AND、AS、CONTAINS、DISTINCT、ENDS、IN、IS、NOT、OR、STARTS、XOR、CONSTRAINT、CREATE、DROP、EXISTS、INDEX、NODE、KEY、UNIQUE、INDEX、JOIN、PERIODIC、COMMIT、SCAN、USING、FALSE、NULL、TRUE。

备用关键字：ADD、DO、FOR、MANDATORY、OF、REQUIRE、SCALAR。

任务 5.4 常见的 Cypher 操作

任务描述：掌握 Cypher 的常用操作。

5.4.1 CREATE

CREATE 语句的作用是生成节点、关系和全路径，具体如下。

创建一个节点的代码如下。
```
CREATE (n)
```
创建多个节点的代码如下。
```
CREATE (n),(m)
```
创建带有标签的节点的代码如下。
```
CREATE (n:Person)
```
创建带有多个标签的节点的代码如下。
```
CREATE (n:Person:EARTH)
```
创建带有标签和属性的节点的代码如下。
```
CREATE (n:Person { name: 'Andy', title: 'Developer' })
```
创建并返回节点的代码如下。
```
CREATE (a { name: 'Andy' })
RETURN a.name
```
上述代码的返回值为：
```
"Andy"
```
创建两个节点和一个关系的代码如下。
```
CREATE (a:Person{name:'A'}) - [r:RELTYPE]->(b:Person{name:'B'})
```
创建一个全路径的代码如下。
```
CREATE p = (andy { name:'Andy' }) - [:WORKS_AT] -> (neo) <- [:WORKS_AT]-(michael { name: 'Michael' })
RETURN p
```
上述代码的返回值为：
```
[{"name":"Andy"},{},{},{},{},{"name":"Michael"}]
```

5.4.2 MATCH

MATCH 语句的作用是查询数据。MATCH 语句可以完成节点查询、关系查询、路径查询、根据 ID 获得节点或关系等操作，经常与 CREATE、RETURN 或 UPDATA 等配合使用。

下面以电影和演员为例，创建一些节点和关系，并进行相关操作。初始化图如图 5-23 所示。

在图 5-23 中，最上面的 5 个节点是演员节点 Person，最下面的 2 个节点为电影节点 Movie。Person 节点有 name 属性，Movie 节点有 title 属性。Person 节点和 Movie 节点之间有 DIRECTED（执导）和 ACTED_IN（饰演）两种关系。

要创建图 5-23 所示内容，需要先创建 Person 和 Movie 这两种节点，代码如下。
```
CREATE ('Wall Street': Movie{title:'Wall Street'})
CREATE ('The American President': Movie{title:'The American President'})
```

```
CREATE (Oliver:Person{name:'Oliver Stone'})
CREATE ('Michael Douglas':Person{name:'Michael Douglas'})
CREATE ('Charlie Sheen':Person{name:'Charlie Sheen'})
CREATE ('Martin Sheen':Person{name:'Martin Sheen'})
CREATE ('Rob Reiner':Person{name:'Rob Reiner'})
```

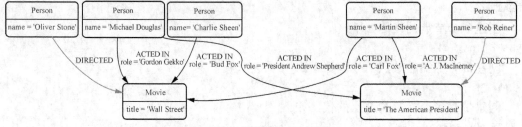

图 5-23　电影和演员初始图

使用 MATCH 语句查询所有节点,并创建关系,代码如下。

```
MATCH (a:Movie { title: 'Wall Street' }),(Oliver:Person{name:'Oliver Stone'}),
('Michael Douglas':Person{name:'Michael Douglas'}),('Charlie Sheen':Person{name:
'Charlie Sheen'}),('Martin Sheen':Person{name:'Martin Sheen'}),('Rob Reiner':
Person{name:'Rob Reiner'}),(b:Movie { title: 'The American President' })
# 匹配查询对应的电影和人物节点

CREATE (Oliver)-[r:DIRECTED] -> (a)  # 创建 Oliver 和电影之间的关系
CREATE ('Michael Douglas') - [:ACTED_IN{role:'Gordon Gekko'}] -> (a)
CREATE ('Charlie Sheen') - [:ACTED_IN{role:'Bud Fox'}] -> (a)  # 创建关系
CREATE ('Martin Sheen') - [:ACTED_IN{role:'Carl Fox'}] -> (a)
CREATE ('Michael Douglas') - [:ACTED_IN{role:'President Andrew Shepherd'}] -> (b)
# 查询 Michael Douglas 演过的角色
CREATE ('Martin Sheen') - [:ACTED_IN{role:'A.J.MacInerney'}] -> (b)
CREATE ('Rob Reiner') - [:DIRECTED] -> (b)  # 查询 Rob Reiner 执导的电影
```

1. 节点查询

MATCH 语句在查询过程中可以按照标签、属性对节点进行查询。当没有指定节点的标签或属性时,MATCH 语句默认选择节点的全部标签和属性。

(1) 查询所有节点

查询所有节点的代码如下。

```
MATCH (n)
RETURN n
```

返回值为:

```
|"n"                                |
|{"title":"Wall Street"}            |
|{"title":"The American President"} |
|{"name":"Oliver Stone"}            |
|{"name":"Michael Douglas"}         |
|{"name":"Charlie Sheen"}           |
|{"name":"Martin Sheen"}            |
|{"name":"Rob Reiner"}              |
```

(2) 查询带有标签的节点

通过单个节点模式获取带有标签的所有节点。在模式中指定标签表示只查询带有特定标签的节。哪怕节点有多个标签，只要含有指定的标签，就可成功被匹配。

查询并返回节点标签为 Movie 的所有节点的 title 属性，代码如下。

```
MATCH (movie:Movie)
RETURN movie.title
```

返回值为：

```
|"movie.title"                |
|"Wall Street"                |
|"The American President"     |
```

(3) 查询存在关系的节点

设置 Person 节点的 name 属性为 'Oliver Stone'，匹配与 director 节点存在任意关系的 movie 标签，并返回 Movie 节点的 title 属性。上述语句并未指定关系，即表示任意关系；没有指定节点类型，即表示任意节点，唯一的匹配条件是第一个节点的 name 属性值为 'Oliver Stone'。代码如下。

```
MATCH (director { name: 'Oliver Stone' })--(movie)
RETURN movie.title
```

返回值为：

```
|"movie.title" |
|"Wall Street" |
```

(4) 查询存在关系的特定节点

指定一个节点的标签和属性，查询与该节点有关系且标签为 movie 节点，返回相关节点的 title 属性值。

```
MATCH (:Person { name: 'Oliver Stone' })--(movie: Movie)
RETURN movie.title
```

返回值为：

```
|"movie.title" |
|"Wall Street" |
```

2．关系查询

(1) 指定关系的方向

关系的方向可以通过-->和<--指定。

查询一个标签为 Person、name 属性为 'Oliver Stone' 的起始节点，该起始节点与结束节点 Movie 有关系，返回 Movie 节点的 title 值，代码如下。

```
MATCH (:Person { name: 'Oliver Stone' })-->(movie)
RETURN movie.title
```

返回值为：

```
|"movie.title" |
|"Wall Street" |
```

(2) 查询关系的类型

在查询关系时，如果需要筛选关系的属性或返回关系，就需要指定关系变量，后续子句可以引用该变量。

起始节点为 Person，name 属性为 'Oliver Stone'，匹配与 Person 节点有关系且标签为 movie 的节点，并返回关系类型。关系的类型可通过 type()函数查看。代码如下。
```
MATCH (:Person { name: 'Oliver Stone' }) - [r] -> (movie)
RETURN type(r)
```
返回值为：
```
|"type(r)"           |
|"DIRECTED"          |
```

（3）匹配关系类型

指定节点 wallstreet 为 Movie 节点、title 属性为 'Wall Street'，匹配与 wallstreet 节点的关系类型为 ACTED_IN 的节点，并返回相关节点的 name 属性值，代码如下。读者需要注意本例中的关系方向。
```
MATCH (wallstreet:Movie { title: 'Wall Street' }) <- [:ACTED_IN]-(actor)
RETURN actor.name
```
返回值为：
```
|"actor.name"        |
|"Martin Sheen"      |
|"Charlie Sheen"     |
|"Michael Douglas"   |
```

（4）匹配多种关系类型

匹配关系时可以指定多种关系的类型。要匹配多种类型中的一种，则可以通过使用管道符号（|）将关系类型连接起来。

匹配关系类型为 ACTED_IN 或 DIRECTED 的节点，并返回相关节点的 name 属性值，代码如下。
```
MATCH (wallstreet { title: 'Wall Street' }) <- [:ACTED_IN|:DIRECTED]-(person)
RETURN person.name
```
返回值为：
```
|"actor.name"        |
|"Martin Sheen"      |
|"Charlie Sheen"     |
|"Michael Douglas"   |
|"Oliver Stone"      |
```

（5）匹配关系类型，并指定关系变量

匹配符合条件的关系，并返回该关系的 role 属性值，代码如下。
```
MATCH (wallstreet { title: 'Wall Street' }) <- [r:ACTED_IN]-(actor)
RETURN r.role
```
返回值为：
```
|"r.role"            |
|"Carl Fox"          |
|"Bud Fox"           |
|"Gordon Gekko"      |
```

（6）匹配多个关系

起始节点 charlie 的 name 属性为 Charlie Sheen，匹配与起始节点的关系为

ACTED_IN 的相关节点 Movie，同时相关节点 Movie 也与其他节点 director 具有 DIRECTED 关系。返回相关节点 Movie 的 title 属性和节点 director 的 name 属性值，代码如下。

```
MATCH (charlie { name: 'Charlie Sheen' }) - [:ACTED_IN]->(movie) <- [:DIRECTED] - (director)
RETURN movie.title, director.name
```

返回值为：

```
|"movie.title"    |"director.name" |
|"Wall Street"    |"Oliver Stone"  |
```

3. 匹配路径

路径是由节点和关系交替出现所构成的序列。图中必须满足路径指定的模式，才能返回路径中的元素。

（1）查询匹配关系数量在 1~3 之间的模式，并返回 Movie 节点的 title

代码如下。

```
MATCH (martin { name: 'Charlie Sheen' }) - [:ACTED_IN*1..3]-(movie: Movie)
RETURN movie.title
```

返回值为：

```
|"movie.title"              |
|"Wall Street"              |
|"The American President"   |
|"The American President"   |
```

（2）查询符合条件的模式，并返回路径中的关系

代码如下。

```
MATCH p = (actor { name: 'Charlie Sheen' }) - [:ACTED_IN*2]-(co_actor)
RETURN relationships(p)
```

返回值为：

```
|"relationships(p)"                                 |
|[{"role":"Bud Fox"},{"role":"Gordon Gekko"}]       |
|[{"role":"Bud Fox"},{"role":"Carl Fox"}]           |
```

（3）匹配可变长度路径上的属性

首先，通过以下语句添加关系来改变原始图。

```
MATCH (charlie:Person { name: 'Charlie Sheen' }),(martin:Person { name: 'Martin Sheen' })
CREATE (charlie) - [:X { blocked: FALSE }] -> (:UNBLOCKED) <- [:X { blocked: FALSE }] - (martin)
CREATE (charlie)-[:X { blocked: TRUE }] -> (:BLOCKED) <- [:X { blocked: FALSE }] - (martin)
```

在这个查询中，"Charlie Sheen"和他的父亲"Martin Sheen"之间有两条路径，其中，一条路径的 blocked 属性值为 FALSE，另一条路径的 blocked 属性值为 TRUE。修改后的图如图 5-24 所示。

在匹配变长路径时，需要指定属性信息，返回相关路径，代码如下。

```
MATCH p = (charlie:Person) - [* { blocked:FALSE }] - (martin:Person)
```

```
WHERE charlie.name = 'Charlie Sheen' AND martin.name = 'Martin Sheen'
RETURN p
```

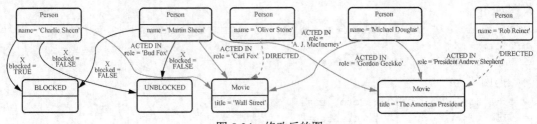

图 5-24 修改后的图

返回值为：

```
"p"
[{"name":"Charlie Sheen"},{"blocked":FALSE},{},{},{"blocked":FALSE},{"name":
"Martin Sheen"}]
```

上述代码返回了"Charlie Sheen"和"Martin Sheen"之间 blocked 属性为 FALSE 的路径。

（4）匹配命名路径

如果希望返回模式图中的路径，可以引入命名路径，代码如下。

```
MATCH p = (michael { name: 'Michael Douglas' })-->()
RETURN p
```

返回从"Michael Douglas"开始的两条路径，返回值为：

```
"p"
[{"name":"Michael Douglas"},{"role":"President Andrew Shepherd"},{"title":"The
American President"}]
[{"name":"Michael Douglas"},{"role":"Gordon Gekko"},{"title":"Wall Street"}]
```

5.4.3 RETURN、LIMIT 和 SKIP

RETURN 语句的作用是返回节点、关系、属性、变量等信息。读者如果仅关注属性信息，则 RETURN 语句可以直接返回属性，不返回节点或关系。

LIMIT 语句和 SKIP 语句的作用是过滤或限制查询返回的行数，其中，LIMIT 语句的作用是返回前几行，SKIP 语句的作用是跳过前几行。

1．返回节点

（1）返回匹配条件的全部节点

返回节点标签为 Person 的全部节点，代码如下。

```
MATCH (n:Person) RETURN n
```

返回值如下，一共返回了 5 个节点。

```
"n"
{"name":"Oliver Stone"}
{"name":"Michael Douglas"}
{"name":"Charlie Sheen"}
{"name":"Martin Sheen"}
{"name":"Rob Reiner"}
```

(2）返回匹配条件的前 2 个节点

返回节点标签为 Person 的前 2 个节点，代码如下。

```
MATCH (n:Person) RETURN n LIMIT 2
```

返回值如下，一共返回了 2 个节点。

```
|"n"
|{"name":"Oliver Stone"}
|{"name":"Michael Douglas"}
```

(3）返回匹配条件的第 3 个及其之后的节点

返回节点标签为 Person 的第 3 个及其之后的节点，代码如下。

```
MATCH (n:Person) RETURN n SKIP 2
```

返回值如下，一共返回了 3 个节点。

```
|"n"
|{"name":"Charlie Sheen"}
|{"name":"Martin Sheen"}
|{"name":"Rob Reiner"}
```

2．返回关系

(1）返回全部关系

返回关系类别为 ACTED_IN 的全部关系，代码如下。

```
MATCH ()-[r:ACTED_IN]->() RETURN r
```

返回值为：

```
|"r"
|{"role":"President Andrew Shepherd"}
|{"role":"Gordon Gekko"}
|{"role":"Bud Fox"}
|{"role":"A.J.MacInerney"}
|{"role":"Carl Fox"}
```

(2）匹配关系，并返回指定位置的关系

匹配关系类别为 ACTED_IN 的全部关系，并返回第 3 个和第 4 个关系，代码如下。

```
MATCH () - [r:ACTED_IN] -> () RETURN r SKIP 2 LIMIT 2
```

返回值如下。可以看出，代码先跳过前 2 个关系，再返回第 3 个和第 4 个关系。

```
|"r"
|{"role":"Bud Fox"}
|{"role":"A.J.MacInerney"}
```

3．返回属性

RETURN 语句既可以返回节点属性，也可以返回关系属性。这两种用途的使用方法一致，这里仅演示返回关系属性的使用方法。

返回关系类别为 ACTED_IN 的 role 属性值，代码如下。

```
MATCH () - [r:ACTED_IN] -> () RETURN r.role LIMIT 2
```

返回值如下。如果仅需要返回属性，则可以直接返回属性，这样也可以会提高响应性能。

```
|"r.role"
|"President Andrew Shepherd"
|"Gordon Gekko"
```

5.4.4 DELETE 和 REMOVE

在 Neo4j 中，DELETE 语句的作用是删除当前节点及其相关节点，以及它们之间的关系。REMOVE 语句的作用是删除现有节点或关系，删除标签、属性。这两个语句常与 MATCH 语句一起使用。

1. REMOVE 语句删除属性及标签

（1）REMOVE 语句删除属性

首先，查看指定关系的 role 属性，代码如下。

```
MATCH () - [r:ACTED_IN] -> () RETURN r.role LIMIT 2
```

返回值如下。可以看出，此时返回的两个关系均有 role 属性值。

```
|"r.role"                    |
|"President Andrew Shepherd" |
|"Gordon Gekko"              |
```

然后，删除关系的 role 属性，代码如下。

```
MATCH () - [r1:ACTED_IN{role:"Gordon Gekko"}] -> () REMOVE r1.role
```

返回关系的 role 属性，代码如下。

```
MATCH () - [r:ACTED_IN] -> () RETURN r.role LIMIT 2
```

返回值如下。可以看出，第 2 个关系的 role 属性已经被删除，返回为 null。

```
|"r.role"                    |
|"President Andrew Shepherd" |
|null                        |
```

（2）REMOVE 语句删除标签

查看标签为 Person 的节点，代码如下。

```
MATCH (n:Person) RETURN n
```

返回值为：

```
|"n"                       |
|{"name":"Oliver Stone"}   |
|{"name":"Michael Douglas"}|
|{"name":"Charlie Sheen"}  |
|{"name":"Martin Sheen"}   |
|{"name":"Rob Reiner"}     |
```

删除 name 属性值为 "Rob Reiner" 的节点的 Person 标签，代码如下。

```
MATCH (n:Person{name:"Rob Reiner"}) REMOVE n:Person
```

查看标签为 Person 的节点，代码如下。

```
MATCH (n:Person) RETURN n
```

返回值如下。可以看出，此时 name 属性值为 "Rob Reiner" 节点的 Person 标签被删除。

```
|"n"                       |
|{"name":"Oliver Stone"}   |
|{"name":"Michael Douglas"}|
|{"name":"Charlie Sheen"}  |
|{"name":"Martin Sheen"}   |
```

2. DELETE 语句删除节点及关系

（1）DELETE 语句删除单个节点

首先，查看并返回标签为 Person 的所有节点，代码如下。

```
MATCH (n:Person) RETURN n
```

返回值如下，此时返回的是符合条件的所有节点。

```
|"n"                              |
|{"name":"Oliver Stone"}          |
|{"name":"Michael Douglas"}       |
|{"name":"Charlie Sheen"}         |
|{"name":"Martin Sheen"}          |
```

然后，删除 name 属性值为"Charlie Sheen"的节点，代码如下。

```
MATCH (n:Person{name:"Charlie Sheen"}) DELETE n
```

这时返回的是错误信息，具体如下。

```
Neo.ClientError.Schema.ConstraintValidationFailed: Cannot delete node<4>, because
it still has relationships. To delete this node, you must first delete its
relationships.
```

通过提示可以看出，节点上有关系。这时只有先删除节点对应的关系，才能对节点进行删除。

为了演示使用 DELETE 语句完成单节点删除，我们先使用 CREATE 语句创建一个节点，节点的标签为 DelDemo，再使用 MATCH 语句查询该节点信息。代码如下。

```
CREATE (n:DelDemo{name:"demo"})
WITH n
MATCH(n1:DelDemo) RETURN n1
```

上述代码的返回值如下。这里采用 WITH 关键字是因为如果不添加该关键字，那么 CREATE 语句与 MATCH 语句将会分两次执行，否则会报错，报错信息为：WITH is required between CREATE and MATCH。

```
|"n1"                |
|{"name":"demo"}     |
```

下面删除标签为 DelDemo 的节点，代码如下。

```
MATCH(n:DelDemo) DELETE n
```

返回值为：

```
Deleted 1 nodes, completed after 1 ms.
```

再次使用 MATCH 语句查询标签为 DelDemo 的节点信息，代码如下。

```
MATCH(n:DelDemo) RETURN n
```

得到的返回值为空，这说明删除节点成功。

（2）DELETE 语句删除关系

查看任意两个节点间关系标签为 DIRECTED 的路径，并返回路径，代码如下。

```
MATCH p=() - [r:DIRECTED] -> () RETURN p
```

此时返回匹配的两个路径，具体如下。

```
|"p"                                                              |
|[{"name":"Oliver Stone"},{},{"title":"Wall Street"}]             |
|[{"name":"Rob Reiner"},{},{"title":"The American President"}]    |
```

删除 name 属性值为 "Oliver Stone" 和 title 属性值为 "Wall Street" 的节点之间，关系标签为 DIRECTED 的关系，代码如下。

```
MATCH (n { name: 'Oliver Stone' }) - [r:DIRECTED] -> (m{title:"Wall Street"})
DELETE r
```

返回值为：

```
Deleted 1 relationship, completed after 209 ms.
```

返回值的提示表明，有一个关系被删除了。

此时再次查看任意两个节点间关系标签为 DIRECTED 的路径，并返回路径，代码如下。

```
MATCH p=()-[r:DIRECTED]->() RETURN p
```

此时返回匹配的两个路径，具体如下。

```
|"p"                                                                    |
|[{"name":"Rob Reiner"},{},{"title":"The American President"}]|
```

返回值表明指定节点之间的关系被删除了。在上述例子中，DELETE 语句仅会删除关系，并不会删除对应的节点。如果要删除节点，仅需将节点的变量添加到 DELETE 语句中即可。

（3）DELETE 语句删除节点及相关的关系

删除节点时，在 DELETE 语句前添加 DETACH 关键字，便可以完成删除节点的同时删除该节点相关的关系，代码如下。

```
MATCH (n:Person{name:"Charlie Sheen"}) DETACH DELETE n
```

返回值如下。可以看出，删除了 1 个节点和 3 个关系。

```
Deleted 1 node, deleted 3 relationships, completed after 31 ms.
```

5.4.5 WHERE

WHERE 语句的语法如下。

```
WHERE <property-name> <comparison-operator> <value>
```

其中，<property-name>表示节点或关系的属性名称，<comparison-operator>表示比较运算符，<value>表示对应的属性值。Neo4j Cypher 中的比较运算符包括 =、< >、<、>、<=、>=，它们分别表示等于、不等于、小于、大于、小于或等于、大于或等于。

WHERE 语句中可以包含多个条件，条件之间通过布尔运算符进行连接。布尔运算符包括 AND（与）、OR（或）、NOT（非）、XOR（异或）等。

我们先删除图中的所有节点和关系，代码如下。

```
MATCH (n) DETACH DELETE n
```

注意：上述代码会删除所有的节点及关系，读者在使用过程中一定要谨慎。

然后创建一些节点，代码如下。

```
CREATE (:Swedish {belt:"white",name:"Andy",age:36})
CREATE ({email:"peter_n@example.com",name:"Peter",age:35})
CREATE ({address:"Sweden/Malmo",name:"Timothy",age:25})
```

最后创建关系，代码如下。

```
MATCH (Andy:Swedish{name:"Andy"}),(Peter{name:"Peter"}),(Timothy{name:"Timothy"})
CREATE (Andy) - [:KNOWS{since:1999}] -> (Peter)
CREATE (Andy) - [:KNOWS{since:2012}] -> (Timothy)
```

上述节点和关系构成的图如图 5-25 所示。

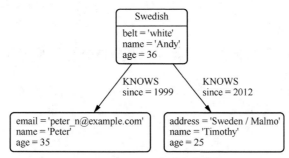

图 5-25　节点和关系构成的图

1．基本过滤

（1）布尔操作

匹配所有的节点，并对节点进行过滤，并返回符合如下过滤条件的节点，代码如下。

- 节点的 name 属性值为 Peter。
- 异或节点的 age 属性值小于 30 且 name 属性值为"Timohthy"。
- 节点的 name 属性值不为"Timohthy"或"Peter"。

```
MATCH (n)
WHERE n.name = 'Peter' XOR (n.age < 30 AND n.name = 'Timothy') OR NOT (n.name = 'Timothy' OR n.name = 'Peter')
RETURN n.name, n.age
```

这个过滤条件可能较为复杂，读者可以根据具体情况在代码中自行删减一些条件，以加深对代码的理解。上述代码的返回值如下。

```
|"n.name" |"n.age"|
|"Andy"   |36     |
|"Peter"  |35     |
|"Timothy"|25     |
```

（2）过滤节点标签

过滤节点标签为 Swedish 的节点，并返回该节点的 name 和 age 属性值，代码如下。

```
MATCH (n)
WHERE n:Swedish
RETURN n.name, n.age
```

返回值如下。

```
|"n.name"|"n.age"|
|"Andy"  |36     |
```

（3）过滤节点属性

匹配所有节点，过滤条件为节点的 age 属性值小于 30，过滤后返回节点的 name 和 age 属性值，代码如下。

```
MATCH (n)
WHERE n.age < 30
RETURN n.name, n.age
```

返回值如下。

"n.name"	"n.age"	
"Timothy"	25	

（4）过滤关系属性

匹配标签为 KNOWS 的关系，过滤 since 属性值小于 2000 的关系，并返回相关节点的对应属性值，代码如下。

```
MATCH (n) - [k:KNOWS] -> (f)
WHERE k.since < 2000
RETURN f.name, f.age, f.email
```

返回值如下。

"f.name"	"f.age"	"f.email"
"Peter"	35	"peter_n@example.com"

（5）过滤动态计算节点的属性

定义字符串 AGE 的别名为 propname，匹配并过滤所有节点，过滤条件为节点的 age 属性值小于 30。之后返回符合条件的节点的 name 和 age 属性，代码如下。

```
WITH 'AGE' AS propname
MATCH (n)
WHERE n[toLower(propname)]< 30
RETURN n.name, n.age
```

WHERE 语句中的 toLower 表示将大写字符串 AGE 转为小写字符串 age。上述代码的返回值如下。

"n.name"	"n.age"	
"Timothy"	25	

（6）过滤存在指定配置的节点或属性

过滤存在 belt 属性的节点，并返回节点的 name 和 age 属性，代码如下。

```
MATCH (n)
WHERE exists(n.belt)
RETURN n.name, n.belt
```

返回值如下。

"n.name"	"n.belt"	
"Andy"	"white"	

2．字符串过滤

当过滤条件为字符串时，字符串的前缀和后缀通过 STARTS WITH 和 ENDS WITH 语句进行匹配。对于子字符串搜索（不考虑字符串中的位置），可以使用 CONTAINS 语句。字符串匹配会区分字母大小写。对于非字符串的过滤，这些语句将返回 null。

（1）使用 STARTS WITH 语句过滤字符串前缀

STARTS WITH 语句用于在字符串的开头执行匹配操作，代码如下。

```
MATCH (n)
WHERE n.name STARTS WITH 'Pet'
RETURN n.name, n.age
```

返回值如下。返回的是 Peter 节点的 name 和 age 属性值,这是因为该节点的 name 属性值以"Pet"开头。

```
|"n.name"|"n.age"|
|"Peter"  |35     |
```

（2）使用 ENDS WITH 语句过滤字符串后缀

ENDS WITH 语句用于在字符串的结尾执行匹配操作,代码如下。

```
MATCH (n)
WHERE n.name ENDS WITH 'ter'
RETURN n.name, n.age
```

返回值如下。

```
|"n.name"|"n.age"|
|"Peter"  |35     |
```

返回的是 Peter 节点的 name 和 age 属性值,这是因为 name 属性值以"ter"结尾。

（3）使用 CONTAINS 语句搜索字符串

CONTAINS 语句用于判断是否包含指定字符串,区分字母大小写,不考虑字符串的具体位置。代码如下。

```
MATCH (n)
WHERE n.name CONTAINS 'ete'
RETURN n.name, n.age
```

返回值如下。返回的是 Peter 节点的 name 和 age 属性值,这是因为该节点的 name 属性值包含"ete"。

```
|"n.name"|"n.age"|
|"Peter"  |35     |
```

3. 正则表达式过滤

Cypher 支持使用正则表达式进行过滤,其正则表达式语法继承自 Java 正则表达式的语法。正则表达式中支持改变字符串匹配方式的标志,其中包括不区分字母大小写（?i）、多行（?m）和逗点（?s）。标记位于正则表达式的开头,例如,不区分字母大小写的匹配代码如下。

```
MATCH (n) WHERE n.name =~ '(?i)Lon.*' RETURN n
```

上述代码的返回值为 name 属性值为"London"或"LonDon"等的节点。

基于正则表达式的过滤中可以使用 =~'regexp' 语句来匹配正则表达式,其中,regexp 表示正则表达式字符串。例如,匹配 name 属性值为"Tim.*"形式的正则表达式的代码如下。

```
MATCH (n)
WHERE n.name =~ 'Tim.*'
RETURN n.name, n.age
```

返回值如下。

```
|"n.name" |"n.age"|
|"Timothy"|25     |
```

5.4.6 SET

若需要向现有节点或关系添加新属性,那么可以使用 SET 语句。

下面先删除图中所有的节点和关系,代码如下。

```
MATCH (n) DETACH DELETE n
```

上述代码会删除所有的节点及关系,读者在使用过程中一定要谨慎。

然后创建节点,代码如下。

```
CREATE ({name:"Stefan"})
CREATE (n:Swedish {hungry:true,name:"Andy",age:36})
CREATE ({name:"Peter",age:34})
CREATE (n2{name:"George"})
```

最后创建关系,代码如下。

```
MATCH (Stefan{name:"Stefan"}),(Andy{name:"Andy"}),(Peter{name:"Peter"}),(George
{name:"George"})
CREATE (Stefan) - [:KNOWS] -> (Andy)
CREATE (Andy) - [:KNOWS] -> (Peter)
CREATE (George) - [:KNOWS] -> (Peter)
```

由节点和关系构成的图如图 5-26 所示。

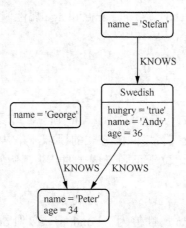

图 5-26 节点和关系所构成的图(SET 语句)

(1)设置属性值

使用 SET 语句为 name 属性值为 Andy 的节点设置 surname 属性,其值为 Taylor,代码如下。

```
MATCH (n { name: 'Andy' })
SET n.surname = 'Taylor'
RETURN n.name, n.surname
```

返回值为:

```
|"n.name"|"n.surname"|
|"Andy"  |"Taylor"   |
```

从结果可以看出，节点添加了一个新的属性 surname，其值为 Taylor。

我们可以使用较复杂的表达式在节点或关系上设置属性，例如，可以在 SET 语句中使用 CASE WHEN 语句来匹配条件。具体代码如下。

```
MATCH (n { name: 'Andy' })
SET (
CASE
WHEN n.age = 55
THEN n END ).worksIn = 'Malmo'
RETURN n.name, n.worksIn
```

返回值如下。

```
|"n.name"|"n.worksIn"|
|"Andy"  |null       |
```

在 CASE WHEN 语句中，节点的 name 属性值为 Andy，但节点的 age 属性值不为 55，所以无法进行匹配，故该节点的 worksIn 属性值为 null。

下面将 CASE WHEN 语句中的 n.age 值修改为 36，代码如下。

```
MATCH (n { name: 'Andy' })
SET (
CASE
WHEN n.age = 36
THEN n END ).worksIn = 'Malmo'
RETURN n.name, n.worksIn
```

返回值如下，这是因为 n.age 的值为 36，与图 5-26 中的 Andy 节点匹配，所以可以正常设置该节点的 worksIn 属性为'Malmo'。

```
|"n.name"|"n.worksIn"|
|"Andy"  |"Malmo"    |
```

（2）更新属性值

使用 SET 语句修改匹配到的节点的 age 属性值数据类型，将其改为字符串类型，代码如下。

```
MATCH (n { name: 'Andy' })
SET n.age = toString(n.age)
RETURN n.name, n.age
```

返回值如下。

```
|"n.name"|"n.age"|
|"Andy"  |"36"   |
```

从结果可以看出，节点的 age 属性形式为"36"，这说明其数据类型为字符串类型。

（3）删除属性值

前文中提到了 REMOVE 语句可以删除属性，其实 SET 语句也可删除属性。

使用 SET 语句删除匹配到的节点的 name 属性，代码如下。

```
MATCH (n { name: 'Andy' })
SET n.name = NULL RETURN n.name, n.age
```

返回值如下。

```
|"n.name"|"n.age"|
|null    |"36"   |
```

从结果可以看出，节点的 name 属性已经被删除。

(4) 使用 map 和 = 完成替换所有属性

属性替换操作符（=）与 SET 语句一起使用，其作用是替换节点上的所有现有属性。代码如下。

```
MATCH (p { name: 'Peter' })
SET p = { name: 'Peter Smith', position: 'Entrepreneur' }
RETURN p.name, p.age, p.position
```

返回值如下。

"p.name"	"p.age"	"p.position"
"Peter Smith"	null	"Entrepreneur"

可以看出，name 属性值为 Peter 的节点上的所有属性均被大括号中的属性所替换。

同理，如果大括号中为空，则表示删除匹配节点的所有属性。

(5) 使用 map 和属性操作符（+=）改变特定的属性

属性操作符 += 可以与 SET 语句一起使用，以一种细粒度的方式从 map 映射中改变属性，具体如下。

任何不存在于节点或关系上的局部追加的属性会被添加到节点或关系中。

不是局部追加的属性，但在节点或关系上存在的原有属性将保持不变。

同时存在于 map 映射和节点或关系中的属性，会根据 map 映射中的属性进行替换，如果映射中对应的属性为空，则将从节点或关系中删除该属性。代码如下。

```
MATCH (p { name: 'Stefan' })
SET p + = { age: 38, hungry: TRUE , position: 'Entrepreneur' }
RETURN p.name, p.age, p.hungry, p.position
```

返回值如下。

"p.name"	"p.age"	"p.hungry"	"p.position"
"Stefan"	38	true	"Entrepreneur"

5.4.7 ORDER BY

ORDER BY 语句不能对节点或关系进行排序，只能根据属性值进行排序。

我们先删除图中的所有节点和关系，代码如下。

```
MATCH (n) DETACH DELETE n
```

上述代码会删除所有的节点及关系，读者在使用过程中一定要谨慎。

然后创建节点，代码如下。

```
CREATE ({name:"A",length:170,age:34})
CREATE ({name:"B",age:34})
CREATE ({name:"C",length:185,age:32})
```

最后创建关系，代码如下。

```
MATCH (A{name:"A"}),(B{name:"B"}),(C{name:"C"})
CREATE (A) - [:KNOWS] -> (B)
CREATE (B) - [:KNOWS] -> (C)
```

由节点和关系构成的图如图 5-27 所示。

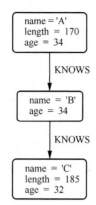

图 5-27 节点和关系构成的图（ORDER BY 语句）

（1）根据属性排序节点

ORDER BY 语句可用于对 MATCH 语句查询返回的结果进行排序，具体代码如下。

```
MATCH (n)
RETURN n.name, n.age
ORDER BY n.name
```

返回值如下。

"n.name"	"n.age"
"A"	34
"B"	34
"C"	32

在默认情况下，ORDER BY 语句对 MATCH 语句查询返回的结果按升序进行排序，如果要按照降序对返回结果进行排序，那么可以添加 DESC 关键字。

（2）按多个属性排序节点

ORDER BY 语句中可指定多个属性，实现按照多个属性值排序的结果。对于多个属性，Cypher 首先根据列出的第一个属性值对结果进行排序，然后按照第二个属性值对排序后属性值相等的属性值进行排序，依次类推。具体代码如下。

```
MATCH (n)
RETURN n.name, n.age
ORDER BY n.age, n.name
```

返回值如下。

"n.name"	"n.age"
"C"	32
"A"	34
"B"	34

可以看出，排序是先根据 age 属性值进行的，然后对 age 属性值相等的节点根据 name 属性值进行排序。

（3）按降序排序

对排序结果按降序排序，具体代码如下。

```
MATCH (n)
RETURN n.name
ORDER BY n.name DESC
```

返回值如下。

```
|"n.name"|
|"C"     |
|"B"     |
|"A"     |
```

5.4.8 WITH

WITH 语句允许多个语句被连接在一起,将上一个子语句的部分变量传递到下一个子语句中。

WITH 语句常见的用法是与 MATCH 语句同时出现,作用是限制传递给下一个子语句中的变量数量。WITH 语句也可以与 ORDER BY 语句和 LIMIT 语句组合,实现获取前 N 名的功能。WITH 语句的另一个作用是对聚合值进行筛选。具体案例见如下代码。

下面先删除图中的所有节点和关系,代码如下。

```
MATCH (n) DETACH DELETE n
```

上述代码会删除所有的节点及关系,读者在使用过程中一定要谨慎。

然后创建节点,代码如下。

```
CREATE (A{name:"Anders"})
CREATE (B{name:"Bossman"})
CREATE (C{name:"Caesar"})
CREATE (D{name:"David"})
CREATE (G{name:"George"})
```

最后创建关系,代码如下。

```
MATCH (A{name:"Anders"}),(B{name:"Bossman"}),(C{name:"Caesar"}),(D{name:"David"}),
(G{name:"George"})
CREATE (A) - [:KNOWS] -> (B)
CREATE (A) - [:BLOCKS] -> (C)
CREATE (B) - [:KNOWS] -> (G)
CREATE (B) - [:BLOCKS] -> (D)
CREATE (C) - [:KNOWS] -> (G)
CREATE (D) - [:KNOWS] -> (A)
```

节点和关系所构成的图如图 5-28 所示。

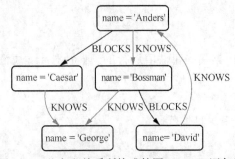

图 5-28 节点和关系所构成的图(WITH 语句)

（1）对聚合函数结果进行过滤

聚合的结果必须通过 WITH 语句才能进行筛选，下面演示 WITH 语句是如何对聚合结果进行筛选的，实现查询并返回 name 属性值为 David 的节点。david 节点至少有一个外向关系的节点，并返回该节点的 name 属性值，代码如下。

```
MATCH (david { name: 'David' })--(otherPerson)-->()
WITH otherPerson, count(*) AS foaf
WHERE foaf > 1
RETURN otherPerson.name
```

返回值如下。

```
|"otherPerson.name"|
|"Anders"          |
```

（2）对返回结果进行排序

对返回结果进行排序，collect()函数的作用是将排序后的结果封装为一个列表，代码如下。

```
MATCH (n)
WITH n
ORDER BY n.name DESC LIMIT 3
RETURN collect(n.name)
```

返回值如下。

```
|"collect(n.name)"             |
|["George","David","Caesar"]   |
```

（3）路径搜索限制

WITH 语句可以用于路径匹配，并对路径数量进行限制，之后使用这些路径完成有限搜索。下面从 name 属性值为 Anders 的节点开始，找到所有匹配的节点，按名称降序排列并得到排名第一的节点结果，之后找到连接到顶部结果的所有节点，并返回这些节点的 name 属性值。代码如下。

```
MATCH (n { name: 'Anders' })--(m)
WITH m
ORDER BY m.name DESC LIMIT 1
MATCH (m)--(o)
RETURN o.name
```

返回值如下。

```
|"o.name"  |
|"Bossman" |
|"Anders"  |
```

5.4.9 UNION

UNION 语句的作用是将两个及以上的查询结果合并为一个结果集。在使用 UNION 语句时，多个查询结果中列的数量和列名必须相同，如果不相同则会显异常。

在合并的过程中，如果要保留所有结果行，则可以使用 UNION ALL 语句。如果要删除结果集中的重复项，则可以使用 UNION 语句，具体示例如下。

下面先删除图中的所有节点和关系，代码如下。

```
MATCH (n) DETACH DELETE n
```
上述代码会删除所有的节点及关系,读者在使用过程中一定要谨慎。

然后创建节点,代码如下。
```
CREATE (Anthony:Actor{name:"Anthony Hopkins"})
CREATE (Helen:Actor{name:"Helen Mirren"})
CREATE (Hitchcock:Actor{name:"Hitchcock"})
CREATE (:Movie{title:"Hitchcock"})
```
最后创建关系,代码如下。
```
MATCH (Anthony:Actor{name:"Anthony Hopkins"}),(Helen:Actor{name:"Helen Mirren"}),
(m:Movie{title:"Hitchcock"})
CREATE (Anthony) - [:KNOWS] -> (Helen)
CREATE (Anthony) - [:ACTS_IN] -> (m)
CREATE (Helen) - [:ACTS_IN] -> (m)
```
节点和关系所构成的图如图 5-29 所示。

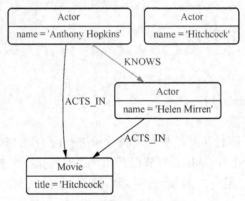

图 5-29 节点和关系构成的图(UNION 语句)

(1)合并两个查询并保留重复值

UNION ALL 语句可以用于合并两个查询的结果。在合并过程中,重复的结果会被保留。代码如下。
```
MATCH (n:Actor)
RETURN n.name AS name
UNION ALL
MATCH (n:Movie)
RETURN n.title AS name
```
返回值如下。
```
|"name"            |
|"Anthony Hopkins" |
|"Helen Mirren"    |
|"Hitchcock"       |
|"Hitchcock"       |
```
可以看出,UNION ALL 语句两组结果中的公共行进行组合,并返回到一组结果中。返回结果中允许存在重复值。

（2）合并两个查询并删除重复值

UNION 语句可以用于合并两个查询的结果。在合并过程中，重复的结果会被删除。代码如下。

```
MATCH (n:Actor)
RETURN n.name AS name
UNION
MATCH (n:Movie)
RETURN n.title AS name
```

返回值如下。

```
|"name"           |
|"Anthony Hopkins"|
|"Helen Mirren"   |
|"Hitchcock"      |
```

5.4.10　MERGE

MERGE 语句确保模式存储于图中，其作用类似于 MATCH 语句和 CREATE 语句的组合。当匹配模式存在时，MERGE 语句会绑定模式。当匹配模式不存在时，MERGE 语句会创建模式。

例如，匹配节点时可以指定节点必须包含 name 属性，如果该节点没有 name 属性，则将创建一个新节点并设置其 name 属性。

我们先删除图中所有的节点和关系，代码如下。

```
MATCH (n) DETACH DELETE n
```

上述代码会删除所有的节点及关系，读者在使用过程中一定要谨慎。

使用 MERGE 语句执行如下命令。

```
MERGE (p1:Person{ Id: 201402,Name:"lilei"})
MERGE (p2:Person{ Id: 201402,Name:"lilei"})
WITH p1,p2
MATCH (n:Person)
RETURN n.Id, n.Name
```

返回值如下。

```
|"n.Id" |"n.Name"|
|201402 |"lilei" |
```

返回结果中，Person 节点只有一个，这是因为第一个 MERGE 语句检查到该节点不存在，之后创建该节点；第二个 MERGE 语句检查到该节点存在，因而不创建节点。

5.4.11　UNWIND

UNWIND 语句的作用是将列表转换为多行单个数据。UNWIND 语句也可以创建去重的列表。

（1）将一个列表转换成多行数据

UNWIND 语句可以将列表拆解，输出多行数据，每行数据是列表中的一个元素。具体代码如下。

```
UNWIND [1, 2, 3, NULL ] AS x
RETURN x, 'val' AS y
```

返回值如下。

```
|"x"  |"y"  |
|1    |"val"|
|2    |"val"|
|3    |"val"|
|null |"val"|
```

从返回结果可以看出，原始列表的每个值（包括 null）都被作为单独的行返回。

（2）创建去重列表

UNWIND 语句可以与 WITH DISTINCT 语句和 collect() 函数组合，完成不包含重复元素的列表的创建。具体代码如下。

```
WITH [1, 1, 2, 2] AS coll
UNWIND coll AS x
WITH DISTINCT x
RETURN collect(x) AS setOfValsy
```

在上述代码中，第一行 WITH 语句的作用是定义一个列表变量，第二行 UNWIND 语句的作用是拆分列表，第三行 WITH DISTINCT 语句的作用是对列表拆分后的数据进行去重，第四行 collect() 函数的作用是将去重后的数据重新封装成一个列表。该代码的返回值为如下。

```
|"setOfVals"|
|[1,2]      |
```

从返回结果可以看出，原始列表的每个值（包括 null）都被作为单独的行返回。

（3）处理返回值为列表的表达式

任何返回列表的表达式都可以与 UNWIND 语句一起使用。假设列表 a 为[1, 2]，列表 b 为[3, 4]，则 a + b 的返回值是一个列表。表达式 a + b 可以通过 UNWIND 语句对其返回值进行列表拆分，具体代码如下。

```
WITH [1, 2] AS a,[3, 4] AS b
UNWIND (a + b) AS x
RETURN x
```

返回值如下。

```
|"x"|
|1  |
|2  |
|3  |
|4  |
```

（4）处理嵌套列表

每个 UNWIND 语句会进行一次列表的拆分，那么我们可以采用多个 UNWIND 语句来实现嵌套列表的拆分。具体代码如下。

```
WITH [[1, 2],[3, 4], 5] AS nested
UNWIND nested AS x
UNWIND x AS y
```

```
RETURN y
```
返回值如下。
```
|"y"|
|1  |
|2  |
|3  |
|4  |
|5  |
```
（5）处理空列表

使用 UNWIND 语句对空列表进行拆分，得到的返回结果将为 0 行，无论其他查询是否有返回结果，具体代码如下。
```
UNWIND [] AS empty
RETURN empty, 'literal_that_is_not_returned'
```
上述代码的返回结果显示为空列表

为了避免返回结果为 0 行，我们将空列表用 null 进行替换，具体代码如下。
```
WITH [] AS list
UNWIND
   CASE
      WHEN list = []
         THEN [null]
      ELSE list
   END AS emptylist
RETURN emptylist
```
上述代码对列表是否为空进行了判断，如果不为空，则返回列表本身；如果为空，则返回 null。该代码的返回值如下。
```
|"emptylist"|
|null       |
```

5.4.12 LOAD CSV

在 Cypher 中，LOAD CSV 语句可以从本地文件系统中加载 CSV 文件，LOAD CSV 文件支持通过 HTTP、HTTPS、FTP 等方式访问 CSV 文件。

（1）相关配置项

在使用 LOAD CSV 语句之前，需要先导入数据的相关配置。首先配置 Neo4j 对网络中 CSV 文件的读取权限，具体配置项为：
```
dbms.security.allow_csv_import_from_file_urls
```
该配置项的作用是确定 Neo4j 是否可以从网络中读取 csv 文件，其默认值为 true，表示可以读取网络中的 CSV 文件。

然后配置加载本地 CSV 文件的路径，具体配置为：
```
dbms.directories.import
```
该配置项的作用是指定加载本地 CSV 文件的路径位置，若其值为 import，则表示只允许从 import 目录下加载 CSV 文件。

（2）CSV 文件格式

LOAD CSV 语句加载的 CSV 文件需要符和以下规范。

- 字符编码标准为 UTF-8。
- 换行符取决于具体环境，例如，UNIX 环境下的换行符为\n，Windows 环境下的换行符为 \r\n。
- 默认字段分割符为半角逗号。用户也可使用 LOAD CSV 语句中的选项 FIELD TERMINATOR 来更改字段分割符。

（3）加载 CSV 文件

下面通过本地 CSV 文件和网络这两种方式将 CSV 文件加载到图中。

方式 1：加载本地 CSV 文件

在 Neo4j 安装目录下的 import 文件夹下，创建一个 artists.csv 文件，文件内容如下。在这里，import 的路径为 D:\neo4j-community-3.5.5\import（Windows 环境下）或 /var/lib/neo4j/import（Ubuntu 环境下）。

```
1,ABBA,1992
2,Roxette,1986
3,Europe,1979
4,The Cardigans,1992
```

使用 LOAD CSV 语句导入文件，代码如下。

```
LOAD CSV FROM 'file:///artists.csv' AS line
CREATE (:Artist { name: line[1], year: toInteger(line[2])})
```

返回值如下。

```
Added 4 labels, created 4 nodes, set 8 properties, completed after 130 ms.
```

如果本地 CSV 文件中有列名，如下所示：

```
Id,    Name,           Year    # 字段名
1,     ABBA,           1992    # 各字段对应的数据值
2,     Roxette,        1986
3,     Europe,         1979
4,     The Cardigans,  1992
```

那么在导入时可以通过 WITH HEADERS 语句表示首行是列名。在使用 CREATE 语句时可以通过列名引用数据。代码如下。

```
LOAD CSV WITH HEADERS FROM 'file:///artists-with-headers.csv' AS line
CREATE (:Artist { name: line.Name, year: toInteger(line.Year)})
```

无论本地 CSV 文件是否有列名，最终导入的数据都是一样的。读者可对此自行进行验证。

方式 2：加载网络 CSV 文件

下面从 neo4j 提供的数据源加载 artists.csv 文件（本书配套资源处获取），代码如下。

```
LOAD CSV FROM 'artists.csv' AS line
CREATE (:Artist { name: line[1], year: toInteger(line[2])})
```

返回值如下。

```
Added 4 labels, created 4 nodes, set 8 properties, completed after 1130 ms.
```

本章小结

本章主要讲解了 Neo4j 的相关概念，其中包含 Neo4j 来历、属性图与资源描述框架区别、Neo4j 的结构、Neo4j 的优点、Cypher 等图数据库语句的比较，并分别在 Windows 和 Ubuntu 环境下完成了 Neo4j 3.5.5 的安装，同时也介绍了 Neo4j 的配置文件。在操作部分，本章介绍了 Cypher 的知识与基本使用。

学完本章，读者需要掌握如下知识点。

1．Neo4j 创建的图基于属性图。属性图是有向图，由顶点、边、标签、关系和属性组成。

2．常见的图数据语言包括 Gremlin、Cypher、GSQL、nGQL 等，并且现阶段没有一种统一的图数据库语言标准。

3．Windows 环境下 Neo4j 的安装方法。

4．基于 Ubuntu 环境下 Neo4j 的安装方法。

5．Neo4j 配置文件的位置，并掌握根据官网手册实现 Neo4j 配置文件修改的方法。

6．Cypher 的基础知识。

7．Cypher 的使用方法。

第 6 章　HBase 编程操作、核心原理与集群管理

HBase 有着灵活的数据模型，可基于键进行快速查询，也可基于列名、值等进行全文遍历和检索。它基于 HDFS 实现了大数据的自动分片存储，用户不需要知道数据存储在哪个节点上，只需要给出自己的查询需求。系统会按用户需求自动查询数据。

【学习目标】
1. 掌握 HBase 的编程操作。
2. 理解 HBase 数据存储、定位读取、WAL 机制。
3. 掌握 HBase Region 管理方法。
4. 了解 HBase 集群管理

任务 6.1　HBase 的编程操作

任务描述：掌握 HBase 的编程操作；能够使用 Java 和 Python 语言对 HBase 的表、数据进行操作。

6.1.1　HBase 的表操作

1. Java API 操作 HBase 数据表

使用 Java 操作 HBase 的相关类都在 org.apache.hadoop.hbase.client 模块中，它们都是与 HBase 数据存储管理相关的 API，例如，使用 Admin 接口创建、更改、删除表；使用 Table 接口向表中添加数据、查询数据。在讲解 Java API 操作 HBase 之前，我们先介绍 Java 客户端开发环境的配置。

（1）Java 客户端开发环境配置

要使用 Java 操作 HBase，只需将使用的 HBase 库包加入引用路径。在 Eclipse 中手动导入 HBase 库包的方法为：首先执行操作文件–>新建–>新建一个 Java 工程，在工程名字上面单击鼠标右键–>属性–>Java 构建路径–>库–>添加外部的 JAR；然后在 HBase 安装目录下的 lib 文件夹中找到所有的 jar 包，并将它们导入引用路径，如图 6-1 所示。

第 6 章　HBase 编程操作、核心原理与集群管理

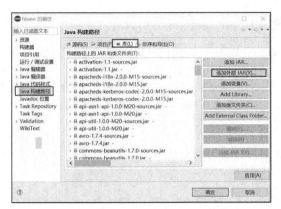

图 6-1　在 Eclipse 导入 HBase 库包

在工程目录的 src 目录下创建包、类文件，并在 Java 文件中导入需要的 HBase 库包，代码如下。

```
// 环境配置类
import org.apache.hadoop.conf.Configuration;
import org.apache.hadoop.hbase.*;
// HBase 客户端接口
import org.apache.hadoop.hbase.client.*;
// 字节类
import org.apache.hadoop.hbase.util.Bytes;
```

（2）构建 Java 客户端

在分布式环境中，Java 客户端需要通过分布式应用程序协调服务 ZooKeeper 来连接当前活跃的 HMaster 节点和需要的 HRegionServer 节点。所以先要使用 HBaseConfiguration 类来配置 ZooKeeper 的地址、端口，然后使用 Connection 类来建立连接，代码如下。

```
Public  static  Configuration  conf;
public  static  Connection  connection;
public  static  Admin  admin;
// 连接到 HBase
public  static  void  init(){
// 创建配置对象
conf = HBaseConfiguration.create();
// 配置 ZooKeeper 的地址、端口
conf.set("hbase.zookeeper.quorum", "localhost");
conf.set("hbase.zookeeper.property.clientPort", "2181");
// 创建连接
try{
    connection = ConnectionFactory.createConnection(conf);
    admin = connection.getAdmin();
}
catch(IOException e){
    e.printStackTrace();
    }
}
```

在上述代码中，使用 HBaseConfiguration.create()方法创建相关的配置文件对象，使用该对象配置 ZooKeeper 的服务地址 localhost、端口 2181。

（3）表的操作

连接数据库后就可以执行创建表、禁用和删除表等操作，具体操作如下。

```
public static void createTable() throws IOException{
// 创建连接
init();
TableName tableName = TableName.valueOf("Student");
if(admin.tableExists(tableName)){
    // 禁用和删除表
    admin.disableTable(tableName);
    admin.deleteTable(tableName);
    System.out.println(tableName.toString() + "is exists,delete it.");
}
// 创建表描述对象
HTableDescriptor tdesc = new HTableDescriptor(tableName);
// 创建列族的描述对象
HColumnDescriptor stuInfo = new HColumnDescriptor("StuInfo");
HColumnDescriptor grades = new HColumnDescriptor("Grades");
// 给表描述对象增加列族描述对象
tdesc.addFamily(stuInfo);
tdesc.addFamily(grades);
// 创建表
admin.createTable(tdesc);
// 关闭连接
close();
}
```

Admin 接口用于管理 HBase 的表信息，执行创建表、删除表、列出所有表项等操作，其主要方法如表 6-1 所示。

表 6-1 Admin 接口的主要方法

方法返回类型	功能描述
void	admin.abort(String why, Throwable e)，终止服务器或客户端
void	admin.closeRegion(byte[] regionname, String serverName)，关闭 Region
void	admin.createTable(TableDescriptor desc)，创建表
void	admin.deleteTable(TableName tableName)，删除表
void	admin.disableTable(TableName tableName)，禁用表
void	admin.enable Table(TableName tableName)，解禁表
HTableDescriptor[ ]	admin.listTables()，列出所有的表
HTableDescriptor[ ]	admin.getTableDescriptor(TableName tableName)，获取表的详细信息

HTableDescriptor 类包含了表的详细信息，这个结果相当于 HBase Shell 中 DESCRIBE 命令查看表的类型、列族、写缓存最大缓存空间等表结构的结果。HTableDescriptor 类提

供了一些操作表结构的方法,如增加列族的 addFamily()方法、删除列族的 removeFamily()方法、设置属性值的 setValue()方法等。HColumnDescriptor 类包含了列族的详细信息,通常用于创建表和添加列族。列族一旦创建好便不能进行修改,但是可以进行删除并再次创建。该类提供了 getName()、getValue()、setValue()等方法来操作列族的数据,示例如下。

```
HColumnDescriptor stuInfo = new HColumnDescriptor("StuInfo");
System.out.println("列族名字:" + new String(stuInfo.getName()));
// 输出 stuInfo
stuInfo.setValue("Name", "Jack");                    //设置 key-value
String s = new String(stuInfo.getValue("Name"));// 将字节类型转换为字符串类型
```

2. 基于 Thrift 操作 HBase 数据表

Thrift 是一个软件框架,被用来进行跨语言、可扩展的服务开发。它定义了一种描述对象和服务的接口定义语言(Interface Definition Language,IDL),通过 IDL 来定义 RPC 接口和数据类型,之后通过编译器生成不同语言的代码,并由该代码负责 RPC 协议层、传输层的实现。Thrift 支持多种语言,如 C++、Java、Python 等。

Thrift 包含 Protocol(协议层)、Transport(传输层)、Server(服务模型)三部分,其中,Protocol 用于定义数据的传输格式;Transport 用于定义数据的传输方式,可以是 TCP/IP 传输,也可以是内存共享式传输;Server 用于定义服务模型。下面使用 Python 语言通过 Thrift 访问 HBase。

(1)基于 Python 的 HBase 编程环境部署

要使用 Python 连接 HBase,需要先使用 Thrift 作为中间桥梁,所以需要安装 Thrift 服务,具体步骤如下。

从本书配套资源中获取源码 thrift-0.11.0.tar.gz 包,并解压该包。

读者也可以到官网地址手动下载,然后解压到指定目录,代码如下。

```
tarena@tedu:~$ sudo tar - zxvf thrift-0.11.0.tar.gz
```

下面安装 Thrift 依赖,具体参考官网安装指导文件。Thrift 依赖安装好之后,就可以编译并安装 Thrift,具体代码如下。

```
tarena@tedu:~/thrift - 0.11.0$ ./configure
tarena@tedu:~/thrift - 0.11.0$ make
tarena@tedu:~/thrift - 0.11.0$ sudo make install
```

接下来验证是否安装成功,代码如下。

```
tarena@tedu:~/thrift - 0.11.0$ thrift - version
Thrift version 0.11.0
```

可以看出,上述代码显示了 Thrift 版本信息,这表示安装成功。

下面启动 HBase 的 Thrift 服务,具体代码如下。

```
tarena@tedu:~$ hbase-daemon.sh start thrift
running thrift, logging to /usr/local/hbase1.4.13/logs/hbase-tarena-thrift-tedu.out
```

使用 jps 命令来查看当前的进程,那么会看到 ThriftServer 进程是否正常启动,该进程默认的监听端口为 9090。

HBase 安装目录下的 hbase.thrift 文件描述了 HBase 服务 API 与相关对象的 IDL 文件,使用 thrift 命令对该文件进行编译,生成对应的 Python 连接 HBase 的库。这里需要注意,如果安装 HBase 时使用的安装包是 hbase-2.4.17-bin.tar.gz，那么 hbase-2.4.17 目录下是没有 hbase-thrift 文件夹的，所以还需要下载安装包 hbase-2.4.17-src.tar.gz 并进行解压。之后使用 hbase-2.4.17 目录下的 hbase-thrift 目录文件，具体的 hbase.thrift 文件在/usr/local/hbase-2.4.17/hbase-thrift/src/main/resources-/org/apache/hadoop/hbase/thrift 目录下。使用 thrift 命令编译该文件，具体实现如下。

```
tarena@tedu:~$thrift -gen py /usr/local/hbase-2.4.17/hbase-thrift/src/main/resources/org/apache/hadoop/hbase/thrift/hbase.thrift
```

上述代码会在当前目录下生成一个 gen-py 文件夹，将该文件夹下的 hbase 目录放入 Python 3 的 dist-packages/目录下，具体如下。

```
tarena@tedu:~$cd /usr/local/lib/python3.8/dist-packages
tarena@tedu:/usr/local/lib/python3.8/dist-packages$ sudo cp -r ~/gen-py/hbase ./
tarena@tedu:~$ipython3
Type "copyright", "credits" or "license" for more information.

IPython 5.5.0 -- An enhanced Interactive Python.
?         -> Introduction and overview of IPython's features.
%quickref -> Quick reference.
help      -> Python's own help system.
object?   -> Details about 'object', use 'object??' for extra details.
In [1]: import hbase
In [2]: import thrift
```

这里 Python Thrift 安装包还需要使用 pip3 进行安装，命令如下。

```
sudo pip3 install thrift hbase-thrift
```

至此，Python 通过 Thrift 服务访问 HBase 的客户端环境部署完成。HBase 编程环境客户端如图 6-2 所示。

（2）Python 操作 HBase 的表

Python 操作 HBase 的表使用 Client 类，具体操作如下。

```
# 导入相关的模块
from thrift.transport import TSocket
from thrift.transport import TTransport
from hbase import Hbase
from hbase.ttypes import *
from thrift.protocol import TBinaryProtocol
# socket 连接 ThriftServer(监听 9090)
conn = TSocket.TSocket(host,9090)
# 传输层
transport = TTransport.TBufferedTransport(conn)
# 协议层
protocol = TBinaryProtocol.TBinaryProtocol(transport)
# 创建客户端实例
client = Hbase.Client(protocol)
transport.open()
# 创建一个 stu1 表，列族为 info、score
client.createTable(b"stu1",[ColumnDescriptor(b"info"),ColumnDescriptor(b"score")])
```

第 6 章　HBase 编程操作、核心原理与集群管理

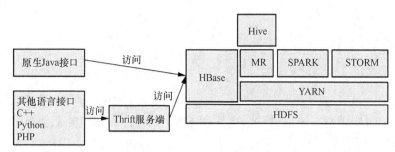

图 6-2　HBase 编程环境客户端

Client 类使用 createTable()方法创建表。该方法的第一个参数为表名，其值必须为字节串；第二个参数为列族描述符列表，其中 ColumnDescriptor 将列族字节串转为描述符对象。其他的表操作方法如表 6-2 所示。

表 6-2　Client 类的操作表的方法

方法返回值（类型）	功能描述
None（空）	client.disableTable(tableName)，禁用表
None（空）	client.deleteTable(tableName)，删除表
None（空）	client.createTable(tableName,[columnDescriptor,…])，创建表，表已存在则异常
None（空）	client.enableTable(tableName)，启用表
List（列表）	client.getTableNames()，查看所有表，返回表名列表，表名为字节串
Bool（布尔型）	client.isTableEnabled(tableName)，表是否启用
Dict（字典）	client.getColumnDescriptors(tableName)，获取列族信息

6.1.2　HBase 的 CRUD 操作

1. Java API 操作 HBase 数据表数据

如果仅操作数据，那么不需要使用 Admin 接口，直接使用 Table 接口即可，并使用 put()方法插入数据。具体代码如下。

```
// 创建数据
public static void addData(String tableName,String rowKey,String colFamily,String
    col,String  value)
throws IOException{
// 初始化连接
init();
// 获取对应的表对象
Table table = connection.getTable(TableName.valueOf(tableName));
// 创建 put 对象
Put put = new Put(rowKey.getBytes());// 将字符串类型转为字节类型
put.addColumn(colFamily.getBytes(), col.getBytes(), value.getBytes());
```

```
// 插入数据
table.put(put);
table.close();
// 关闭连接
close();
}
```

Table 接口可实现与单表的通信，多线程下使用 HTablePool 实现通信。Table 接口的主要方法如表 6-3 所示。

表 6-3 Table 接口的主要方法

方法返回类型	功能描述
void	table.close()，释放所有资源，或者根据缓冲区的数据变化来更新表
void	table.delete(Delete delete)，删除行或者单元格
void	table.get(Get get)，获取行数据或者单元格数据
TableDescriptor	table.getDescriptor()，获取表的描述信息
void	table.put(Put put)，添加数据

使用 get() 方法获取某一行数据的代码如下。

```
// 查询数据
public static void getData(String tableName,String rowKey,String colFamily,
String col) throws IOException{
// 连接 HBase
init();
// 获取表对象
Table table = connection.getTable(TableName.valueOf(tableName));
// 创建 get 对象
Get get = new Get(rowKey.getBytes());
// 查询
Result result = table.get(get);
// 格式化输出
// showCell()方法在随书资源相关代码中有定义，请读者自行查阅
showCell(result);
close();// 断开连接
}
```

查询的结果放入 result 对象中，其中包含多个键值对。这些键值对在 showCell() 方法中进行循环遍历处理，具体代码可以参考随书资源相关代码的内容，其中 CellUtil 类提供了每个单元格的定位值，如行键、列族、列名、时间戳等。

使用 scan 类扫描 HBase 整表数据，代码如下。

```
// 扫描表数据
public static ResultScanner scanData(String tableName) throws IOException{
// 建立连接
init();
// 创建 Scan 对象
```

```
Scan scan = new Scan();
// 创建表对象
Table table = connection.getTable(TableName.valueOf(tableName));
System.out.println("Scanning data ... ");
// 返回结果
return table.getScanner(scan);
}
```

首先在 ResultScanner 对象中遍历获取每一行数据，每一行数据为 Result 对象；然后获取 Result 对象的所有单元格对象；最后逐一处理每个单元格的数据。具体代码如下。

```
// 执行上述定义的 scanData 方法
ResultScanner resultScanner = scanData("Student");
// 遍历 ResultScanner 对象，获取每一个 Result 对象
for(Result result:resultScanner) {
    // 获取 Result 对象的单元格对象
    Cell[] cells = result.rawCells();
    for(Cell cell:cells){
        // 打印出每个单元格的行键、列信息、值、时间戳
        System.out.println("rowKey:" + new String(CellUtil.cloneRow(cell)));
        System.out.println("col:" + new String(CellUtil.cloneQualifier(cell)));
        System.out.println("value:" + new String(CellUtil.cloneValue(cell)));
        System.out.println("ts:" + cell.getTimestamp());
    }
}
```

在使用 Scan 类进行全表扫描时，可以给 Scan 类添加指定的列族信息，从而实现对指定列族的全表扫描，具体代码如下。

```
// 扫描 Student 表 StuInfo 列族
Scan scan = new Scan();
scan.addFamily("StuInfo".getBytes());
// 扫描 Student 表 StuInfo 列族的 Name 列
scan.addColumn("StuInfo".getBytes(),"Name".getBytes());
// 设置起始行键、结束行键
scan.setStartRow("001".getBytes());
scan.setStopRow("005".getBytes());
```

对 Scan 对象进行相应的设置后，就可以通过 table.getScanner(scan)方法扫描数据了。

2. Python API 操作 HBase 的表数据

使用 Client 类的 get()方法获取一个单元格的数据，具体代码如下。

```
def get_cell(self,tableName,row,column,attributes = {}):
    """
    // 查询单元格数据，返回列表
    tableName: b"Stuent"
    row: b"001"
    column: b"StuInfo:Name"
    attributes: 默认{}
    """
    return self.client.get(tableName,row,column,attributes = attributes)
```

6.1.3 HBase 过滤器

下面介绍使用 Java API 操作 HBase 过滤器。

（1）行过滤器（RowFilter）

筛选出符合匹配条件的所有行，使用 BinaryComparator()方法可以筛选出具有某个行键的行。例如筛选出行键为 002 的行数据，其代码如下。

```
import org.apache.hadoop.hbase.filter.Filter;
import org.apache.hadoop.hbase.filter.BinaryComparator;

import org.apache.hadoop.hbase.filter.CompareFilter;
import org.apache.hadoop.hbase.filter.RowFilter;
// 扫描+过滤数据
public static void scanAndFilter(String tableName) throws IOException {
    // 连接 HBase
    init();
    System.out.println("==============================");
    Table table = connection.getTable(TableName.valueOf(tableName));
    Scan scan = new Scan();
    // 创建 Filter 对象
    // 筛选出匹配的行
    Filter rf = new RowFilter(CompareFilter.CompareOp.EQUAL, new
    BinaryComparator("002".getBytes()));
    // set Filter
    scan.setFilter(rf);
    ResultScanner resultScanner = table.getScanner(scan);
    for(Result res : resultScanner){
        for( Cell cell : res.rawCells()) {
            // 打印出列族、列标识、值、时间戳
            System.out.print(new String(CellUtil.cloneFamily(cell)) + " ");
            System.out.print(new String(CellUtil.cloneQualifier(cell)) + " ");
            System.out.print("value = " + new String(CellUtil.cloneValue(cell
                            )) + " ");
            System.out.println("current timestamp:" + cell.getTimestamp());
        }
    }
    //关闭连接
    close();
}
```

（2）行前缀过滤器（PrefixFilter）

行前缀过滤器的作用是匹配带有固定前缀的行，代码如下。

```
import org.apache.hadoop.hbase.filter.PrefixFilter
// 创建 scan 对象
Scan scan = new Scan();
// 选出带有 rw 前缀的行
Filter pf = new PrefixFilter(Bytes.toBytes("rw"));
// 添加过滤器
```

```
scan.setFilter(pf);
ResultScanner scanner = table.getScanner(scan);
```

(3) 返回所有行 (KeyOnlyFilter)

仅行过滤器的作用是返回所有行,但不显示值,代码如下。

```
Filter kof = new KeyOnlyFilter();
scan.setFilter(kof);
```

其他过滤器如表 6-4 所示。

表 6-4 其他过滤器

过滤器	功能描述	使用示例
RandomRowFilter	随机选出部分行的数据	Filter rrf = new RandomRowFilter((float) 0.8); scan.setFilter(rrf)
InclusiveStopFilter	筛选出行键满足条件的数据	Filter isf = new InclusiveStopFilter(Bytes.toBytes("005")) // 筛选包含 005 行
FirstKeyOnlyFilter	只扫描每行的第一列	Filter f kof = new FirstKeyOnlyFilter()
ColumnPrefixFilter	筛选出列的前缀为指定字符的数据	Filter cpf = new ColumnPrefixFilter(Bytes.toBytes("age")) //筛选出具有 age 前缀的列
ValueFilter	筛选出满足某个条件的单元格	Filter vf = new ValueFilter(CompareFilter.CompareOp.EQUAL, new SubstringComparator("Lucy")) // 筛选出具有 Lucy 子串的值
SkipFilter	跳过指定的条件	Filter vf = new ValueFilter(CompareFilter.CompareOp.NOT_EQUAL, new SubstringComparator("Lucy")); Filter skf = new SkipFilter(vf)
FilterList	通过多个过滤器进行组合筛选	Filter vf = new ValueFilter(CompareFilter.CompareOp.EQUAL, new SubstringComparator("lucy")); Filter rf = new RowFilter(CompareFilter.CompareOp.NOT_EQUAL, new BinaryComparator(Bytes.toBytes("001"))); List<Filter> filters = new AnayList<Filter>(); filters.add(rf); filters.add(vf) // 综合使用多个过滤器,如 AND 和 OR 这两种关系 FilterList fl = new FilterList(FilterList.Operator.MUST_PASS_ALL, filters); scan.setFilter(fl)
SingleColumn ValueFilter	指定需要过滤的列族、列名、条件	SingleColumnValueFilter scvf = new SingleColumnValueFilter(Bytes.toBytes ("StuInfo"), Bytes.toBytes("Name"), CompareFilter.CompareOp.EQUAL, new SubstringComparator("Li"))

任务 6.2　HBase 核心原理

任务描述:掌握 HBase 的核心原理,理解数据的存储方式、Region 的定位、WAL 预写机制;能够复述 HBase 数据的读/写流程及使用 WAL 机制的必要性。

6.2.1 数据存储

HRegionServer 是 HBase 的核心模块，主要包括 HLog 和 Region。Region 数据块中存储数据集，HLog 记录对应 Region 的操作日志。

1．分区（Region）

在 HBase 数据表中，所有的行都是按照行键（RowKey）的字典顺序排列的，在行的方向上将若干行数据分为一个分区（Region），具体方式如图 6-3 所示。

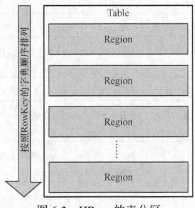

图 6-3　HBase 的表分区

随着表的数据量越来越多，Region 数量也会越来越多。当这些 Region 无法被存储在一台服务器上时，HMaster 主服务器会将它们分布式地存储到多台 Region 服务器上，每个 Region 作为一个整体进行存储。一台 HRegionServer 服务器通常存储 10～1000 个 Region 数据块。HBase 的 Region 存储方式如图 6-4 所示。

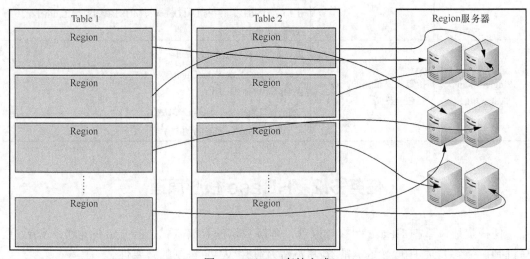

图 6-4　Region 存储方式

每一个 Region 数据块是由所属表、第一行、最后一行这 3 个要素组成的。表中的第一个 Region 没有第一行，最后一个 Region 没有最后一行，每个 Region 有唯一的 RegionID，那么 Region 标识符可以表示为：表名 + 第一行 RowKey + RegionID。

2. Meta 表

通过 Region 标识符，我们可以唯一地标识一个 Region。为了定位每个 Region 的位置，我们可以构建一张映射表，将 Region 标识符与其所在的 HRegionServer 节点对应起来。这张映射表包含了 Region 的元数据，所以叫作元数据表，又称 Meta 表。通过查找 Meta 表，用户可以知道某个 Region 被存储在哪台 HRegionServer 服务器上，从而进行相应的数据操作。使用 scan 命令可以查看 Meta 表的结构信息，如图 6-5 所示。

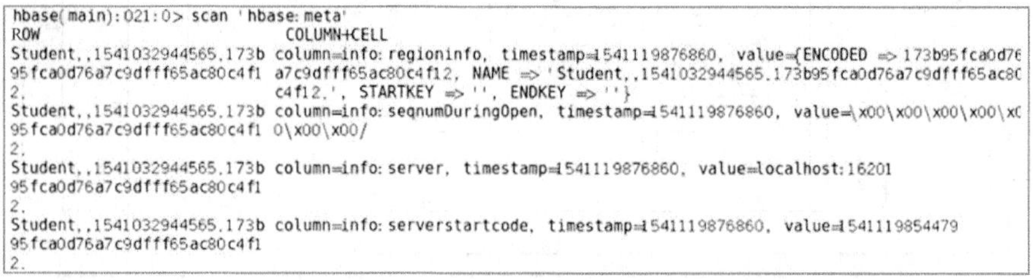

```
hbase(main):021:0> scan 'hbase:meta'
ROW                              COLUMN+CELL
Student,,1541032944565.173b column=info:regioninfo, timestamp=1541119876860, value={ENCODED => 173b95fca0d76
95fca0d76a7c9dfff65ac80c4f1 a7c9dfff65ac80c4f12, NAME => 'Student,,1541032944565.173b95fca0d76a7c9dfff65ac80
2.                          c4f12.', STARTKEY => '', ENDKEY => ''}
Student,,1541032944565.173b column=info:seqnumDuringOpen, timestamp=1541119876860, value=\x00\x00\x00\x00\x0
95fca0d76a7c9dfff65ac80c4f1 0\x00\x00/
2.
Student,,1541032944565.173b column=info:server, timestamp=1541119876860, value=localhost:16201
95fca0d76a7c9dfff65ac80c4f1
2.
Student,,1541032944565.173b column=info:serverstartcode, timestamp=1541119876860, value=1541119854479
95fca0d76a7c9dfff65ac80c4f1
2.
```

图 6-5 使用 scan 命令查看 Meta 表的结构

在 Meta 表中，每一行记录一个 Region 信息，其中的 ROW 为行键信息，包含表名、Region 的起始行键、时间戳、RegionID 编码字符串。图 6-5 展示的是第一个 Region，所以没有起始行键 RowKey。RegionID 是通过表名、起始行键、时间戳一起进行字符串编码而得到的。Meta 表中有一个列族 info，其中的 regioninfo 列记录了 Region 的详细信息，包括行键的范围 StartKey 和 EndKey、列族和属性。server 列记录了存储该 Region 某个 HRegionServer 节点的地址，例如 localhost:16201。serverstartcode 列记录了 HRegionServer 节点开始管理 Region 的时间。当用户表中的 Region 数量很多时，Meta 表的数据量也会很多，所以 Meta 表需要划分多个 Region。

3. Store 和 MemStore

Region 分区是由多个列族，即多个 Store 组成，每个 Store 管理一块内存（MemStore）。当 MemStore 中的数据符合一定条件时，它会被写入到磁盘 StoreFile 中。StoreFile 是 HBase 最小的数据存储单元，一个 Store 包含 0 个或多个 StoreFile，而 StoreFile 又对应着 HDFS 中的 HFile。

RegionServer 节点收到写的请求时，会查找相应的 Region，并将数据写入到 MemStore 中。当数据量达到一定的阈值时，RegionServer 再将数据从 MemStore 刷新到 StoreFile 中，即 HFile，进行持久化存储。HBase 集群数据如图 6-6 所示。

HBase 将近期的数据存储在内存中，这种方式可以提高操作近期数据的速度。数据在持久化之前先完成排序，然后按照顺序写入 StoreFile，以便后续检索数据。随着 StoreFile 数量的增加，达到一定的阈值后会多个 StoreFile 合并成一个大的 StoreFile。在合并的过程中，这个大的 StoreFile 的容量会不断增大。达到一定的阈值后，StoreFile 又会进行分裂操作。这时，当前的父 Region 会被分裂为两个子 Region，Master 服务器将子 Region 分布到相应的 RegionServer 上进行存储。同时，父 Region 下线。StoreFile 的合并与分裂如图 6-7 所示。

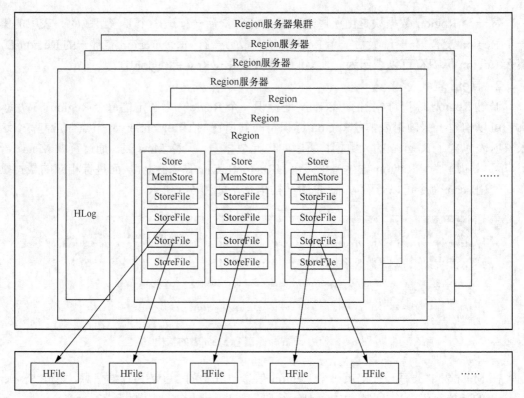

图 6-6　HBase 集群数据

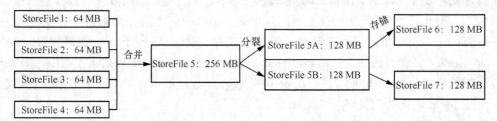

图 6-7　StoreFile 的合并与分裂

4．HFile

StoreFile 对应着 HDFS 的 HFile，HFile 的数据存储结构如图 6-8 所示。

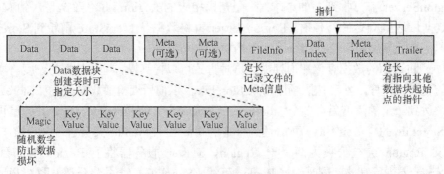

图 6-8　HFile 的数据存储结构

第 6 章　HBase 编程操作、核心原理与集群管理

HFile 文件是不定长的，固定长度的部分只有 FileInfo 和 Trailer，其中，FileInfo 记录了文件的 Meta 信息，Trailer 存储指向其他数据块起始点的指针。Data 数据块的大小可以在创建表的时候指定，内部是 Magic＋键值对的形式。Magic 存储一些随机数字，用于防止数据损坏。每个键值对是一个数组，具有固定的结构，如图 6-9 所示。

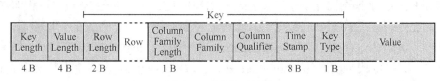

图 6-9　键值对结构

5. HBase 写入数据的步骤

步骤 1：访问 ZooKeeper，获取 hbase:meta 表位于哪个 RegionServer 节点。

步骤 2：访问对应的 RegionServer 节点，获取 hbase:meta 表，将该表缓存到连接中，作为连接属性 MetaCache。由于 Meta 表中有数据，因此创建连接的速度会比较慢。接下来使用创建的连接获取表，这是一个轻量级的连接。

步骤 3：调用表的 put()方法写入数据，此时还需要解析 RowKey，对照缓存的 Meta Cache 查看具体写入的位置有哪个 RegionServer 节点。

步骤 4：将数据顺序写入（追加）到 WAL 中，此处的写入操作是直接在磁盘上进行的。HRegionServer 节点设置了专门的线程控制 WAL 机制来预写日志的滚动（类似 Flume）。

步骤 5：根据写入命令的 RowKey 和 ColumnFamily 来查看待写入的 MemStore。数据在 MemStore 中通过 RowKey 进行排序。

步骤 6：向客户端发送 ACK 消息。

步骤 7：达到 MemStore 的刷写要求后，MemStore 将数据刷写到对应的 Store 中。

HBase 写入数据流程如图 6-10 所示。

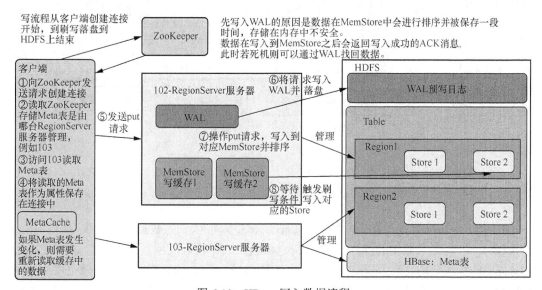

图 6-10　HBase 写入数据流程

6.2.2 定位与读取操作

正如前面所讲，客户端在进行数据操作时，需要知道 Region 在哪个 HRegionServer 节点上。访问 ZooKeeper 来查询 Meta 表，获取 Region 对应的 HRegionServer 节点的过程叫作 Region 定位。前面已经讲解了 HBase 的数据写入流程，下面介绍 HBase 数据的读取步骤。

步骤 1：访问 ZooKeeper，获取 hbase:meta 表所在的 RegionServer 节点。

步骤 2：访问步骤 1 获取的 RegionServer，获取 hbase:meta 表，并将其缓存到连接中，作为连接属性 MetaCache。

步骤 3：创建 Table 对象，发送 get 请求。

步骤 4：优先访问 Block Cache 读缓存，查找是否之前读取过，并且可以读取 HFile 的索引信息和布隆过滤器。

步骤 5：无论读缓存中是否已经有数据（可能数据已经过期），都需要再次读取写缓存和 Store 中的文件。

步骤 6：将所有读取到的数据按照 get 请求的要求返回合并版本。

HBase 数据读取流程如图 6-11 所示。

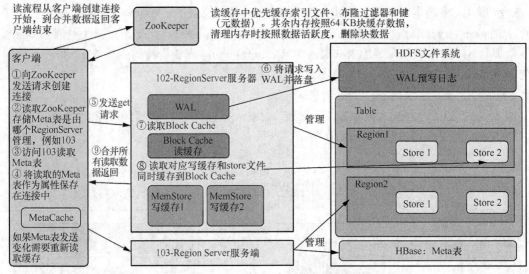

图 6-11　HBase 读取数据流程

6.2.3　WAL 机制

HRegionServer 节点在发生故障时，MemStore 中未持久化的数据会被丢失，所以 HBase 使用 HLog 机制记录数据的操作日志，以便系统在故障时可以恢复到正常状态。HLog 文件就是一种预写日志文件，即 WAL 文件。每个 HRegionServer 节点都有一个 HLog 文件和多个 Region，多个 Region 共享这一个 HLog 文件。用户在更新数据时，其操作必须先写入到 Log 文件中，然后才能写入到 MemStore 中。当 MemStore 中的数据未写入磁盘便丢失的时候，系统就可以通过 HLog 文件恢复丢失的数据。

在实际应用中，ZooKeeper 会实时监控 HRegionServer 节点的状态。一旦有 HRegionServer 节点出现故障，ZooKeeper 就会通知 HMaster 节点，HMaster 节点便会处理该故障服务器上遗留的 HLog 文件。由于多个 Region 对象共用一个 HLog 文件，所以 ZooKeeper 需要先根据每条日志所属的 Region 对 HLog 文件进行拆分，然后将它们分别存储到对应 Region 目录下，最后将失效 Region 的操作日志重新分配到可用的 HRegionServer 节点上。ZooKeeper 在对应的 HRegionServer 节点上重新执行日志中记录的操作，将数据恢复到 MemStore 中，并持久化到 StoreFile，达到恢复数据的目的。

在 HBase 集群中，一个 HRegionServer 节点上的所有 Region 共用一个 HLog 文件。当多个 Region 对象进行更新操作写入日志时，所有的日志记录被追加到同一个 HLog 文件中，这样可以减少磁盘的寻址次数，提高写操作的性能。同样地，在 HRegionServer 节点故障后，使用 HLog 文件进行数据恢复的时候，必须先根据不同的 Region 日志记录对 HLog 文件进行拆分。HBase WAL 机制如图 6-12 所示。

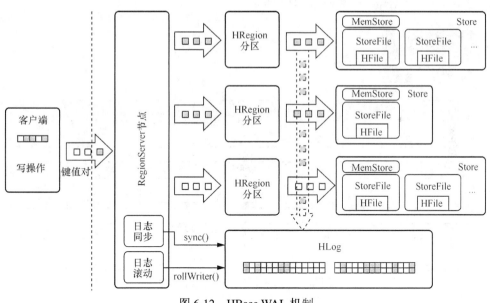

图 6-12　HBase WAL 机制

任务 6.3　HBase Region 管理

任务描述：掌握 HBase 的 Region 管理方法，理解 Region 的拆分与合并方法，掌握 Region 负载均衡的方法，可以独立完成表的 RowKey 设计。

当 HBase 数据表的规模非常大时，表需要按照行键拆分成多个 Region 分区，这些 Region 将分布到多个服务器进行存储和管理。Region 是 HBase 集群中负载均衡和数据分发的基本单元。下面介绍 Region 在集群中的合并、拆分及分配的方法。

6.3.1 HFile 合并

我们知道一个 HRegionServer 上有多个 Region 数据块,每一个 Region 数据块又有多个 Store,每一个 Store 由一个 MemStore 和 0 个或多个 StoreFile 组成,且对应一个列族。MemStore 被作为内存缓存,其默认大小 64 MB。在向 Store 中写数据时,数据优先写入到 MemStore 中,当 MemStore 的数据量达到阈值后再被持久化到磁盘的 StoreFile 中。

StoreFile 对应 HDFS 的 HFile 文件,所以每个 Store 可以看作由一个 MemStore 和若干个 HFile 组成。随着数据的写入,HFile 文件的数量会越来越多,系统写入和读取操作的速度也会越来越慢。这时需要对多个 HFile 进行合并,以提高系统性能。

合并分为 Minor 合并和 Major 合并两种。Minor 合并会将临近的若干个较小的 HFile 合并成一个较大的 HFile,并清理掉过期和被标识删除的数据,由系统使用一组参数自动控制。Major 合并会将一个 Store 上的所有 HFile 合并成一个大的 HFile,并且清理所有过期和被标识删除的数据。

Minor 合并和 Major 合并如图 6-13 所示。

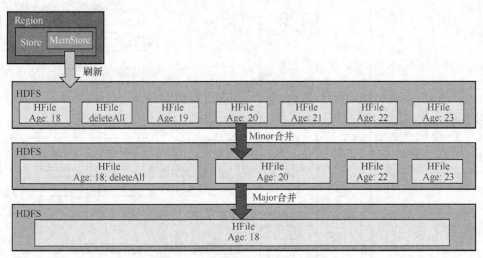

图 6-13　Minor 合并和 Major 合并

6.3.2 Region 的拆分与合并

1. Region 的拆分

当 Region 的数据量过大或者超过设定的阈值时,Region 会被拆分成两个子 Region,这是 HBase 集群具有良好扩展性的重要基础。Region 的拆分是由 HRegionServer 完成的,具体步骤如下。

步骤 1:下线需要拆分的 Region,并设置该 Region 的状态为 SPLITING(正在拆分),同时阻止所有对该 Region 的客户端请求。

步骤 2：在父 Region 下建立两个引用文件，分别指向父 Region 的首行和尾行。这时，父 Region 的数据没有被复制。

步骤 3：在 HDFS 上建立两个子 Region 目录，分别复制父 Region 的两个引用文件，每个子 Region 目录的数据占父 Region 的一半。之后删除两个引用文件。

步骤 4：向 Meta 表发送子 Region 的元数据信息，将父 Region 的拆分信息更新到 Master 节点中，并且每个子 Region 进入可用状态。图 6-14 展示了 Region 的拆分。

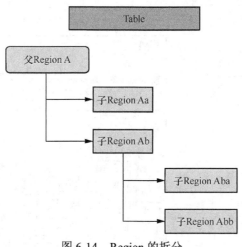

图 6-14 Region 的拆分

Region 常用的拆分策略如表 6-5 所示。

表 6-5 Region 常用的拆分策略

策略	原理	功能描述
ConstantSizeRegionSplitPolicy	Region 中 Store 大小的最大值大于阈值 hbase.hregion.max.filesize 时触发拆分。不同的拆分策略原理相同，只是阈值不同	对于大表和小表来说，拆分策略没有什么区别，但是阈值不同，设置过大，小表就不会被拆分；设置过小，大表就会被拆分成很多 Region，它们分布在集群中，会影响集群的性能
IncreasingToUpper-BoundRegionSplitPolicy	阈值在一定条件下不断进行调整，与表在该 RegionServer 上的 Region 个数有关	很多小表会产生大量的小 Region，这些 Region 分布在整个集群中
SteppingSplitPolicy	阈值可变。如果 Region 个数为 1，那么切分阈值为 flushsize × 2，否则为 MaxRegion FileSize	小表不会被拆分为多个小 Region
DisabledRegionSplitPolicy	关闭拆分策略，手动拆分 Region	可控制 Region 拆分时间

2．Region 的合并

随着表的数据量增大，Region 的数量也会增大，对应的 MemStore 的数量也会增大，这会频繁地出现数据从内存被刷新到 HFile 中的操作，从而影响服务器对客户端请求的响应。另外，Region 数量的增多也会使 Meta 表的数据量增大，当 HRegionServer 中 Region 的数量达到阈值时，就需要对 Region 进行合并。Region 的合并步骤如下。

步骤1：客户端将 Region 合并的处理请求发送给 HMaster 节点。

步骤2：HMaster 节点将 HRegionServer 节点上待合并的 Region 移动到一起，并发送合并请求给 HRegionServer。

步骤3：HRegionServer 节点将待合并的 Region 下线，然后对它们进行合并。

步骤4：Meta 表中删除合并前的 Region 元数据，并写入合并后新 Region 的元数据。

步骤5：HRegionServer 节点将合并后的新 Region 上线，同时更新其信息到 HMaster 节点。Region 的合并如图 6-15 所示。

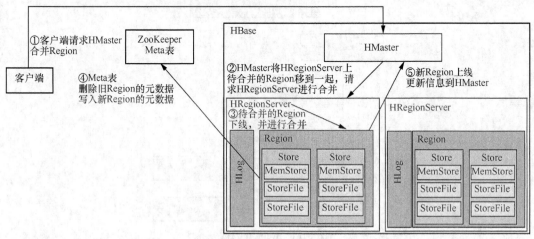

图 6-15　Region 的合并

6.3.3　Region 的负载均衡

为了使各 HRegionServer 节点上的 Region 数量保持在合理范围内，HMaster 节点执行负载均衡，对部分 Region 的位置进行调整。HMaster 节点的内部有一个负载均衡器，默认隔 5 min 运行一次。负载均衡器的运行间隔也可以由用户来配置。Region 的负载均衡分为以下两步。

步骤1：生成负载均衡计划表。

步骤2：按照计划表进行 Region 的分配。

对于以下情况，HMaster 节点不执行负载均衡。

情况1：负载均衡器关闭。

情况2：HMaster 节点没有初始化。

情况3：当前有 Region 处于拆分状态。

情况4：当前有 HRegionServer 节点出现故障。

HMaster 节点内部有一套负载评分算法，会根据 HRegionServer 节点上 Region 的数量、表的 Region 数量、MemStore 的大小、StoreFile 的大小等对集群进行评分。评分越低，说明集群负载越合理。负载均衡策略如表 6-6 所示。HBase 循环执行负载均衡操作，直到整个集群的负载达到合理范围为止。

表 6-6 负载均衡策略

策略	原理
RandomRegionPicker	随机选择两个 HRegionServer 节点上的 Region 进行交换
LoadPicker	获取 Region 数量最多和最少的两个 HRegionServer 节点来均衡这两个节点上的 Region
LocalityBasedPicker	根据 Region 的实际存储位置进行负载均衡

6.3.4 RowKey 设计

在 HBase 的表中，一条数据的唯一标识就是 RowKey。当设定了预分区区间时，RowKey 决定一条数据存储于哪个 Region 分区。设计 RowKey 的目的是让表中所有的数据均匀地分布在所有的 Region 中，这在一定程度上能够防止数据的倾斜，也就是避免有的 Region 的数据量过大，有的 Region 的数据量过小。

1. RowKey 的设计原则

（1）唯一性原则

RowKey 的设计要满足唯一性原则，这是因为 RowKey 类似于关系数据库中的主键。RowKey 是根据字典顺序排序后存储的，所以在设计 RowKey 的时候要充分利用这个特性，将频繁读取的数据存储在一起，最近可能会读取的数据存储在一起。

（2）长度原则

RowKey 是一个二进制码流，以 byte[]形式存储，其值可以是任意的字符串，最大长度为 64 KB。RowKey 的长度不能太短，太短可读性差且有时无法满足业务要求；也不能太长，过长会占用太多内存，在实际应用中一般为 10～80 B。在满足业务要求的情况下，RowKey 的长度最好不超过 16 B。

（3）哈希原则

哈希原则让 RowKey 不具有规律性，从而便于均匀分配。

2. 常用的 RowKey 设计方案

（1）计算哈希值

表 6-7 展示了 RowKey 对应的哈希值。

表 6-7 RowKey 的哈希值

RowKey	哈希值（MD5）
1001	b8c37e33defde51cf91e1e03e51657da
1002	fba9d88164f3e2d9109ee770223212a0
1003	aa68c75c4a77c87f97fb686b2f068676
1004	fed33392d3a48aa149a87a38b875ba4a
1005	2387337ba1e0b0249ba90f55b2ba2521

假设预分区区间长度为3，根据RowKey可知，1001、1002、1003这3条数据分布在一个Region上，1004和1005这两条数据则分布在另一个Region上。经过哈希计算的RowKey不再具有规律性，重新排序打乱了1001～1005的原始顺序，从而使它们均匀分布在各个Region上。

（2）字符串反转

以下字符串的RowKey使用时间戳进行反转。

20210803105006：反转字符串为60050130801202

20210803105035：反转字符串为53050130801202

20210803105054：反转字符串为45050130801202

上述RowKey的时间戳字符串在字节层面的差距很小，在设定预分区区间的情况下很容易被分到同一个Region中。经过反转后，字符串的差距变得很大，一般不具有规律性，可以实现数据在各Region的均匀分配。

（3）字符串拼接

时间戳字符串还可以和特定的字符串进行拼接，实现RowKey的无规律性。字符串拼接示例如下。

20210803105006：字符串拼接为20210803105006_aefg031

20210803105006：字符串拼接为20210803105006_aofb032

任务6.4　HBase集群管理

任务描述：掌握HBase的运维管理、数据处理、故障处理等方法，完成HBase集群的搭建以及HRegionServer节点和HMaster节点的增加，实现数据的导入导出。

6.4.1　运维管理

1. 移除HRegionServer节点

在集群升级或者一些其他原因需要在一个HRegionServer节点上停止守护进程时，必须保证集群的其他进程可以正常工作。在关闭指定的HRegionServer节点之前，该节点管理的Region需要转移到其他服务器上。在指定节点的命令行执行hbase-daemon.sh stop命令来停止当前服务进程，执行该命令后，HRegionServer节点会关闭管理的所有Region，并关闭进程。HRegionServer节点在ZooKeeper中对应的节点将会过期。HMaster节点在检测到该HRegionServer节点已经停止服务时，会将其管理的Region重新分配到其他正常工作的HRegionServer节点上。这种移除HRegionServer节点的方法会影响集群的性能，降低集群的可用性，其原因是Region会下线一段时间，具体下线时长由ZooKeeper的超时时间决定。

HBase提供一种更加安全的方式来移除HRegionServer节点：通过graceful_stop.sh hostname脚本。这种方式移除HRegionServer节点的具体步骤如下。

步骤1：关闭Region负载均衡器。

步骤 2：从需要停止的 HRegionServer 节点上移除所有 Region，并随机分配到集群中其他的 HRegionServer 节点上。在移除下一个 Region 之前，需先检测上一个 Region 是否完成重新部署。

步骤 3：移除所有的 Region 后，停止 HRegionServer 节点的进程。此时即使 HMaster 节点检测到停止服务的该 HRegionServer 节点，也无须转移 Region。

2．增加 HRegionServer 节点

随着 HBase 集群系统的使用，存储容量等将不能满足业务需求，这时就需要进行集群扩展，即增加 HRegionServer 节点。添加一个新的 HRegionServer 节点是管理集群的常用操作，需要修改 conf 目录下的 regionservers 配置文件，并将其同步给所有集群中的节点，之后使用启动脚本实现添加。由于 HBase 集群是基于 HDFS 的，HBase 的 HRegionServer 进程与 HDFS 的 DataNode 进程运行在同一台主机上，所以要增加一个 HRegionServer 节点，需要先向 Hadoop 集群增加一个 DataNode 节点，并在 DataNode 进程启动后使用 hbase-daemon.sh start regionserver 命令启动 HRegionServer 进程，之后便可以在 HMaster 节点的用户界面（http://master:16010，内部网址）看到新增加的节点。上述过程的具体步骤如下。

步骤 1：增加 HDFS 的 DataNode 节点，并启动 DataNode 进程。

步骤 2：在 HMaster 节点上修改 regionservers 配置文件的，加入新节点域名，并同步给所有集群机器。

步骤 3：在新节点进行同 HMaster 节点相同的 HBase 配置的设置，并使用 hbase-daemon.sh start regionserver 命令启动 HRegionServer 服务进程。

步骤 4：在 HBase 的 web 页面中查看是否有新节点加入集群。

3．增加 HMaster 备份节点

为了提高 HBase 集群的可用性，我们增加多个 HMaster 备份节点。当运行的 HMaster 节点出现故障时，备份的 HMaster 节点可以随时顶替它，接管 HBase 集群。增加备份 HMaster 节点的方法是在 HBase 安装目录的 conf 目录下增加一个 backup-masters 文件名的文件，在该文件中列出运行备份 HMaster 节点进程的主机地址，之后在对应的主机上通过 hbase-daemon.sh start backup-master 命令启动 HMaster 备份节点。在集群首次启动时，所有的 HMaster 都会通过 ZooKeeper 竞选主节点（HMaster）来提供服务，落选节点将成为 HMaster 备份节点。之后，备份的 HMaster 节点会不断轮询主 HMaster 节点是否故障，如果故障则在 HMaster 备份节点中选出一个作为新的主 HMaster 节点，接管 HBase 集群。

6.4.2 数据处理

在 HBase 集群中，管理员需要管理一张或者多张表中的数据，这时可以使用 HBase 中的工具来进行迁移、查看等数据操作。下面介绍几种数据管理的方法。

1．数据的导出

HBase 自带的 Export 工具可以用于导出表中的数据，其输出格式为 HDFS 序列化文

件。在命令行输入 hbase org.apache.hadoop.hbase.mapreduce.Export，可以查看具体参数，示例如下。

```
tarena@master:/usr/local/hbase2.4.17/conf$ hbase org.apache.hadoop.hbase.mapreduce.
Export
ERROR: Wrong number of arguments: 0
Usage: Export [ -D <property = value>] * <tablename> <outputdir> [<versions>
[<starttime> [<endtime>]] [^[regex pattern] or [prefix] to filter]]
```

Export 的参数如表 6-8 所示。

表 6-8　Export 的参数

名称	描述
tablename	导出的表名，必需参数
outputdir	导出到 HDFS 的路径下，必需参数
versions	每列数据的版本数量，默认值为 1
starttime	开始时间
endtime	结束时间
regexp	正则匹配
prefix	行键前缀

2．数据的导入

将外界数据导入到 HBase 中，可以使用 hbase org.apache.hadoop.hbase-mapreduce.Import 命令，具体如下。

```
tarena@master:/usr/local/hbase2.4.17/conf$
hbase org.apache.hadoop.hbase-mapreduce.Import
ERROR: Wrong number of arguments: 0
Usage: Import [options] <tablename> <inputdir>
```

上述代码中的参数比较简单，只有表名（tablename）和目录（inputdir），输入目录的文件格式与导出目录的格式一致。

3．数据的迁移

HBase 自带的 CopyTable 工具可以实现 HBase 集群内或者集群之间的数据迁移，所用命令为 hbase org.apache.hadoop.hbase.mapreduce.CopyTable，具体如下。

```
tarena@master:/usr/local/hbase2.4.17/conf$ hbase org.apache.hadoop.hbase.mapreduce.CopyTable
Usage: CopyTable [general options] [ --starttime = X ] [ --endtime = Y ]
[ --new .name = NEN ] [ --peer.adr = ADR ] <tablename> | SnapshotName
```

上述代码中参数的含义如下。

starttime：起始时间（毫秒级），如果没有设定结束时间，则意味着永远执行代码。

endtime：结束时间，若没有明确指定起始时间，可忽略该选项。

new.name：新的表名。

peer.adr：目标对等集群地址（实为 ZooKeeper 地址）。该参数采用的格式为 hbase.

zookeeper.quorum:hbase.zookeeper.client.port:zookeeper.znode.parent，如 peer.adr = server1，server2:2181:/hbase。

tablename：表名。

snapshotName：快照名称。

6.4.3 故障处理

HBase 自带了很多分析工具和调试工具，在命令行输入 hbase 可以查看工具列表。下面简单介绍几个常用的工具，其他工具请参考官网文档。

1．文件检测修复工具 hbck

hbck 工具用于 HBase 文件的检测与修复，可以检测 HMaster、HRegionServer 等节点内存中数据的一致性、完整性，也可以检测 HDFS 中数据的一致性、完整性。在命令行输入 hbase hbck –h 命令可以查看帮助信息，具体如下。

```
tarena@master:/usr/local/hbase2.4.17/conf$ hbase hbck -h
Usage: fsck [opts] {only tables}
where [opts] are:
-help Display help options (this)
-details Display full report of all regions.
```

可以看出，hbck 工具的参数包括基础参数和修复参数（未全部列出）。使用 details 参数可以显示所有 Region 的完整报告，使用 metadata、datafile 等相关参数可以完成数据修复功能。hbck 工具在执行命令的时候，会扫描 Meta 表和 HDFS 根目录中的相关信息，比较数据一致性和完整性，其中，一致性主要检测 Region 是否同时存在于 Meta 表和 HDFS 中，且检查该 Region 是否仅分配给一台服务器；完整性主要检测 Region 与表之间是否有缺失的 Region，以及 Region 的起始键与结束键之间是否有空洞或者重叠等。若存在一致性、完整性问题，则可以使用 fix 相关参数来修复。

2．文件查看工具 hfile

hfile 工具可以查看 HFile 文件的相关内容，具体如下。

```
usage: hfile [-a] [-b] [-e] [-f <arg> | -r <arg>] [-h] [-k] [-m] [-p] [-s] [-v]
       [-w <arg>]
-a,--checkfamily         Enable family check
-b,--printblocks         Print block index meta data
-e,--printkey            Print keys
-f,--file <arg>          File to scan. Pass full-path; e.g.
                         hdfs://a:9000/hbase/hbase:meta/12/34
-h,--printblockheaders   Print block headers for each block.
-k,--checkrow            Enable row order check; looks for out-of-orderkeys
-m,--printmeta           Print meta data of file
-p,--printkv             Print key/value pairs
-r,--region <arg>        Region to scan. Pass region name; e.g. 'hbase:meta,,1'
-s,--stats               Print statistics
-v,--verbose             Verbose output; emits file and meta data delimiters
-w,--seekToRow <arg>     Seek to this row and print all the kvs for this
                         row only
```

例如，使用如下命令查看文件 Student 的统计信息。
```
hbase hfile -s -f /hbase/users/Student
# -s 表示统计
# -f 表示文件名
```

本章小结

任务 6.1 讲解了 HBase 的编程操作。HBase 提供了一些编程语言的 API，如 Java API、Thrift API。通过编程语言操作 HBase 的方法与操作 Shell 的方法大同小异。对于大数据应用程序的开发人员来说，使用自己熟悉的开发语言来熟练操作 HBase 是必须掌握的技能。

任务 6.2 对 HBase 的基本原理进行深入剖析，讲解了 HBase 的数据存储、定位 Region、读取和写入数据，使读者可以更加深入地理解 HBase 底层的运作原理。另外，WAL 机制是 HBase 的一种可靠性机制，可以在内存数据丢失时达到恢复数据的目的。

任务 6.3 讲解了 HBase 的 Region 管理，详细阐述了数据库中 Region 是怎么拆分的、Region 数量过多时怎么进行合并、怎么进行 Region 的负载均衡，并讲解了 HBase 数据表的 RowKey 该如何设计。

任务 6.4 讲解了 HBase 的集群管理，例如 HBase 的运维管理、数据处理、故障处理。

学完本章，读者应掌握以下内容。

1．HBase 的编程操作，能够使用 Java 和 Python 语言对 HBase 的表、数据进行操作。

2．HBase 的基本原理，其中包括数据的存储方式、Region 的定位、WAL 机制。

3．HBase 的 Region 管理，其中包括 Region 的拆分与合并、Region 的负载均衡及表的 RowKey 设计。

4．HBase 的运维管理、数据处理、故障处理等方法。

第 7 章 MongoDB 编程操作、生产环境部署与集群管理

本章主要介绍 MongoDB 的编程操作，其中包括 Java 操作和 Python 操作。

在实际的生产环境中，MongoDB 是以集群方式进行工作的。这种工作方式能够保证在遇到故障时，系统可以及时恢复数据；也能够保障应用程序的正常运行和数据的安全，避免出现单点故障，提高 MongoDB 的高可用性。

【学习目标】
1. 掌握 MongoDB 的编程操作方法。
2. 掌握 MongoDB 复制集部署方法。
3. 掌握 MongoDB 分片集部署方法。
4. 掌握 MongoDB 运维方法。

任务 7.1 MongoDB 编程操作

除了通过启动 mongo 进程来进入 Shell 环境访问数据库外，MongoDB 还提供了其他基于编程语言访问数据库的方法。MongoDB 官方网站提供了 Java 和 Python 语言的驱动包，我们可以利用这些驱动包使用多种编程方法来连接并操作 MongoDB 数据库。

7.1.1 Java 操作 MongoDB

1. 安装 Java 语言驱动包

（1）Maven 方式

我们推荐使用 Maven 方式管理 MongoDB 的相关依赖包。Maven 项目中只需导入如下 pom 依赖包即可。

```
<dependency>
    <groupId>org.mongodb</groupId>
    <artifactId>mongodb-driver</artifactId>
    <version>3.8.2</version>
</dependency>
<dependency>
    <groupId>org.mongodb</groupId>
    <artifactId>bson</artifactId>
```

```
    <version>3.8.2</version>
</dependency>
<dependency>
    <groupId>org.mongodb</groupId>
    <artifactId>mongodb-driver-core</artifactId>
    <version>3.8.2</version>
</dependency>
```

(2) 手动导入

如果手动下载了 MongoDB 驱动包（mongodb-driver），那么还必须下载其依赖项 bson 和 mongodb-driver-core 的安装包。这里需要注意的是，这 3 个安装包需要配合使用，并且版本必须一致，否则运行时系统会报错。

首先安装 MongoDB，我们采用的是 MongoDB 6.0.8 版本；然后安装 Java 开发工具，我们采用 Eclipse 开发工具；最后在 Github 网站下载 mongodb-driver-3.8.2.jar、mongodb-driver-core-3.8.2.jar、bson-3.8.2.jar 等驱动包。安装完成后，我们用 Eclipse 创建项目，并导入需要的包，这样便可以在 Eclipse 中用代码实现 MongoDB 的简易连接。

2. Java 操作 MongoDB

(1) import 基础类库

若要完成 MongoDB 增、删、改、查等操作，就需要导入相关的类库。这里先导入连接数据库、建立客户端、数据库集合和文件操作等所需的类库，具体如下。

```
import com.mongodb.MongoClient;
import com.mongodb.client.MongoDatabase;
import com.mongodb.client.MongoCollection;
```

读者可以根据编程需要添加所需的类库。

(2) 连接数据库

若要连接数据库，则需要指定数据库。如果数据库不存在，则 MongoDB 自动创建数据库。以下代码实现了简易的数据库连接。

```
public class App {
    public static void main(String[] args) {
        try {
            // 连接 MongoDB 服务器，端口号为 27017
            MongoClient mongoClient = new MongoClient("localhost", 27017);
            // 连接数据库
            MongoDatabase database = mongoClient.getDatabase("test");    // test 可选
            System.out.println("Connect to database successfully!");
            System.out.println("MongoDatabase info is : "+mDatabase.getName());
        } catch (Exception e) {
            System.err.println(
                e.getClass().getName() + ": " + e.getMessage());
            }
        }
}
```

(3) 切换至集合

连接至指定数据库以后，使用以下代码切换到集合。如果集合不存在，则使用如下代码新建集合。
```
MongoCollection collection = database.getCollection("myTestCollection");
```
（4）插入文档

切换至集合后，我们就可以进行 MongDB 增、删、改、查等操作。首先定义文档，并使用 append()方法追加内容，代码如下。
```
// 需要先导入 org.bson.Document 基础类库
// import org.bson.Document

Document document = new Document("_id", 1999)
                    .append("title", "MongoDB Insert Demo")
                    .append("description","database")
                    .append("likes", 30)
                    .append("by", "demo point")
                    .append("url", "http://www.test4.com/MongoDB/");
```
在上述代码中，document 表示 BSON 文档，该文档实际上是一个列表，每项有两个元素——字段名和值。文档定义完后，我们使用 insertOne()方法将此文档插入集合，代码如下。
```
collection.insertOne(document);
```
如果插入多条数据，那么需要先定义一个 Document 列表，然后用 add()方法在其中添加多个 Document 元素，最后用 insertMany()方法插入这些数据，代码如下。
```
// 需要先导入 java.util.ArrayList 和 java.util.List 基础类库
// import java.util.ArrayList;
// import java.util.List;

List<Document> documents = new ArrayList<Document>();
documents.add(document1);
documents.add(document2);
collection.insertMany(documents);
```
（5）删除文档

使用 deleteOne()方法删除一个文档，使用 deleteMany()方法删除多个文档，代码如下。
```
collection.deleteOne(document);
collection.deleteMany(new Document("likes", 30));
```
（6）更新数据

使用 updateOne()更新一条数据，代码如下。更新多条数据可用 deleteMany()方法。
```
collection.updateOne(new Document("likes", 30), new Document("$set",
new Document ("likes", 50)));
```
上述代码中，updateOne()方法有两个参数，第一个参数表示更新的内容为("likes", 30)，第二个参数表示要修改的内容，使用$set 参数修改当前值，修改的内容为("likes", 50)。

（7）查询数据

游标可以实现数据的查询和遍历显示。使用游标前需要导入 MongoCursor 类库，代码如下。
```
import com.mongodb.client.MongoCursor;
```

```
MongoCursor<Document> cursor =collection.find().iterator();
try {
    while (cursor.hasNext()) {
        System.out.println(cursor.next().toJson());
    }
}
finally {
    cursor.close();
}
```

(8)其他方法

删除数据库或集合，代码如下。

```
database.drop();
collection.drop();
```

关闭客户端连接，代码如下。

```
mongoClient.close();
```

7.1.2 Python 操作 MongoDB

下面介绍通过 Python 操作 MongoDB 的方法。

1．导入 Python 相关依赖

通过 Python 3.x 访问 MongoDB，需要借助开源驱动库 PyMongo（由 MongoDB 官方提供）。PyMongo 可以直接连接 MongoDB，然后对数据库进行操作。安装 PyMongo 驱动可使用 pip 方式，具体如下。

```
pip install pymongo
```

2．通过 Python 访问 MongoDB 编程实现

（1）建立连接

① 模块引用

Python 连接 MongoDB 的方法比较简单，并且同时支持自动的故障修复，即连接出现故障时会自动重新连接。要在 Python 脚本中连接 MongoDB，首先要导入需要的 PyMongo 库，代码如下。

```
from pymongo import MongoClient
```

然后，使用 MongoClient 对象创建与数据库服务器的连接，代码如下。

```
Client = MongoClient(host = '10.90.9.101', port = 27017)
```

我们可以使用上述代码，通过指定 host 和 port 参数的值来连接到特定集群中的路由服务器，也可通过以下代码连接具体的 mongodb 服务器或副本集（下文将介绍）。

```
Client = MongoClient(host = '10.90.9.102', port = 27018)
Client = MongoClient(host = '10.90.9.101:27018, 10.90.9.102:27018, 10.90.9.103:
27018')
```

② 访问数据库

创建 MongoClient 实例后，我们就可以访问服务器中的任何数据。如果要访问一个数据库，那么可以将它当作属性进行访问，代码如下。

```
db = client.myDB
```

第 7 章 MongoDB 编程操作、生产环境部署与集群管理

我们也可以使用函数方式来访问数据库,代码如下。如果不存在数据库,则系统会自动创建数据库。

```
db = conn.get_database('myDB')
```

(2)集合操作

① 插入文档

在数据库中存储数据时,需要首先指定使用的集合,然后使用集合的 insert_one()方法插入单个文档。以下代码展示了插入单个文档的操作。

```
coll = db.get_collection('myCollection')
post_data = {
    '_id': '10',
    'item': 'book',
    'qty': 18}
result = coll.insert_one(post_data)
```

我们还可以使用 insert_many()方法将多个文档添加到数据库中。此方法的参数可以是列表,具体如下。

```
post_1 = {
    '_id': '11',
    'item': 'book1',
    'qty': 18
}
post_2 = {
    '_id': '12',
    'item': 'book1',
    'qty': 18
}
post_3 = {
    '_id': '13',
    'item': 'book1',
    'qty': 18
}
new_result = coll.insert_many([post_1, post_2, post_3])
```

② 检索文档

我们可以使用 find_one()方法来检索文档,例如使用以下语句找到 item 键为 book 的记录。

```
find_post = coll.find_one({'item': 'book'})
```

如果需要查询多条记录,则可以使用 find()方法,代码如下。

```
find_posts = coll.find({'item': 'book1'})
# 遍历元素
for post in find_posts:
    print(post)
```

③ 更新数据

我们可以使用 update_one()来更新单条数据,或使用 update_many()方法来更新多条数据,并指定更新的条件和更新后的数据。以下代码展示了单条数据的更新。

```
condition = {'item': 'book1'}
```

· 213 ·

```
qty = {'$set': {'qty': 22}}
result = coll.update_one(condition, qty)
```

④ 删除数据

删除操作比较简单，直接调用 delete_one()和 delete_many()方法指定删除条件即可，符合条件的所有数据均会被删除，代码如下。

```
result = coll.delete_one({'item': 'book'})
result = collection.delete_many({'item': book1})
```

3. MongoDB 可视化工具 Robomongo

Robomongo 是一个界面友好且免费的 MongoDB 可视化工具。读者可在 Robomongo 官网下载它的软件安装包。Robomongo 后来被收购了，改名为 Robo 3T，收购前后的两者并没有太大差异。本书提供 Robomongo 的安装，读者可自行选择其他版本。Robomongo 的安装十分简单，安装好的界面如图 7-1 所示。

图 7-1 安装好后的 Robomongo 界面

在 MongoDB Connections 窗口上单击鼠标右键，添加 MongoDB 数据库，这时出现 Robomongo 连接 MongoDB 的界面，如图 7-2 所示。

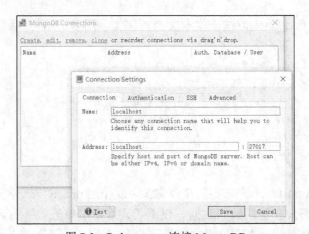

图 7-2 Robomongo 连接 MongoDB

连接成功后，MongoDB 中所有数据库以及集合均显示在 Robomongo 界面左侧的导航栏，如图 7-3 所示。

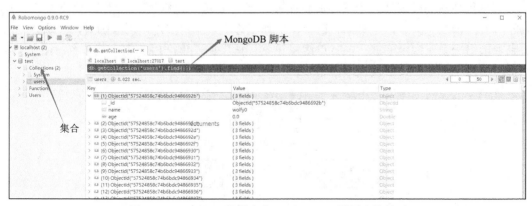

图 7-3　MongoDB 数据库在 Robomongo 界面中的显示

图 7-3 是 Robomango 提供的可视化界面，界面左侧显示存在的集合，中上方的输入框可以输入 MongoDB 脚本。Robomango 可以帮助初学者理解 MongoDB 数据库的概念。

任务 7.2　MongoDB 复制集部署

任务描述：了解 MongoDB 复制集的概念及相关组件，独立完成部署 MongoDB 的三成员复制集，并将其中一个从节点替换为仲裁节点。

7.2.1　复制集架构

所谓的 MongoDB 复制集，是从传统的主从结构（Master-Slave）演变而来的一组 MongoDB 进程，这组进程共同享有一个数据集。复制集通过复制来提供数据冗余，从而提高系统的可靠性。简单来说，这种方式是通过在不同的机器上保存数据的副本来保证数据不会因单点故障而丢失，确保随时能够应对数据丢失、机器损坏等因素带来的风险。一个复制集包含多个数据节点，这些数据节点中只能有一个主节点（Primary），其他节点为从节点。标准三成员复制集可以包括一个主节点和两个从节点，或者包括一个主节点、一个从节点和一个仲裁节点。三成员复制集如图 7-4 所示。

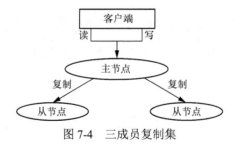

图 7-4　三成员复制集

1. 复制集的组件

（1）主节点

一个复制集的数据节点中只能有一个主节点，它可以进行读/写操作，负责接收客户端的所有写请求，执行完写操作后记录在操作日志上。当主节点出现故障时，系统会在从节点中选出一个作为主节点。主节点恢复正常，再次加入集群后会作为从节点。图 7-5 展示了主节点不可用导致触发选举主节点的情况。

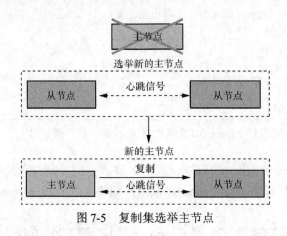

图 7-5 复制集选举主节点

（2）从节点

从节点只能进行读取操作，并不断地同步主节点写入的数据。在默认情况下，应用程序会将其读取操作定向到主节点。有关修改读取操作定向的方法，读者可以参考官方文档。从节点在异步过程中，将主节点记录到操作日志中的操作应用到自己的数据集，从而维护主节点数据集副本。一个复制集可以有一个或多个从节点。

（3）仲裁节点

仲裁节点不存储数据，只记录集群节点数及主节点选举时所进行的仲裁，具有选举权，但不能成为主节点。图 7-6 所示为带有一个仲裁节点的三员复制集。当主节点故障时，仲裁器允许该复制集拥有奇数票，以便于选出新的主节点。仲裁节点和其他节点成员之间的唯一通信是选举期间的投票、心跳信号和配置数据。

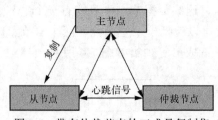

图 7-6 带有仲裁节点的三成员复制集

（4）操作日志

操作日志（Oplog）是一个固定的集合。主节点滚动记录修改数据库数据的所有操作，从节点不断地轮询主节点同步这些操作日志，然后异步处理这些操作并将它们应用于自己的数据集，从而保持与主节点的数据一致。为了便于复制，复制集的所有节点会向其他所有节点发送心跳信号，任意从节点可以从其他节点导入操作日志。在第一次启动复制集的节点时，若没有指定操作日志的大小，则 MongoDB 会给定一个默认的大小。对于 Window 和 UNIX 环境来说，默认的操作日志大小与存储引擎有关系，如表 7-1 所示。

表 7-1 默认的操作日志大小与存储引擎的关系

存储引擎	默认大小	操作日志大小的下限	操作日志大小的上限
内存存储引擎	5%的物理内存	50 MB	50 GB
WiredTiger 存储引擎	5%的可用磁盘空间	990 MB	50 GB

2．数据同步

MongoDB 中有两种数据同步方式：①初始同步，将完整的数据集从一个节点复制到另一个新的节点；②将持续的更改操作应用于整个数据集。

初始同步时可以指定同步的源节点，这需要在启动 MongoDB 的时候指定，具体方法可以参考官方文档。

3．部署架构

复制集的体系结构会影响它的容量和功能，生产环境中采用的标准结构是三成员复制集结构，如图 7-4 所示。除了主节点外，两个从节点不断复制主节点的数据，提供两个完整的数据副本，提高了数据的冗余度和系统可靠性。

还有一种结构，是两个数据节点和一个仲裁节点，图 7-6 展示的是具有仲裁节点的三成员复制集。主节点向外提供服务；从节点存储完整的数据副本，在选举中可以变为主节点；仲裁节点只在选举的时候进行投票，不存储数据，需要很少的资源。这种结构的冗余度和容错性有限。读者也可以根据以下策略在复制集中添加成员。

策略 1：设置最大投票成员数。例如一个复制集中最多可以有 50 个成员，但最多只能有 7 个投票成员。如果复制集中已有 7 个投票成员，则其他的成员必须为非投票成员。

策略 2：部署奇数个成员。确保一个复制集中只有奇数个投票成员。

策略 3：提高容错性。向复制集中增加成员可以增加数据副本的存储节点，以提高容错性。复制集的大小会影响体系的容错性，但不是直接影响，因此读者要根据实际的情况增加节点。

策略 4：根据实际的专用功能添加节点，比如数据备份等。

7.2.2 部署 MongoDB 复制集

下面以常用的三成员复制集为例，讲解复制集的部署方法。如果在一台机器上部署复制集，那么需要在一个机器节点使用配置文件，开启 3 个 mongod 实例进程，然后监听 3 个端口。这里我们介绍复制集的 3 个成员分别部署在 3 台虚拟机上的情况。

1. 一主两从体系结构

我们需要先准备好 3 台虚拟机，环境为 Ubuntu 18.04 LTS；然后为每台虚拟机配置静态 IP 地址，并分别定义对应的域名，例如配置 192.168.43.111 为主节点，192.168.43.112、192.168.43.113 为从节点。具体的静态 IP 分配可根据实际的网络进行配置。之后，我们在每个虚拟机系统中配置 /etc/hosts 文件，添加的内容如下。

```
192.168.43.111    primary
192.168.43.112    secondary1
192.168.43.113    secondary2
```

准备工作完成后，接下来在每台虚拟机中安装 MongoDB。这里使用的是 MongoDB 6.0.8 版本，安装方法可以参考前面章节。

部署复制集的步骤如下。

步骤 1：关闭默认的 mongod 进程，防止 27017 端口被占用。

```
pgrep mongo -l # 查看 mongo 是否启动
kill 5832 # 如果以上命令查到的进程 pid 为 5832
```

步骤 2：使用具体的配置文件开启 mongod 进程。为了防止权限问题导致进程启动失败，这里要切换为 root 权限。3 个节点分别开启 mongod 进程的方法如下。

```
sudo -s  # 防止权限问题导致启动失败
mongod --config  /usr/local/mongo/mongo.conf--fork # fork 表示后台运行
```

在上面代码中，/usr/local/mongo/mongo.conf 这个配置文件是用户定义的，其含义是先在 /usr/local 目录下创建一个文件夹 mongo，再在该文件夹下创建 mongo.conf 配置文件。mongo.conf 配置文件的内容如下。

```
cd /usr/local
sudo mkdir mongo
cd mongo
sudo vim mongo.conf
# 在配置文件中编辑如下内容
systemLog:
    destination: file
    path: /usr/local/mongo/mongodb.log
    logAppend: true
storage:
    dbPath: /usr/local/mongo/data   # 数据存储目录需要手动进行创建
    journal:
        enabled: true
processManagement:
    fork: true # 后台启动进程
net:
    bindIp: master # 绑定的 IP
    port: 27017 # 监听的端口
setParameter:
    enableLocalhostAuthBypass: false
replication:
    oplogSizeMB: 100
    replSetName: my_repl   # 复制集的名字,节点之间必须一致
```

在编辑配置文件时，需要注意相应的空格和缩进，否则会影响 mongod 进程的启动。数据存储目录 dbPath 需要手动进行创建，我们在 mongo 目录下创建了一个 data 目录。replSetName 是配置的复制集的名字。当有多个复制集时，每个复制集应该有一个唯一的名字，便于应用程序区分。一个复制集中的主从节点在配置文件中应该指定同一个名字，因为它们属于同一个复制集。

步骤 3：选择一个节点，使用 MongoDB 客户端进行连接，这里选择指定的主节点，代码如下。

```
mongosh --host master --port 27017
```

在 MongoDB Shell 中进行以下配置和初始化。

```
> var rsconf = {_id:"my_repl",members:
[{_id:1,host:"192.168.43.111:27017"},{_id:2,host:"192.168.43.112:27017"},
{_id:3,host:"192.168.43.113:27017"}]}    # 定义配置文件
> rs.initiate(rsconf)                     # 使用配置文件初始化
> rs.status( )                            # 查看复制集的状态
```

rsconf 配置文件中的第一个 id 为复制集的名字，其他 id 为对应节点的编号。至此，一主两从的三成员复制集已经部署完成。部署结果如图 7-7 所示。

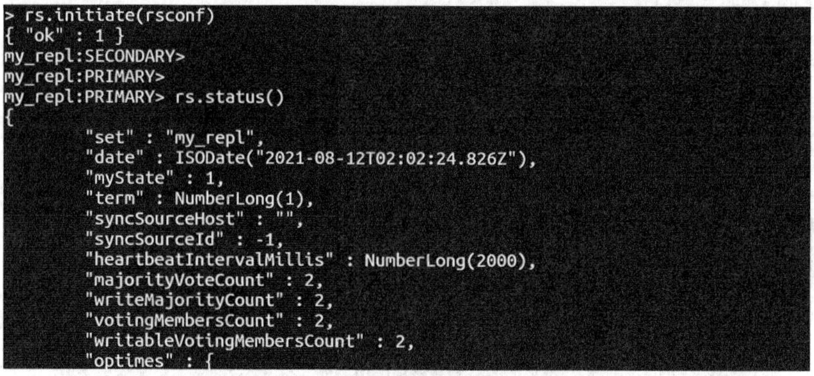

图 7-7 一主两从的三成员复制集部署结果

MongoDB Shell 中还有一些其他的操作，比如增加从节点、删除从节点等，所用方法如下。

```
>rs.add("ip:port")       # 增加从节点，从节点必须启动 mongod 进程
>rs.remove("ip:port")    # 删除从节点
>rs.config( )            # 查看配置对象
```

2．一主一从一仲裁体系结构

仲裁节点在添加到复制集之前是一个单独运行的 mongod 进程，可以使用自定义配置文件方式运行。这里我们不再重新搭建结构，而是在上文的一主两从体系结构的基础上直接修改，先在复制集中删除一个从节点，然后增加一个仲裁节点。删除从节点的代码如下。

```
mongosh --host  master --port 27017    # 客户端连接，进入 Shell 命令环境
>rs.remove("slave1:27017")              # 删除 slave1 的从节点
```

将上述从节点的 mongod 进程停止，开启一个仲裁节点的 mongod 进程，具体代码如下。

```
cd /usr/local/mongo     # 进入 mongo 目录
sudo mkdir arb          # 创建仲裁节点的数据目录，但是该目录不会存储数据集
sudo vim arb.conf       # 创建仲裁节点的配置文件
```

```
#编辑如下内容
systemLog:
    destination: file
    path: /usr/local/mongo/mongodb.log
    logAppend: true
storage:
    dbPath: /usr/local/mongo/arb    # 该目录需要手动创建
    journal:
        enabled: true
processManagement:
    fork: true    # 后台启动
net:
    bindIp: slave1
    port: 27017
setParameter:
    enableLocalhostAuthBypass: false
replication:
    replSetName: my_repl    # 需要加入复制集的名字
```

使用该配置文件启动 mongod 进程,代码如下。

```
sudo -s    # 切换到 root 权限
mongod --config /usr/local/mongo/arb.conf --fork  # fork 表示后台运行
```

至此,从节点(slave 1)服务器上的 27017 端口成功开启了一个仲裁节点进程,接下来在主节点上将该仲裁节点加入复制集。切换到主节点,在其上执行如下操作。

```
>rs.addArb("slave1:27017")    # 增加仲裁节点
>rs.status()    # 查看复制集状态
```

得到的结果如图 7-8 所示,可以看到仲裁节点加入成功。

```
{
    "_id" : 4,
    "name" : "slave1:27017",
    "health" : 1,
    "state" : 7,
    "stateStr" : "ARBITER",
    "uptime" : 163,
    "lastHeartbeat" : ISODate("2021-08-12T03:55:22.708Z"),
    "lastHeartbeatRecv" : ISODate("2021-08-12T03:55:22.721Z"),
    "pingMs" : NumberLong(0),
    "lastHeartbeatMessage" : "",
    "syncSourceHost" : "",
    "syncSourceId" : -1,
    "infoMessage" : "",
    "configVersion" : 4,
    "configTerm" : 1
}
```

图 7-8 成功添加的仲裁节点

任务 7.3 MongoDB 分片集部署

任务描述:掌握 MongoDB 分片集的架构及部署方法,能够在复制集的基础上完成 MongoDB 的分片集部署。

7.3.1 分片集架构

1．分片集的组件

（1）分片

分片集群中的所有分片一起存储集群的整个数据集合，单独的一个分片仅仅存储数据集的一个子集。对于单个分片查询，系统仅返回数据集的子集，执行集群级别的操作则需要连接到 mongos。在 MongoDB 6.0.8 版本中，每个分片必须部署为一个复制集，以提高集群的可靠性。

在分片集群中，每个数据库有一个主分片，用于保存尚未分片的数据集合。新数据库在创建时也要选择主分片。图 7-9 中 Shard A 是当前数据库的主分片，Collection 2 是尚未进行分片的数据集合，暂时存储在主分片中，而 Collection 1 中的数据已经进行分片，分别存储在 Shard A 和 Shard B 中。

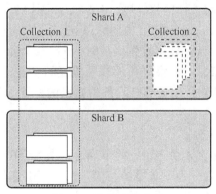

图 7-9　数据库的分片

（2）路由器

mongos 可充当查询路由器，提供客户端应用程序和指定分片集群之间的接口服务，如图 7-10 所示。mongos 将客户端应用程序的请求转发给 mongod 实例。mongos 没有持久状态，只需要较少的系统资源。在生产环境中，部署多个 mongos 可实现系统的高可用性和可扩展性。

将 mongos 部署在应用程序服务器上，可以减少应用程序和路由器之间的网络时延。

将 mongos 部署在专用主机上，使应用程序服务器的数量与 mongos 实例数量分离，这样可以更好地控制与 mongod 进程的连接数量。MongoDB 的大规模部署往往采用这种方法。

将 mongos 部署在分片集群的主机上，此时 mongos 实例可以使用更多的内存，并且不与 mongod 进程共享内存。

在生产环境中，mongos 的数量原则上是没有限制的，可以尽可能多。但是，mongos 需要经常与配置服务器进行通信，随着 mongos 数量的增加，配置服务器的通信压力会增大，性能会有所下降，所以生产环境中不能盲目地增加 mongos，还要考虑配置服务器的性能。

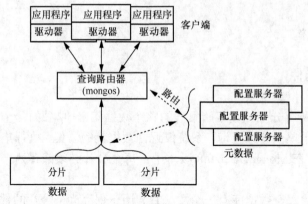

图 7-10　mongos 充当查询路由器

（3）配置服务器

配置服务器用于存储集群的元数据和配置，其中，元数据反映了分片集群中所有数据和组件的状态，如每个分片上的块列表以及定义块的范围。在 MongoDB 6.0.8 中，配置服务器必须部署为复制集。mongos 通过与配置服务器通信来缓存元数据，并将元数据用于路由器的读取和写入操作。当元数据发生更改时，mongos 会更新缓存的数据。配置服务器还存储身份验证的配置信息，如集群内部身份验证的设置。另外，MongoDB 使用配置服务器来管理分布式锁。每个分片集群必须部署自己的配置服务器，不同的分片集群不能共享配置服务器。

2．分片键

分片键是索引字段或复合索引字段，用于确定数据集合在分片集群中的分布。具体来说，MongoDB 将分片键值划分为不重叠的范围，每个范围都与一个块（Chunk）相关联。图 7-11 所示集合按照分片键 x 进行分片，每个分片键值范围对应一个块。

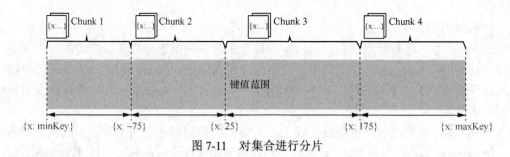

图 7-11　对集合进行分片

集合文档在进行分片时必须指定分片键，分片键决定了 MongoDB 如何在分片之间分发集合的文档。MongoDB Shell 客户端中的 sh.shardCollection() 方法可以对集合进行分片。

3．分片操作

使用 MongoDB Shell 客户端连接到 mongos 实例（和 mongod 进程一样使用自定义配置文件进行启动），然后使用 sh.shardCollection(namespace, key, unique, options) 方法将集合以 key 作为分片键值进行分片。该方法中参数的含义如下。

- namespace 表示要分片的集合的完整命名空间。若数据库为 people，集合为 records，则完整命名空间为 people.records。
- key 表示指定用作分片键的一个或多个字段的文档，其格式为 { <field1>: <1| "hashed">, ...}，其中，"hashed"表示字段值可以为 1，也可以为"hashed"，字段值为 1 时表示基于范围的分片键，为"hashed"表示散列的分片键。索引必须支持分片键，即索引必须在 shardCollection 命令之前已经存在。如果集合为空，且支持分片键的索引不存在，那么 MongoDB 会在分片集合之前创建索引。
- unique 为可选参数，默认值为 false。其值可以指定为 true，以确保基础索引强制执行唯一约束。使用散列分片键时，该参数值不能指定为 true。如果指定了 options 参数的值，则该参数的值也必须明确指定。
- options 可选参数，包含可选字段的文档。

例如在数据库 people 中有 records 集合，下面使用 zipcode 字段作为分片键对集合进行分片，代码如下。

```
sh.shardCollection("people.records", { zipcode: 1 } )   # 基于范围的分片键
```

又如对 phonebook 数据库中的 contacts 集合以 last_name 字段作为散列分片键进行分片，其中，对空集合的初始分片的块数为 5。代码如下。

```
sh.shardCollection(
    "phonebook.contacts",        # 集合完整命名空间
    { last_name: "hashed" },     # 散列分片键值
    false,                       # 使用散列分片键时，unique 参数值为 false
    {#option 选项
        numInitialChunks: 5,     # 指定使用散列分片键对空集合进行分片时最初创建的最小块数
        collation: { locale: "simple"}   # 排序规则文档
    })
```

以上对集合文档进行分片的操作一旦执行，便无法撤销。

7.3.2 MongoDB 分片集部署

生产环境中的集群需确保数据是冗余的，并且系统具有高可用性，因此在生产环境中部署分片集群时，需要考虑以下几点。
- 将配置服务器部署为三成员复制集。
- 将每个分片 Shard 部署为一个三成员复制集。
- 部署一个或多个 mongos。

在开发、测试环境中，分布集群的部署没有这么复杂，只需使用少量组件和配置，具体如下。
- 至少一个分片，基于单成员复制集。
- 配置服务器，基于单成员复制集。
- 路由器，基于单个 mongos 实例。

我们以开发环境为例，讲解分片集群的搭建和部署。这里先准备好 3 台服务器（也可采用虚拟机）。分片集群的部署需要复制集，我们采用单成员复制集的方法来简化部署该

过程。分片集具体的规划为：将 192.168.43.111 作为路由器 mongos 实例节点，将 192.168.43.112 作为分片复制集，将 192.168.43.113 作为配置服务器复制集。这里的服务器配置的是静态 IP 地址，如果用户的 Ubuntu 环境尚未配置静态 IP 地址，那么先根据自己实际的网络配置 IP 地址，然后在每个 Ubuntu 环境中配置/etc/hosts 文件，添加的内容具体如下。

```
192.168.43.111  my_router
192.168.43.112  my_shard
192.168.43.113  my_confsvr
```

下面开始部署分片集群，步骤如下。

步骤 1：在每台服务器上关闭默认的 mongod 进程或者已经部署的复制集，防止 27017 端口被占用。代码如下。

```
pgrep mongo -l  # 查看mongo 的进程 pid
kill 5832  # 如果以上命令查到的进程pid 为5832
sudo netstat -lnp | grep 27017
# 查看端口 27017 是否被占用，若该端口被占用，则"杀掉"相应的进程
```

步骤 2：部署配置服务器的单成员复制集，在 my_confsvr（对应 192.168.43.113）上使用自定义的配置文件开启 mongod 进程。代码如下。为了防止权限问题造成的进程启动失败，操作系统的角色需要先切换为 root 角色。

```
sudo -s  # 防止权限问题造成的启动失败
mongod --config  /usr/local/mongo/confsvr.conf  # 启动mongod 实例进程
# 配置文件confsvr.conf 内容如下
sharding:
    clusterRole: configsvr
replication:
    replSetName: confsvr_rs  # 配置服务器的复制集名称
net:
    bindIp: my_confsvr  # 绑定的服务器域名
    port: 27017
storage:
    dbPath: /usr/local/mongo/confsvr  # 数据存储目录需手动创建
processManagement:
    fork: true  # 通过守护进程的方式启动配置服务器
systemLog:
    destination: file
    path: /usr/local/mongo/confsvr.log
    logAppend: true
```

上述代码运行后的结果如图 7-12 所示，这表示 mongod 进程成功启动。

```
root@lauf-virtual-machine:/usr/local/mongo# mongod -f /usr/local/mongo/confsvr.conf
about to fork child process, waiting until server is ready for connections.
forked process: 3412
child process started successfully, parent exiting
root@lauf-virtual-machine:/usr/local/mongo#
```

图 7-12 成功启动 mongod 进程

通过 MongoDB Shell 连接到该 mongod 进程，代码如下。

```
mongo --host my_confsvr --port 27017
>rs.initiate(
    {
        _id: "confsvr_rs",
        configsvr: true,
        members: [
            { _id : 0, host : "my_confsvr:27019" },
        ]
    }
)
```

步骤3：配置分片的单成员复制集，在 my_shard（对应192.168.43.112）服务器上运行如下代码。

```
sudo -s
mongod --config  /usr/local/mongo/shard.conf --fork
# 配置文件 shard.conf 内容如下
sharding:
    clusterRole: shardsvr
replication:
    replSetName: shard_rs
net:
    bindIp: my_shard
    port: 27017
storage:
    dbPath: /usr/local/mongo/shard   # 手动创建该目录
processManagement:
    fork: true   # 后台启动
systemLog:
    destination: file
    path: /usr/local/mongo/shard.log
    logAppend: true
```

使用 MongoDB Shell 连接 mongod 进程，代码如下。

```
mongosh --host my_shard --port 27017
>rs.initiate(
    {
        _id : "shard_rs",
        members: [
            { _id : 0, host: "my_shard:27017" },
        ]
    }
)
```

步骤4：配置并连接 mongos。在 my_router（对应192.168.43.111）服务器上运行如下代码。

```
sudo -s
mongos --config  /usr/local/mongo/mongos.conf --fork
# 将配置文件 mongos.conf 的内容修改为如下内容
sharding:
    configDB: confsvr_rs/my_confsvr:27017
net:
    bindIp: my_router
```

```
    port: 27017
processManagement:
    fork: true    # 后台启动进程
systemLog:
    destination: file
    path: /usr/local/mongo/router.log
    logAppend: true
```

在上述代码中，configDB 配置项的格式为：confsvr_rs/my_confsvr:27017，其中，confsvr_rs 表示配置服务器的复制集名称，my_confsvr 表示复制集中节点的 IP 地址，27017 为端口号。

启动 mongos 实例后，下面连接 mongos 实例，使用 sh.addShard() 方法将所有的分片增加到分片集群中，代码如下。

```
mongo --host my_router --port 27017
>sh.addShard("shard_rs/my_shard:27017,")
```

在 sh.addShard() 方法中，shard_rs 表示分片复制集的名称，my_shard 表示复制集节点，27017 为端口号。

每将一个分片复制集加入分片集群时，注意在左斜线（/）后写出该复制集的所有节点，如/my_shard:27017。图 7-13 展示了将分片复制集成功加入分片集群的结果。

```
mongos> sh.addShard("shard_rs/my_shard:27017")
{
        "shardAdded" : "shard_rs",
        "ok" : 1,
        "operationTime" : Timestamp(1628857720, 9),
        "$clusterTime" : {
                "clusterTime" : Timestamp(1628857720, 9),
                "signature" : {
                        "hash" : BinData(0,"AAAAAAAAAAAAAAAAAAAAAAAAAAA="),
                        "keyId" : NumberLong(0)
                }
        }
}
```

图 7-13 分片复制集成功加入分片集群

步骤 5：在分片集群中添加 people 数据库，并为该数据库启用分片。MongoDB 会为数据库分配一个主分片，此时数据库中添加的所有集合数据会被存储在主分片上。只有为数据库启用分片后，才可以对其内部的集合文档进行分片，之后集合的数据才能尽可能均匀地分布在分片集群的各个分片中。代码如下。

```
# 连接到 mongos 实例（路由实例）进程上，才可以操作整个分片集群
mongosh --host my_router --port 27017
>use people;    # 创建数据库
>sh.enableSharding("people")    # 为 people 数据库启用分片
>db.createCollection("records")    # 创建一个集合
>db.records.insertMany([{name: "Jack",age:23},{name:"Lucy",age:20}])
># 为集合 records 的 name 字段创建升序索引
>db.records.createIndex({"name":1})
># 分片 records 集合
>sh.shardCollection("people.records",{"name":1})
```

如图 7-14 展示了 records 集合成功分片的结果。

图 7-14 集合成功分片

至此，MongoDB 分片集群的部署已经完成。我们在这里仅以开发环境为例，介绍的部署过程相对来说还是很简单的。读者可以自己尝试练习部署生产环境下的分片集群。

任务 7.4 MongoDB 运维

任务描述：掌握 MongoDB 的运维操作，完成数据库的数据备份和数据恢复，熟悉 MongoDB 服务性能的监控方法。

7.4.1 数据备份

在 MongoDB 中，有两组命令可以实现数据的备份，它们分别是 mongoexport 和 mongoimport、mongodump 和 mongorestore。

1. mongoexport 和 mongoimport 命令

mongoexport 是数据导出命令，可以将数据库中的集合导出为指定的文件格式（如 JSON、CSV），实现数据的备份。该命令可使用的参数具体如下。

```
mongoexport --help
Usage:
  mongoexport <options> <connection-string>
Export data from MongoDB in CSV or JSON format.
Connection strings must begin with mongodb:// or mongodb+srv://.
general options:
      --help                                print usage
      --version                             print the tool version and exit
      --config=                             path to a configuration file
verbosity options:
  -v, --verbose=<level>                     more detailed log output
      --quiet                               hide all log output
connection options:
  -h, --host=<hostname>                     mongodb host to connect to
                                            (setname/host1,host2 for replica sets)
      --port=<port>                         server port (can also use --host
                                            hostname:port)
```

```
authentication options:
   -u, --username=<username>                    username for authentication
   -p, --password=<password>                    password for authentication
   --authenticationDatabase=<database-name>     database that holds the user's
                                                credentials
   --authenticationMechanism=<mechanism>        authentication mechanism to use
namespace options:
   -d, --db=<database-name>                     database to use
   -c, --collection=<collection-name>           collection to use
uri options:
   --uri=mongodb-uri                            mongodb uri connection string
output options:
  -f, --fields=<field>[,<field>]*     comma separated list of field names
                                      (required for exporting CSV) e.g. -f
                                      "name,age"
  --fieldFile=<filename>              file with field names - 1 per line
  --type=<type>                       the output format, either json or csv
  -o, --out=<filename>                output file; if not specified, stdout
                                      is used
  --jsonArray                         output to a JSON array rather than one
                                      object per line
  --pretty                            output JSON formatted to be human-readable
  --noHeaderLine                      export CSV data without a list of field
                                      names at the first line
  --jsonFormat=<type>                 the extended JSON format to output,
                                      either canonical or relaxed (defaults
                                      to 'relaxed') (default: relaxed)
querying options:
  -q, --query=<json>                  query filter, as a JSON string, e.g.,
                                      '{x:{$gt:1}}'
  --queryFile=<filename>              path to a file containing a query
                                      filter (JSON)
  --readPreference=<string>|<json>    specify either a preference mode (e.g.
                                      'nearest') or a preference json object
```

可以看出,mongoexport 命令的参数很多。我们整理了一些常用的参数,如表 7-2 所示。

表 7-2　mongoexport 命令常用的参数

参数	参数描述
-h	数据库所在服务器主机
--port	监听的端口号
-u	数据库授权的用户
-p	用户的密码
--authenticationDatabase	认证用户的数据库,存储了用户的授权证书
-d	指定具体的数据库
-c	指定数据库中具体的集合

续表

参数	参数描述
-f	导出的字段，多个字段用逗号分隔
--type	导出的文件格式
-o	导出的文件名
-q	导出数据的查询条件

下面我们通过一个案例，展示 mongoexport 如何进行数据备份。首先连接到分片集群的 mongos，创建一个用户 admin；然后使用该用户将数据库 people 中的 records 集合备份到 people_records.csv 文件中，导出字段 name 和 age 的数据。代码如下。

```
root@master:~# mongo --host my_router --port 27017
mongos> show dbs;
admin   0.000GB
config  0.002GB
people  0.000GB
mongos> use admin;
switched to db admin
mongos> db.createUser({user:"admin",pwd:"admin",roles:[{role:"root",db:"admin"}
]})
Successfully added user: {
    "user" : "admin",
    "roles" : [
        {
            "role" : "root",
            "db" : "admin"
        }
    ]
}
mongos> exit
root@master:~# mongoexport --host my_router --port 27017 -u admin -p admin
--authenticationDatabase admin -d people -c records --type csv -f name,age -o
people_records.csv
2023-08-14T12:20:30.806+0800    connected to: mongodb://my_router:27017/
2023-08-14T12:20:30.961+0800    exported 4 records
root@master:~# ls
Downloads  people_records.csv  temp
```

接下来我们使用 mongoimport 命令从 JSON 或 CSV 文件中将数据导入 MongoDB。案例代码如下。

```
root@master:~# mongoimport --host my_router --port 27017 -u admin -p admin
--authenticationDatabase admin -d people -c testImport --type csv --headerline
--file people_records.csv   --drop
2023-08-14T13:02:45.181+0800    connected to: mongodb://my_router:27017/
2023-08-14T13:02:45.181+0800    dropping: people.testImport
2023-08-14T13:02:45.197+08005 document(s) imported successfully. 0 document(s)
failed to import.
```

如果指定数据库或者集合不存在，那么 MongoDB 会自动创建该数据库或集合。

我们列出了一些 mongoimport 命令常用的参数，如表 7-3 所示。

表 7-3 mongoimport 命令常用的参数

参数	参数描述
-h	数据库所在服务器主机
--port	监听的端口号
-u	数据库授权的用户
-p	用户的密码
-d	指定具体的数据库
-c	指定数据库中具体的集合
-f	指定导入的字段，多个字段用逗号分隔
--file	导入的文件名
--type	导入的文件格式 JSON/CSV
--headerline	第一行作为字段列表，此时不能再用-f
--authenticationDatabase	认证用户的数据库，存储了用户的授权证书
--drop	导入前先删除集合

2. mongodump 和 mongorestore 命令

mongodump 命令导出数据的参数，其功能和 mongoexport 命令差不多；mongorestore 命令导入数据的参数，其功能和 mongoimport 命令差不多，读者在使用时可以通过--help 命令来查看具体的帮助信息。下面我们通过一些案例来说明 mongodump 和 mongorestore 命令的使用方法。

将 people 数据库备份到当前目录，并进行压缩，代码如下。

```
root@master:~# mongodump --host my_router --port 27017 -u admin -p admin --authenticationDatabase admin -d people -o ./ --gzip
2023-08-14T13:20:52.827+0800 writing people.records to people/reco-rds bson.gz
2023-08-14T13:20:52.828+0800 writing people.testImport to people/te-st Import.bson.gz
2023-08-14T13:20:52.837+0800 done dumping people.records (4 docs)
2023-08-14T13:20:52.837+0800 done dumping people.testImport (5 docs)
```

上述代码备份的是整个 people 数据库。若要备份单个集合，则通过-c 参数指定具体的集合名称即可。

将刚备份的 people 数据库恢复到 people2 数据库中，原来的 people2 数据库则被删除，代码如下。

```
root@master:~# mongorestore --host my_router --port 27017 -u admin -p admin --authenticationDatabase admin -d people2 --drop --dir people/ --gzip
```

若要恢复单个集合，则将--dir 参数值指定为具体的备份文件即可，代码如下。

```
root@master:~# mongorestore -host my_router -port 27017 -u admin -p admin
-authentication Database admin -d people2 -c records -drop
--dir people/record-s.bson.gz -gzip
```

以上两组命令都可以进行数据的备份和恢复，那么它们之间有什么区别呢？具体对比如表 7-4 所示。

表 7-4 两组命令的对比

MongoDB 工具	作用	特点
mongoexport/mongoimport	导入/导出 JSON 文件	不受 MongoDB 版本影响； 可读性强、体积较大等特点； 只保留数据部分，不保留索引等元数据
mongodump/mongorestore	导入/导出 BSON 文件	可读性差、体积小； 可能会随版本不同而有所不同； 受 MongoDB 版本影响二进制文件

7.4.2 性能监控

MongoDB 开始提供服务后，我们必须了解它的运行状况，如 CPU、内存、硬盘等资源的使用情况，以保证大流量情况下 MongoDB 的正常运行。MongoDB 提供了两个命令来监控其运行情况，这两个命令分别是 mongostat 和 mongotop。

1. mongostat 命令

mongostat 命令是 MongoDB 提供的命令行状态检测命令，该命令可以每秒刷新一次，获取 MongoDB 当前的运行状态，实时显示数据库的读/写、读/写等待队列等情况。如果数据库运行速度突然变慢或者出现其他问题，那么应首先考虑使用 mongostat 命令来查看 MongoDB 的状态。mongostat 命令的参数如表 7-5 所示。

表 7-5 mongostat 命令的参数

参数	参数描述
insert	每秒的插入数据量
query	每秒的查询数据量
update	每秒的更新数据量
delete	每秒的删除数据量
conn	当前连接数
qr|qw	客户端读/写队列的长度，值为 0 表示运行状态良好，值大于 0 表示服务处理速度慢
ar|aw	活跃客户端的数量
time	当前时间

mongostat 命令既可以连接 mongos 实例，也可以连接 mongod 实例，具体使用方式如下。
```
root@master:~# mongostat --host my_router --port 27017
```

此时，终端窗口会以秒为单位不停地打印状态信息。若要查看指定多条信息，可以通过 -n 参数指定具体的条数。mongostat 命令的其他参数可以使用 --help 命令进行查看。

2. mongotop 命令

mongotop 命令是 MongoDB 数据库提供的另一个命令行状态检测命令，它只能连接 mongod 实例。mongotop 命令的参数如表 7-6 所示。

表 7-6 mongotop 命令的参数

参数	功能说明
ns	数据库命名空间，结合数据库名称和集合
total	mongod 在这个命名空间花费的总时间
read	mongod 在这个命名空间读取所花费的时间
write	mongod 在这个命名空间写入所花费的时间

mongotop 命令具体的使用方法与 mongostat 命令差不多，具体操作如下。

```
root@master:~# mongotop --host my_shard --port 27017 -n 2
```

除了以上两个性能监控命令，MongoDB 还提供一些数据库级别的监控方法，例如，查看某个数据库当前执行的操作，可以使用 db.currentOp()方法；如果某个操作耗费时间过长，那么可以使用 db.killOp(opid)方法停止该操作。另外，使用 db.setProfilingLevel()方法可以设置 MongoDB 的 profiler 系统分析器，其中，profiler 系统分析器可用于采集与分析慢操作的数据请求，它在默认情况下是关闭的。查看 profiler 系统分析器的当前级别可以使用 db.getProfilingLevel()方法，其中，级别值为 0、1、2，0 表示 profiler 系统分析器已关闭，并且不收集任何数据；1 表示 profiler 系统分析器收集所花费的时间超过 slowms 值的数据；2 表示 profiler 系统分析器收集所有操作的数据。profiler 系统分析器的设置方法如下。

```
shard_rs:PRIMARY> db.getProfilingLevel()
0
shard_rs:PRIMARY> db.setProfilingLevel(1)
shard_rs:PRIMARY> db.setProfilingLevel(1,{slowms:90})
# slowms 操作阈值为毫秒级，操作所耗费的时间大于此阈值则被认为是慢操作，会被记录到慢操作日志中。
# 该日志所在位置为test 数据库下的一个固定集合system.profile
```

本章小结

在任务 7.1 中，本章通过 Python 和 Java 操作 MongoDB 的实例介绍了 MongoDB 的编程操作。在任务 7.2 中，本章介绍了 MongoDB 复制集组件、数据同步、部署架构，让读者了解复制集是什么样的；然后讲解了复制集的集群部署和复制集的搭建方法。在任务 7.3 中，本章讲解了 MongoDB 分片集的组件、键、分片操作及分片集群部署。在任务 7.4 中，本章讲解了 MongoDB 常用的运维操作，实现了对 CPU、内存、硬盘等资源使用情况的监控，并介绍了数据的备份和恢复命令及方法。

学完本章，读者应该掌握如下知识。

第 7 章　MongoDB 编程操作、生产环境部署与集群管理

1．MongoDB 的编程操作，能够通过 Python 和 Java 操作 MongoDB。

2．MongoDB 复制集的概念及相关组件的用法，掌握 MongoDB 的复制集架构及三成员复制集的部署方法。

3．MongoDB 分片集架构及部署方法，掌握在复制集的基础上部署分片集的方法。

4．MongoDB 运维的相关操作，如数据备份、数据恢复、性能监控。

第 8 章　Redis 编程操作与生产环境部署

本章首先介绍如何使用 Java 编程来操作 Redis 数据库，然后介绍 Redis 的主从模式、哨兵模式配置、集群配置等实际应用中不同模式配置下的基本作业和架构，以及它们的部署方式，并对相应的配置文件进行阐述。

【学习目标】
1．学会通过 Java 编程实现对 Redis 的操作和应用。
2．掌握 Redis 主从模式的基本作业和架构，完成该模式的部署配置。
3．掌握 Redis 哨兵模式的基本作业和架构，完成该模式的部署配置。
4．掌握 Redis 集群模式的基本作业和架构，完成该模式的部署配置。

任务 8.1　Redis 编程操作

任务描述：认识并掌握编程操作 Redis 的方法，理解 Redis 的驱动相关内容，掌握 Java 实现 Redis 的增删改查基本操作。

8.1.1　下载 Redis 驱动

在 Java 中使用 Redis 之前，需要先确保工作机器上已经安装了 Redis 服务和 Redis 驱动，并且能正常使用 Java。Java 的安装配置可以参考 Java 开发环境配置的相关内容。

Jedis 是一款 Java 操作 Redis 的客户端工具，本书推荐使用该工具对 Redis 进行 API 编程操作。请读者下载新版本的 jedis.jar 驱动包，并将驱动包引入 classpath 项目下。

我们从本书配套资源中获取 Jedis 的 Java 类包 jedis-4.4.0.jar，读者也可以从网络上下载 Jedis 的 Java 类包。

Maven 是一个项目管理工具。如果使用 Maven 来做项目管理，那么可以用以下配置代码来设置依赖。

```
<dependency>
    <groupId>redis.clients</groupId>
    <artifactId>jedis</artifactId>
    <version>4.4.0</version>
</dependency>
```

8.1.2 Redis 相关操作

1. 连接 redis 服务

实例如下。

```java
import redis.clients.jedis.Jedis;
public class RedisJava {
    public static void main(String[] args) {
        // 连接 Redis 服务
        Jedis jedis = new Jedis("localhost");
        // 如果 Redis 服务设置了密码，则删除下一行的注释符号，没有则不需要删除
        // jedis.auth("123456");
        System.out.println("连接成功");
        System.out.println("服务正在运行: " + jedis.ping());
    }
}
```

编译以上 Java 程序，以检验驱动包的安装路径是否正确。得到的运行结果如下。

```
连接成功
服务正在运行: PONG
```

2. Redis Java String（字符串）数据类型的操作

实例如下。

```java
import redis.clients.jedis.Jedis;
public class RedisStringJava {
    public static void main(String[] args) {
        // 连接 Redis 服务
        Jedis jedis = new Jedis("localhost");
        System.out.println("连接成功");
        // 设置 Redis 字符串数据
        jedis.set("testkey", "测试value");
        // 获取存储的数据并输出
        System.out.println("redis 存储的字符串为: " + jedis.get("testkey"));
    }
}
```

得到的运行结果如下。

```
连接成功
redis 存储的字符串为:测试value
```

3. Redis Java List（列表）数据类型的操作

实例如下。

```java
import java.util.List;
import redis.clients.jedis.Jedis;
public class RedisListJava {
    public static void main(String[] args) {
        // 连接本 Redis 服务
        Jedis jedis = new Jedis("localhost");
        System.out.println("连接成功");
```

```
        // 存储数据
        jedis.lpush("site-list", "Runoob");
        jedis.lpush("site-list", "Google");
        jedis.lpush("site-list", "Taobao");
        // 获取存储的数据并输出
        List<String> list = jedis.lrange("site-list", 0 ,2);
        for(int i = 0; i<list.size(); i++ ) {
            System.out.println("列表项为: " + list.get(i));
        }
    }
}
```

得到的运行结果如下。

```
连接成功
列表项为: Taobao
列表项为: Google
列表项为: Runoob
```

4．Redis Java Keys 数据类型的操作

实例如下。

```
import java.util.Iterator;
import java.util.Set;
import redis.clients.jedis.Jedis;
public class RedisKeyJava {
    public static void main(String[] args) {
        // 连接 Redis 服务
        Jedis jedis = new Jedis("localhost");
        System.out.println("连接成功");
        // 获取数据并输出
        Set<String> keys = jedis.keys("*");
        Iterator<String> it = keys.iterator() ;
        while(it.hasNext()){
            String key = it.next();
            System.out.println(key);
        }
    }
}
```

得到的运行结果如下。

```
连接成功
runoobkey
site-list
```

任务 8.2　Redis 主从模式

任务描述：熟悉 Redis 主从模式，掌握 Redis 主从模式的部署方法，了解 Redis 主从模式的应用方法。

8.2.1 Redis 主从复制的作用和架构

主从复制的工作原理如下。Slave 节点服务启动并连接到 Master 节点之后，主动发送一个同步命令。Master 节点收到同步命令后将启动后台存盘进程，同时收集所有接收到的用于修改数据集的命令。当后台进程执行完毕后，Master 节点将整个数据库文件传送给 Slave 节点，完成一次完全同步。Slave 节点接收到数据库文件后将其存盘并加载到内存中。此后，Master 节点继续将所有已经收集的修改命令和新的修改命令依次传送给 Slave 节点，Slave 节点在本地执行这些修改命令，从而达到最终的数据同步。主从复制的架构如图 8-1 所示。

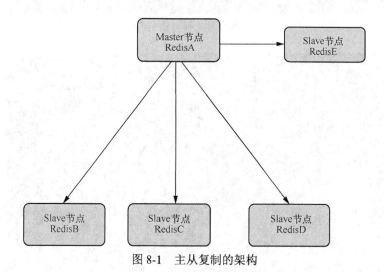

图 8-1　主从复制的架构

如果 Master 节点和 Slave 节点之间的连接出现中断现象，那么 Slave 节点可以自动重连 Master 节点。连接成功后，一次完全同步将被自动执行。

如果 Master 节点死机，Slave 节点并不会竞选为 Master 节点，这是因为每个客户端在连接 Redis 实例时指定了 IP 地址和端口号。

如果所连接的 Redis 实例因为故障下线了，而主从模式没有提供客户端可连接的服务 IP 地址，这时需要手动更改客户端配置，重新连接新 IP 地址。

8.2.2 部署 Redis 主从模式

1. 配置 Master 节点

Master 节点的 IP 地址为 192.168.43.246。Master 节点的具体配置步骤如下。

步骤 1：执行 sudo apt-get install redis-server 命令，安装 Redis。

步骤 2：安装完成后，修改 Master 节点的配置文件 sudo vim /etc/redis/redis.conf，并添加授权密码，如图 8-2 和图 8-3 所示。

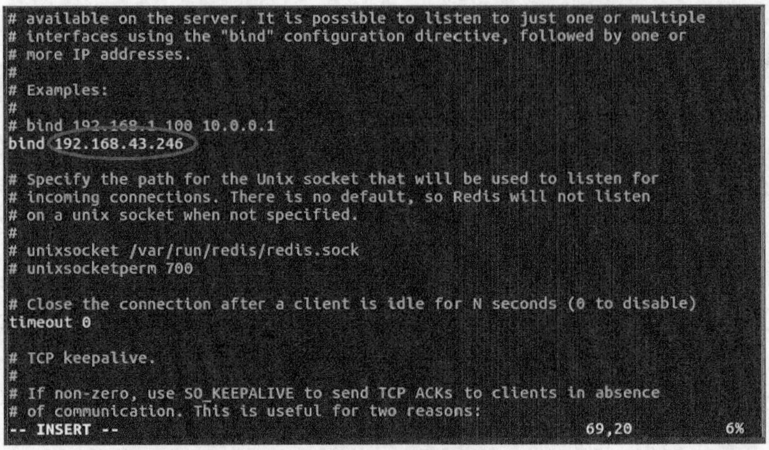

```
# available on the server. It is possible to listen to just one or multiple
# interfaces using the "bind" configuration directive, followed by one or
# more IP addresses.
#
# Examples:
#
# bind 192.168.1.100 10.0.0.1
bind 192.168.43.246

# Specify the path for the Unix socket that will be used to listen for
# incoming connections. There is no default, so Redis will not listen
# on a unix socket when not specified.
#
# unixsocket /var/run/redis/redis.sock
# unixsocketperm 700

# Close the connection after a client is idle for N seconds (0 to disable)
timeout 0

# TCP keepalive.
#
# If non-zero, use SO_KEEPALIVE to send TCP ACKs to clients in absence
# of communication. This is useful for two reasons:
-- INSERT --                                                  69,20         6%
```

图 8-2　修改为该服务器的 IP 地址

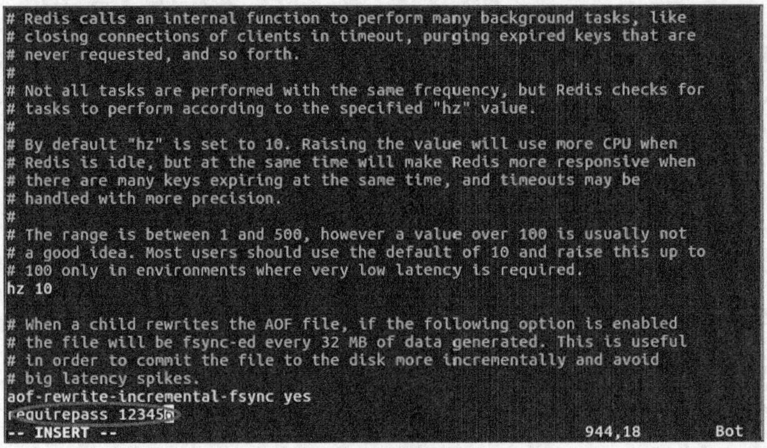

```
# Redis calls an internal function to perform many background tasks, like
# closing connections of clients in timeout, purging expired keys that are
# never requested, and so forth.
#
# Not all tasks are performed with the same frequency, but Redis checks for
# tasks to perform according to the specified "hz" value.
#
# By default "hz" is set to 10. Raising the value will use more CPU when
# Redis is idle, but at the same time will make Redis more responsive when
# there are many keys expiring at the same time, and timeouts may be
# handled with more precision.
#
# The range is between 1 and 500, however a value over 100 is usually not
# a good idea. Most users should use the default of 10 and raise this up to
# 100 only in environments where very low latency is required.
hz 10

# When a child rewrites the AOF file, if the following option is enabled
# the file will be fsync-ed every 32 MB of data generated. This is useful
# in order to commit the file to the disk more incrementally and avoid
# big latency spikes.
aof-rewrite-incremental-fsync yes
requirepass 123456
-- INSERT --                                                  944,18        Bot
```

图 8-3　添加授权密码

步骤 3：保存配置文件，使用 sudo/etc/init.d/redis-server restart 命令（或者 service redis restart）重启 Redis 服务，如图 8-4 所示。

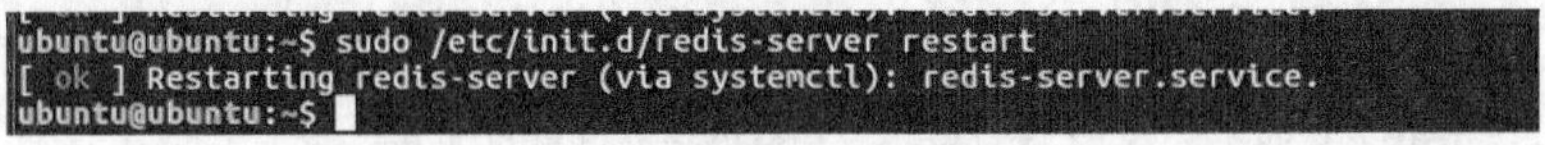

```
ubuntu@ubuntu:~$ sudo /etc/init.d/redis-server restart
[ ok ] Restarting redis-server (via systemctl): redis-server.service.
ubuntu@ubuntu:~$
```

图 8-4　重启 Redis 服务

2．配置 Slave 节点

要配置 Slave 节点，需要先确保 Slave 节点和 Master 节点能够互相通信。Slave 节点的 IP 地址为 192.168.43.83，Slave 节点的配置步骤如下。

步骤 1：执行 sudo apt-get install redis-server 命令，安装 Redis。

步骤 2：安装完成后，修改 Slave 节点的配置文件 sudo vim /etc/redis/redis.conf，并添加授权密码，这和 Master 节点的配置一样。由于 Master 节点设置了密码，因此 Slave 节点需要配置 Master 节点的授权。这里使用 masterauth 进行配置，如图 8-5 所示。

```
# never requested, and so forth.
#
# Not all tasks are performed with the same frequency, but Redis checks for
# tasks to perform according to the specified "hz" value.
#
# By default "hz" is set to 10. Raising the value will use more CPU when
# Redis is idle, but at the same time will make Redis more responsive when
# there are many keys expiring at the same time, and timeouts may be
# handled with more precision.
#
# The range is between 1 and 500, however a value over 100 is usually not
# a good idea. Most users should use the default of 10 and raise this up to
# 100 only in environments where very low latency is required.
hz 10

# When a child rewrites the AOF file, if the following option is enabled
# the file will be fsync-ed every 32 MB of data generated. This is useful
# in order to commit the file to the disk more incrementally and avoid
# big latency spikes.
aof-rewrite-incremental-fsync yes
requirepass 123456
masterauth 123456
slaveof 192.168.43.246 6379
                                                  946,1          Bot
```

图 8-5　使用 masterauth 配置 Slave 节点

步骤 3：保存配置文件，重启 Redis，至此，两个节点的 Redis 主从模式已经配置完成。

下面使用 info Replication 查看是否已经关联主服务，如图 8-6 所示。Slave 节点出现了 master_link_status:up 提示，这表示关联成功。

```
192.168.43.83:6379> info Replication
# Replication
role:slave
master_host:192.168.43.246
master_port:6379
master_link_status:up
master_last_io_seconds_ago:9
master_sync_in_progress:0
slave_repl_offset:2255
slave_priority:100
slave_read_only:0
connected_slaves:0
master_repl_offset:0
repl_backlog_active:0
repl_backlog_size:1048576
repl_backlog_first_byte_offset:0
repl_backlog_histlen:0
192.168.43.83:6379>
```

图 8-6　主从模式配置成功

8.2.3　主从复制模式实践

（1）登录主/从数据库

这里使用的命令为 redis-cli -h 192.168.43.246，这里必须通过-h 指定启动服务节点的 IP 地址。由于 Master 节点设置了授权密码 123456，因此必须使用 auth 命令进行授权，否则无权执行操作，如图 8-7 所示。

```
ubuntu@ubuntu:~$ redis-cli -h 192.168.43.246
192.168.43.246:6379> auth "123456"
OK
192.168.43.246:6379>
```

图 8-7　使用 auth 命令进行授权

（2）在 Master 节点上添加一个键值对

代码如下。

```
192.168.43.246:6379> set testkey "wangwu"
OK
# 查看是否已经正确插入
192.168.43.246:6379> keys *
1) "testkey"
```

（3）在 Slave 节点上查看数据同步情况

在 Slave 节点上查看 Master 节点上添加的键值对是否已经同步过来，若已经同步则表示主从模式配置成功。具体代码如下。

```
192.168.43.83:6379> keys *
1) "testkey"
2) "name1"
3) "name2"
192.168.43.83:6379> get testkey
"wangwu"
```

任务 8.3　Redis 哨兵模式

任务描述：熟悉 Redis 哨兵模式，掌握 Redis 哨兵模式的部署方法，了解 Redis 哨兵模式的应用方法。

8.3.1　Redis 哨兵模式的作用和架构

任务 8.2 介绍了 Redis 主从模式的数据复制技术，实现了主从节点数据同步备份。如果 Master 节点死机，那么可以将一个正常工作的 Slave 节点选举为新的 Master 节点，并让其他 Slave 节点同步新 Master 节点的数据。这是解决 Redis 故障转移问题的一种方式，但需要手动处理故障，实用性比较差。而 Redis 发生故障时间是 Master 节点无法预知，这时需要一个能自动处理故障转移的自动监控组件。

哨兵模式可以解决上述问题。Redis 哨兵模式是 Redis 的高可用性解决方案。由一个或多个哨兵（Sentinel）实例组成的 Sentinel 系统可以监视任意多个 Master 节点，以及这些 Master 节点下的所有 Slave 节点，并在被监视的 Master 节点进入下线状态时，自动将下线 Master 节点下的某个 Slave 节点升级为新的 Master 节点。Sentinel 实例其实是一个 Redis 的服务端程序，会定时执行 serverCron()函数。

Sentinel 实例在初始化的时候会清空原来的命令表，写入自己独有的命令。普通 Redis 节点支持的数据读/写命令对 Sentinel 来说，都是找不到命令，因为它没有初始化这些命令的执行器。

Sentinel 实例会定时对自己监控的 Master 节点执行 info 命令，获取最新的主从关系，还会定时给所有的 Redis 节点发送 ping 命令。Sentinel 实例如果检测到某个 Master 节点无法响应，就会给其他 Sentinel 实例发送消息，并主观上认为该 Master 节点死机。如果集群认同该 Master 节点下线的票数达到一个阈值，那么会一起下线该 Master 节点。下线之前需要做的是找集群中的某一个 Sentinel 来执行下线操作，这个找的过程叫作领导者选举。选举之后，Sentinel 实例会从该 Master 节点所有的 Slave 节点中挑选合适的作为新的 Master 节点，并让其他 Slave 节点重新同步新的 Master 节点上的数据。这种模式称为哨兵模式，如图 8-8 所示。

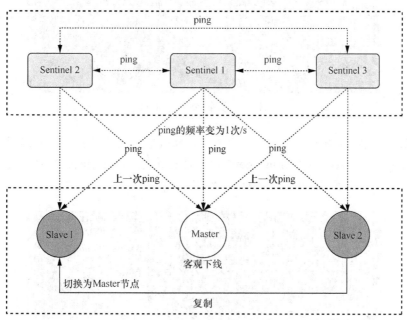

图 8-8　哨兵模式

8.3.2　部署 Redis 哨兵模式

部署 Redis 哨兵模式的环境说明如表 8-1 所示。

表 8-1　部署环境

主机名称	IP 地址	角色说明
redis-master	192.168.43.246:6379	Master 节点
redis-slave01	192.168.43.83:6379	Slave 节点
redis-master	192.168.43.246:26379	Sentinel01
redis-slave01	192.168.43.83:26379	Sentinel02

部署 Sentinel 的步骤如下。

步骤 1：安装哨兵软件 redis-sentinel，使用的命令为 sudo apt-get install redis-sentinel，实现主从服务节点一致，如图 8-9 所示。

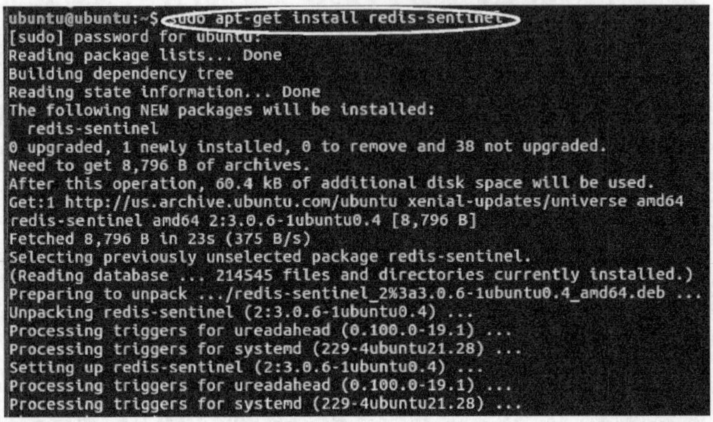

图 8-9 安装 redis-sentinel

步骤 2：配置哨兵模式（为防止一个哨兵程序失效，主从服务节点上都配一个哨兵程序）。使用 sudo vim /etc/redis/sentinel.conf 命令对配置文件进行编辑，先取消仅支持本地连接，并设置主节点和密码，如图 8-10～图 8-12 所示。

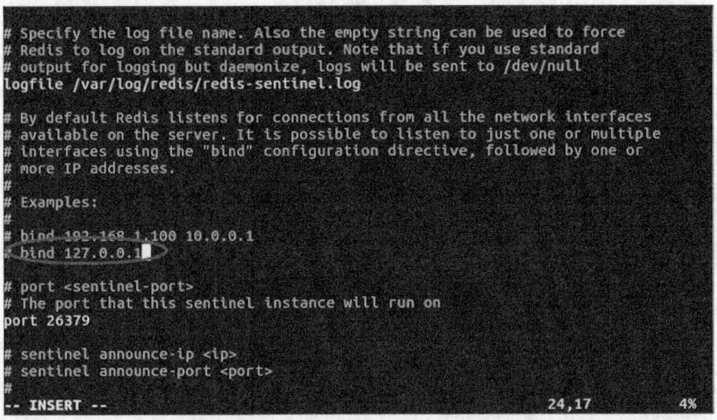

图 8-10 取消仅支持本地连接

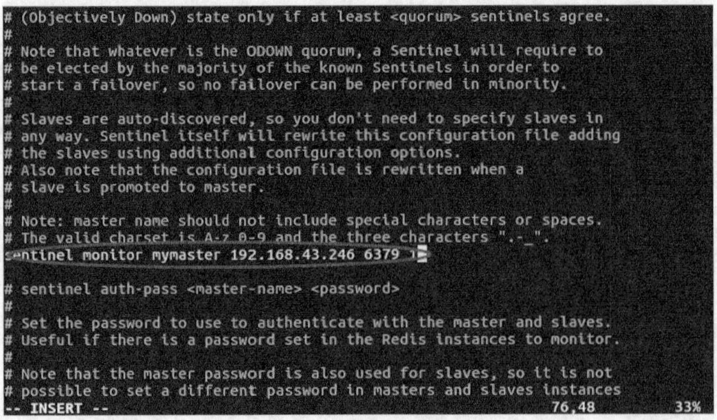

图 8-11 设置主节点

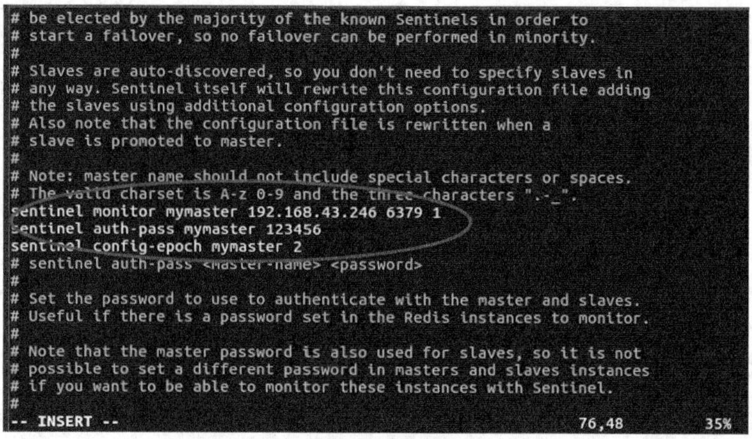

```
# be elected by the majority of the known Sentinels in order to
# start a failover, so no failover can be performed in minority.
#
# Slaves are auto-discovered, so you don't need to specify slaves in
# any way. Sentinel itself will rewrite this configuration file adding
# the slaves using additional configuration options.
# Also note that the configuration file is rewritten when a
# slave is promoted to master.
#
# Note: master name should not include special characters or spaces.
# The valid charset is A-z 0-9 and the three characters ".-_".
sentinel monitor mymaster 192.168.43.246 6379 1
sentinel auth-pass mymaster 123456
sentinel config-epoch mymaster 2
# sentinel auth-pass <master-name> <password>
#
# Set the password to use to authenticate with the master and slaves.
# Useful if there is a password set in the Redis instances to monitor.
#
# Note that the master password is also used for slaves, so it is not
# possible to set a different password in masters and slaves instances
# if you want to be able to monitor these instances with Sentinel.
#
-- INSERT --                                                76,48         35%
```

图 8-12　设置密码

步骤 3：先使用 sudo service redis-sentinel restart 命令来重启哨兵进程，再使用 sudo service redis-sentinel status 命令查看 sentinel 进程的运行状态，若为 active（running）状态则表示 sentinel 进程正常启动。从图 8-13 中可以看出，sentinel 进程已正常启动。

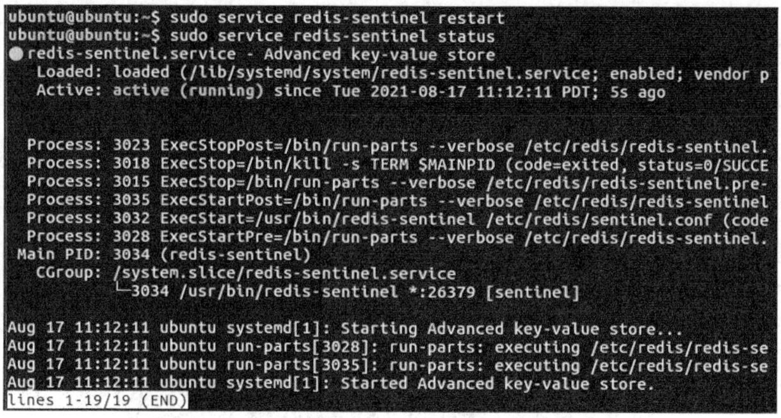

```
ubuntu@ubuntu:~$ sudo service redis-sentinel restart
ubuntu@ubuntu:~$ sudo service redis-sentinel status
● redis-sentinel.service - Advanced key-value store
   Loaded: loaded (/lib/systemd/system/redis-sentinel.service; enabled; vendor p
   Active: active (running) since Tue 2021-08-17 11:12:11 PDT; 5s ago
  Process: 3023 ExecStopPost=/bin/run-parts --verbose /etc/redis/redis-sentinel.
  Process: 3018 ExecStop=/bin/kill -s TERM $MAINPID (code=exited, status=0/SUCCE
  Process: 3015 ExecStop=/bin/run-parts --verbose /etc/redis/redis-sentinel.pre-
  Process: 3035 ExecStartPost=/bin/run-parts --verbose /etc/redis/redis-sentinel
  Process: 3032 ExecStart=/usr/bin/redis-sentinel /etc/redis/sentinel.conf (code
  Process: 3028 ExecStartPre=/bin/run-parts --verbose /etc/redis/redis-sentinel.
 Main PID: 3034 (redis-sentinel)
   CGroup: /system.slice/redis-sentinel.service
           └─3034 /usr/bin/redis-sentinel *:26379 [sentinel]

Aug 17 11:12:11 ubuntu systemd[1]: Starting Advanced key-value store...
Aug 17 11:12:11 ubuntu run-parts[3028]: run-parts: executing /etc/redis/redis-se
Aug 17 11:12:11 ubuntu run-parts[3035]: run-parts: executing /etc/redis/redis-se
Aug 17 11:12:11 ubuntu systemd[1]: Started Advanced key-value store.
lines 1-19/19 (END)
```

图 8-13　重启 sentinel 进程和查看进程状态

8.3.3　哨兵模式应用

我们在 Master 节点上查看哨兵模式的应用，先登录 Master 节点（192.168.43.246），查看系统状态，并执行操作。首先，查看 Master 节点状态，代码如下。

```
# 使用 Master 节点连接 Redis，并查看 Master 节点信息，可以看出 Master 节点的名称是 mymaster，
# IP 地址是已配置的 192.168.43.246。
192.168.43.246:26379> sentinel master mymaster
1) "name"
2) "mymaster"
3) "ip"
4) "192.168.43.246"
```

```
5) "port"
6) "6379"
```

其次，查看 Slave 节点状态，Slave 节点的 IP 地址为 192.168.43.83。代码如下。

```
192.168.43.246:26379> sentinel slaves mymaster
1) 1) "name"
   2) "192.168.43.83:6379"
   3) "ip"
   4) "192.168.43.83"
   5) "port"
   6) "6379"
```

再次，查看哨兵状态，代码如下。可以看出，Master 节点有个 192.168.43.83 的哨兵接听。之后，使用 sudo service redis-server stop 命令关闭 Redis 服务。

```
192.168.43.246:26379> sentinel sentinels mymaster
1) 1) "name"
   2) "192.168.43.83:26379"
   3) "ip"
   4) "192.168.43.83"
   5) "port"
   6) "26379"
```

最后，登录 sentinel 系统，查询状态。此时主从节点自动切换，Master 节点为192.168.43.83，这说明哨兵模式能够自动完成主从节点的切换。

```
ubuntu@ubuntu:~$ redis-cli -h 192.168.43.246 -p 26379
192.168.43.246:26379> sentinel sentinels mymaster
1) 1) "name"
   2) "192.168.43.83:26379"
   3) "ip"
   4) "192.168.43.83"
   5) "port"
   6) "26379"
```

任务 8.4　配置 Redis 集群模式

任务描述：了解 Redis 集群的概念和特征，掌握 Redis 集群的部署方法。

8.4.1　Redis 集群模式的作用和架构

1. Redis 集群的概念

Redis 集群是一个分布式的、容错的内存键值对服务，集群模式可以使用普通单机模式下 Redis 所能使用的功能的一个子集。例如，Redis 集群并不支持处理多个键的命令。

2. Redis 集群的特征

Redis 集群有以下几个重要特征。

（1）Redis 集群的分片特征体现在将键空间分拆了 16384 个槽位，每一个节点负责其中一些槽位。

（2）Redis 提供一定程度的可用性，在某个节点死机或者不可达的情况下，可以使用其他节点来正常工作。只要集群中大多数 Master 节点可达且失效的 Master 节点下至少有一个 Slave 节点可达，集群都是可用。

（3）Redis 集群中不存在中心节点或者代理节点，具有线性可扩展性。

3．Redis 集群的架构

Redis 集群的架构如图 8-14 所示。可以看出，Redis 集群有以下几个细节。

（1）Redis 集群中的所有节点彼此互联（通过 Ping-Pong 机制），集群内部使用二进制协议优化传输速度和带宽。

（2）节点的失效状态只有当集群中超过半数的节点检测失效时才会生效。

（3）客户端与 Redis 节点的连接不需要代理层，也不需要连接集群所有节点，而是连接集群中任何一个可用节点即可。

（4）Redis 集群把所有的物理节点映射到 0～16383 槽位上，并负责维护。

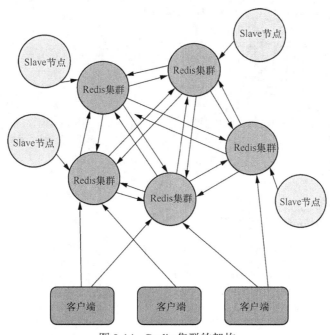

图 8-14　Redis 集群的架构

8.4.2　部署 Redis 集群模式

部署 Redis 集群模式的步骤如下。

步骤 1：准备节点。Redis 集群一般由不少于 6 个的节点组成，因为这样才能保证集群的高可用。每个节点需要启动 cluster-enabled yes 配置，让其 Redis 运行在集群模式下。

注意：建议让集群内所有节点的目录保持一致，一般包括 3 个目录：conf、data、log，分别存储配置信息、数据和日志相关文件。我们以 6 个节点为例，将它们的配置信息统一存储在 conf 目录下。

步骤 2：创建 Redis 各实例目录，代码如下。

```
$ sudo mkdir -p /usr/local/redis-cluster
$ cd /usr/local/redis-cluster
$ sudo mkdir conf data log
$ sudo mkdir -p data/redis-6379 data/redis-6389 data/redis-6380 data/redis-6390 data/redis-6381 data/redis-6391
```

步骤 3：Redis 配置文件管理，代码如下。

```
# Redis 后台运行
daemonize yes
# 绑定的主机端口
bind 127.0.0.1
# 数据存储目录
dir /usr/local/redis-cluster/data/redis-6379
# 进程文件
pidfile /var/run/redis-cluster/${自定义}.pid
# 日志文件
logfile /usr/local/redis-cluster/log/${自定义}.log
# 端口号
port 6379
# 开启集群模式，把注释符号#去掉
cluster-enabled yes
# 集群的配置，配置文件首次启动时会自动生成
cluster-config-file /usr/local/redis-cluster/conf/${自定义}.conf
# 请求超时，设置时间为 10 s
cluster-node-timeout 10000
# 开启 aof 日志
appendonly yes
```

配置 redis-6379.conf，代码如下。

```
daemonize yes
bind 127.0.0.1
dir /usr/local/redis-cluster/data/redis-6379
pidfile /var/run/redis-cluster/redis-6379.pid
logfile /usr/local/redis-cluster/log/redis-6379.log
port 6379
cluster-enabled yes
cluster-config-file /usr/local/redis-cluster/conf/node-6379.conf
cluster-node-timeout 10000
appendonly yes
```

步骤 4：准备部署环境。

首先，安装 Ruby 环境，代码如下。

```
$ sudo brew install ruby
```

然后，准备 rubygem redis 依赖，代码如下。

```
$ sudo gem install redis
Password:
Fetching: redis-4.0.2.gem (100%)
Successfully installed redis-4.0.2
```

```
Parsing documentation for redis-4.0.2
Installing ri documentation for redis-4.0.2
Done installing documentation for redis after 1 seconds
1 gem installed
```

最后，拷贝 redis-trib.rb 文件到集群根目录。redis-trib.rb 文件是 Redis 官方推出的管理 Redis 集群的工具，集成在 Redis 的源码 src 目录下，能够将 Redis 提供的集群命令封装成简单、便捷、实用的操作工具。

```
$ sudo cp /usr/local/redis-4.0.11/src/redis-trib.rb /usr/local/redis-cluster
# 查看 redis-trib.rb 命令环境是否正确，输出如下内容
$ ./redis-trib.rb
Usage: redis-trib <command> <options> <arguments...>

    create          host1:port1 ... hostN:portN
                    --replicas <arg>
    check           host:port
    info            host:port
    fix             host:port
                    --timeout <arg>
    reshard         host:port
                    --from <arg>
                    --to <arg>
                    --slots <arg>
                    --yes
                    --timeout <arg>
                    --pipeline <arg>
    rebalance       host:port
                    --weight <arg>
                    --auto-weights
                    --use-empty-masters
                    --timeout <arg>
                    --simulate
                    --pipeline <arg>
                    --threshold <arg>
    add-node        new_host:new_port existing_host:existing_port
                    --slave
                    --master-id <arg>
    del-node        host:port node_id
    set-timeout     host:port milliseconds
    call            host:port command arg arg .. arg
    import          host:port
                    --from <arg>
                    --copy
                    --replace
    help            (show this help)方法
```

步骤5：安装集群。启动 Redis 节点，执行如下命令。至此，Redis 将以集群模式进行启动。

```
sudo redis-server conf/redis-6379.conf
sudo redis-server conf/redis-6389.conf
sudo redis-server conf/redis-6380.conf
sudo redis-server conf/redis-6390.conf
```

```
sudo redis-server conf/redis-6381.conf
sudo redis-server conf/redis-6391.conf
```

8.4.3　Redis 集群模式应用

（1）关联集群节点

Redis 集群包含的 6 个节点按照从主到从的顺序依次排序后，redis-trib 先将 16384 个哈希槽（哈希槽的实质是数组空间）分配给 3 个 Master 节点，然后让各个 Slave 节点指向 Master 节点，进行数据同步。代码如下。

```
# 指定任意一个节点作为 redis 服务器
>>> Creating cluster
>>> Performing hash slots allocation on 6 nodes...
Using 3 masters:
127.0.0.1:6379
127.0.0.1:6380
127.0.0.1:6381
Adding replica 127.0.0.1:6390 to 127.0.0.1:6379
Adding replica 127.0.0.1:6391 to 127.0.0.1:6380
Adding replica 127.0.0.1:6389 to 127.0.0.1:6381
```

（2）同步 Master 节点的日志

Slave 节点（redis-6389）通过 BGSAVE 命令，在后台异步地从 Master 节点（redis-6379）进行数据同步。代码如下。

```
$ cat log/redis-6379.log
1907:C 05 Sep 16:59:52.960 # Redis 正在启动
1907:C 05 Sep 16:59:52.961
# Redis 版本为 4.0.11，字节为 = 64 bit，没有修改文本，进程号是 1907
1907:C 05 Sep 16:59:52.961 # 加载配置文件
1908:M 05 Sep 16:59:52.964 * Increased maximum number of open files to 10032 (it
 was originally set to 256).
1908:M 05 Sep 16:59:52.965 * No cluster configuration found, I'm ad4b9ffceba062
492ed67ab336657426f55874b7
1908:M 05 Sep 16:59:52.967 * 运行模式为 Cluster，端口号为 6379.
1908:M 05 Sep 16:59:52.967 # 服务初始化
1908:M 05 Sep 16:59:52.967 * 准备接受连接
1908:M 05 Sep 17:01:17.782 # 通过 CLUSTER SET-CONFIG-EPOCH 设置配置迭代为 1
1908:M 05 Sep 17:01:17.812 # IP 地址更新为 127.0.0.1
1908:M 05 Sep 17:01:22.740 # 保存集群状态
1908:M 05 Sep 17:01:23.681 * Slave 127.0.0.1:6389 asks for synchronization
1908:M 05 Sep 17:01:23.681 * Partial resynchronization not accepted: Replication
 ID mismatch (Slave asked for '4c5afe96cac51cde56039f96383ea7217ef2af41', my r
eplication IDs are '037b661bf48c80c577d1fa937ba55367a3692921' and '000000000000
0000000000000000000000000000')
1908:M 05 Sep 17:01:23.681 * Starting BGSAVE for SYNC with target: disk
1908:M 05 Sep 17:01:23.682 * Background saving started by pid 1952
1952:C 05 Sep 17:01:23.683 * DB saved on disk
1908:M 05 Sep 17:01:23.749 * Background saving terminated with success
```

```
1908:M 05 Sep 17:01:23.752 * Synchronization with slave 127.0.0.1:6389 succeeded
```

(3)检测 Redis 集群的完整性

使用 redis-trib.rb check 命令检测所创建的集群是否成功,该命令只需要集群中任意一个节点的 IP 地址,便可以完成整个集群完整性的检查工作。具体示例如下。

```
$ ./redis-trib.rb check 127.0.0.1:6379
#当最后输出如下信息,提示集群所有的槽都已分配到节点
[OK] All nodes agree about slots configuration.
>>> Check for open slots...
>>> Check slots coverage...
[OK] All 16384 slots covered.
```

本章小结

本章系统地讲解了使用 Java 操作 Redis 的方法,然后介绍了 Redis 主从复制模式、哨兵模式、集群搭建的基础知识、部署方法及应用。

学完本章,读者需要掌握如下知识点。

1. Java 操作 Redis 的方法。
2. 主从复制、哨兵模式、集群模式之间的区别和关联。
3. 主从复制、哨兵模式、集群模式的部署方法。

第 9 章　Neo4j 编程操作、扩展与运维管理

本章主要介绍图数据库 Neo4j 的编程操作，以及两个常用的扩展包 APOC 和 ALGO 的安装与使用方法，并介绍 Neo4j 的运维知识。

【学习目标】
1. 掌握 Java 和 Python 操作 Neo4j 的方法。
2. 掌握 APOC 的基本操作。
3. 掌握 ALGO 的基本操作。
4. 了解 Neo4j 运维的相关知识。
5. 了解 Neo4j 的进阶应用案例。

任务 9.1　Neo4j 编程操作

任务描述：掌握 Java 和 Python 操作 Neo4j 的方法。

9.1.1　Java 操作 Neo4j

Java 操作 Neo4j 主要分为两个部分：①创建 Java 开发环境；②对 Neo4j 进行操作。

1. 创建 Java 开发环境

基于 Eclipse 创建一个 Maven 工程，添加 Neo4j 的 Java 驱动和 pom 依赖代码如下。

```
<dependency>
<groupId>org.neo4j.driver</groupId>
<artifactId>neo4j-java-driver</artifactId>
<version>4.0.1</version>
</dependency>
```

在工程中创建类名为 HelloWorldExample 的类文件，并实现 AutoCloseable 接口。在 HelloWorldExample 类文件中添加需要的 pom 依赖，代码如下。

```
import org.neo4j.driver.AuthTokens;
import org.neo4j.driver.Driver;
import org.neo4j.driver.GraphDatabase;
import org.neo4j.driver.Result;
import org.neo4j.driver.Session;
```

```
import org.neo4j.driver.Transaction;
import org.neo4j.driver.TransactionWork;
// 导入依赖
import static org.neo4j.driver.Values.parameters;
public class HelloWorldExample implements AutoCloseable{

}
```

运行上述代码,如果系统没有报错,则表示 pom 依赖导入成功。下面我们在 HelloWorldExample 类中连接 Neo4j,并对 Neo4j 进行操作。

2. Java 操作 Neo4j

定义构造方法,在初始化对象时获得 Driver 实例,代码如下。

```
private final Driver driver;

public HelloWorldExample( String uri, String user, String password )
{
    driver = GraphDatabase.driver( uri, AuthTokens.basic( user, password ) );
}
```

Driver 类通过 import org.neo4j.driver.Driver 语句导入,HelloWorldExample 是构造方法,表示在创建 HelloWorldExample 对象时,可以通过传入 uri、user、password 等参数来初始化 Driver 对象,并赋值给 driver 变量。

定义自动释放资源的方法,实例会自动调用 close()方法来关闭带资源的 try 语句,代码如下。

```
@Override
public void close() throws Exception
{
    driver.close();
}
```

定义向 Neo4j 中插入数据的 printGreeting()方法,代码如下。

```
public void printGreeting( final String message )
    {
        try ( Session session = driver.session() )
        {
            String greeting = session.writeTransaction( new TransactionWork<
                        String>()
            {
                @Override
                public String execute( Transaction tx )
                {
                    Result result = tx.run( "CREATE (a:Greeting) " +
                                "SET a.message = $message " +
                                "RETURN a.message + ', from node ' + id(a)",
                        parameters( "message", message ) );
                    return result.single().get( 0 ).asString();
                }
            } );
            System.out.println( greeting );
```

```
    }
}
```

在上述代码中，session（会话）为 Cypher 的执行提供了一个经典的阻塞 API，session 中的 API 调用是严格按顺序执行的。session.writeTransaction()方法用于启动一个写事务。当事务失败时，该方法将调用驱动程序重试逻辑。其余的代码段的作用是：执行一条插入语句，创建一个 Greeting 类型的节点，并将该节点的 message 属性值设置为 printGreeting 方法传入的参数；插入结束后返回该节点的 message 属性值及 ID 值，并输出到控制台。

定义 main 方法，代码如下。

```
public static void main( String... args ) throws Exception
    {
        try ( HelloWorldExample greeter = new HelloWorldExample( "bolt://localhost:
            7687", "neo4j", "111111" ) )
        {
            greeter.printGreeting( "hello, world" );
        }
    }
```

在上述代码中，实现 AutoCloseable 接口的 HelloWorldExample 类实例位于 try 语句中，这种语句称为带资源的 try 语句。

在 main 方法上单击鼠标右键，在弹出的菜单界面上选择"执行程序"，得到的返回结果如下。

```
八月 06, 2023 8:07:32 下午 org.neo4j.driver.internal.logging.JULogger info
信息: Direct driver instance 905654280 created for server address localhost:7687
hello, world, from node 0
八月 06, 2023 8:07:34 下午 org.neo4j.driver.internal.logging.JULogger info
信息: Closing driver instance 905654280
八月 06, 2023 8:07:34 下午 org.neo4j.driver.internal.logging.JULogger info
信息: Closing connection pool towards localhost:7687
```

在返回结果中可以看到 hello、world、from node 0 等信息，其中，hello 和 world 均表示节点属性，0 表示节点 ID。这时打开 Neo4j 的 Web 界面，在其中输入以下内容。

```
MATCH (n:Greeting) RETURN n,id(n) LIMIT 25
```

得到的返回值如下。

"n"	"id(n)"
{"message":"hello, world"}	0

定义一个 getGreeting()方法，该方法用于读取已插入的 Greeting 类型的节点，并返回该节点的 message 属性值，代码如下。

```
public String getGreeting()
    {
        try ( Session session = driver.session() )
        {
            return session.readTransaction( tx -> {
                Result result = tx.run( "MATCH (a:Greeting) RETURN a.message" );
                return result.next().get( 0 ).asString();
            } );
```

        }
    }

在 main()方法中，添加如下代码。

```
System.out.println(greeter.getGreeting());
```

并将下面的代码注释掉。

```
// greeter.printGreeting( "hello, world" );
```

在 main()方法上单击鼠标右键，在弹出的菜单界面上选择"执行程序"，得到的返回结果如下。

```
八月 06, 2023 9:06:26 下午 org.neo4j.driver.internal.logging.JULogger info
信息: Direct driver instance 905654280 created for server address localhost:7687
hello, world
八月 06, 2023 9:06:27 下午 org.neo4j.driver.internal.logging.JULogger info
信息: Closing driver instance 905654280
八月 06, 2023 9:06:27 下午 org.neo4j.driver.internal.logging.JULogger info
信息: Closing connection pool towards localhost:7687
```

可以看到，返回的节点属性为"hello，world"，与预期一致。其他类似的操作还有很多，我们无法一一讲述，读者可查看官网或相关教程。

本部分完整代码如下。

```
import org.neo4j.driver.AuthTokens;
import org.neo4j.driver.Driver;
import org.neo4j.driver.GraphDatabase;
import org.neo4j.driver.Result;
import org.neo4j.driver.Session;
import org.neo4j.driver.Transaction;
import org.neo4j.driver.TransactionWork;

import static org.neo4j.driver.Values.parameters;
public class HelloWorldExample implements AutoCloseable{

    private final Driver driver;

    public HelloWorldExample( String uri, String user, String password )
    {
        driver = GraphDatabase.driver( uri, AuthTokens.basic( user, password ) );
    }

    @Override
    public void close() throws Exception
    {
        driver.close();
    }

    public void printGreeting( final String message )
    {
        try ( Session session = driver.session() )
        {
```

```java
            String greeting = session.writeTransaction( new TransactionWork<
                    String>()
            {
                @Override
                public String execute( Transaction tx )
                {
                    Result result = tx.run( "CREATE (a:Greeting) " +
                            "SET a.message = $message " +
                            "RETURN a.message + ', from node ' + id(a)",
                            parameters( "message", message ) );
                    return result.single().get( 0 ).asString();
                }
            } );
            System.out.println( greeting );
        }
    }

    public String getGreeting()
    {
        try ( Session session = driver.session() )
        {
            return session.readTransaction( tx -> {

                Result result = tx.run( "MATCH (a:Greeting) RETURN a.message" );
                return result.next().get( 0 ).asString();
            } );
        }
    }

    public static void main( String... args ) throws Exception
    {
        try ( HelloWorldExample greeter = new HelloWorldExample( "bolt://localhost:
            7687", "neo4j", "111111" ) )
        {
//          greeter.printGreeting( "hello, world" );
            System.out.println(greeter.getGreeting());
        }
    }
}
```

9.1.2 Python 操作 Neo4j

Python 操作 Neo4j 可以采用官方的 neo4j 库，也可采用 py2neo 库，我们采用的是官方的 neo4j 库。更多的 Python 操作 Neo4j 案例请查阅官网手册。

1. Python 安装 Neo4j 依赖

打开命令行，通过 pip 命令安装 Neo4j 驱动，代码如下。

```
pip install neo4j==4.0.3
```

得到的返回值如下。这表示 Neo4j 驱动安装成功。

```
Installing collected packages: pytz, neo4j
Successfully installed neo4j-4.0.3 pytz-2021.1
```

2．Python 操作 Neo4j 的方法

在 Python 编辑器中创建 Neo4jDemo.py 文件后，我们就可以开始编写代码了。

导入 Python 模块，代码如下。

```
from neo4j import GraphDatabase
```

定义 HelloWorldExample 类，其中包含相关函数，代码如下。

```
class HelloWorldExample:

    def __init__(self, uri, user, password):
        self.driver = GraphDatabase.driver(uri, auth = (user, password))

    def close(self):
        self.driver.close()

    def print_greeting(self, message):
        with self.driver.session() as session:
            greeting = session.write_transaction(self._create_and_return_greeting,
                    message)
            print(greeting)

    @staticmethod
    def _create_and_return_greeting(tx, message):
        result = tx.run("CREATE (a:PythonGreeting) "
                    "SET a.message = $message "
                    "RETURN a.message + ', from node ' + id(a)", message =
                    message)
        return result.single()[0]
```

上述代码中，各函数的含义如下。

- def __init__()函数：类初始化函数，在构建类对象时会在初识化函数中构建一个 driver 变量。
- def close()函数：用于关闭 driver 变量。
- print_greeting()函数：先构建一个 session，并在 session 中开启一个事务；然后调用 _create_and_return_greeting()方法，传入 message 参数；最后输出返回结果。
- _create_and_return_greeting()方法：用于创建一个 PythonGreeting 类型的节点，并将该节点的 message 属性值设置为 printGreeting()方法传入的参数，之后返回该节点的 message 属性值及 ID 值。

下面代码中选初始化 HelloWorldExample 类，然后调用并执行 print_greeting()函数，最后调用 close 关闭资源。

```
if __name__ == "__main__":
    greeter = HelloWorldExample("bolt://localhost:7687", "neo4j", "111111")
    greeter.print_greeting("hello, world")
    greeter.close()
```

得到的返回值如下。

```
hello, world, from node 65
```

可以看到，返回结果中有 hello、world、from node 65，其中，hello 和 world 表示节点属性，65 表示节点 ID。这时打开 Neo4j 的 Web 界面，输入以下内容：

```
MATCH (n:PythonGreeting) RETURN n,id(n) LIMIT 25
```

可以看到返回值如下。

```
|"n"                         |"id(n)"|
|{"message":"hello, world"}  |65     |
```

任务 9.2　APOC 扩展与使用

任务描述：了解 APOC 的概念，掌握 APOC 和 Neo4j 的版本匹配方法，掌握 APOC 的安装方法，并基于 APOC 完成相关案例。

9.2.1　APOC 简介与安装

1．APOC 简介

APOC 的名字最早出现在 2009 年，英文全称为 A Package of Components，表示 Neo4j 的组件库，后来变为 Awesome Procedures on Cypher，意为超级棒的 Cypher 过程。有趣的是，在《黑客帝国》电影中，APOC 是 Neo 的队友，也是飞船的驾驶员，最终被叛徒 Cypher 杀害。

在 APOC 发布之前，开发人员需要为 Cypher 或 Neo4j 尚未实现的常用功能编写过程和函数。每个开发人员都可能编写所需的函数，这会导致出现大量的重复代码。针对这种需求，Neo4j 官方开发了一个过程和函数的标准库，即 APOC，在 Neo4j 3.3 版本中，APOC 成为 Neo4j 的标准库。APOC 是用 Java 实现的，由 450+ 个过程和函数组成（目前还在不断更新中），用于完成数据集成、图形算法、数据转换等领域的不同任务。与电影《黑客帝国》中情节不同的是，在 Neo4j 中，APOC 提供的过程极大地增强了 Cypher 的表达能力。

2．安装 APOC

APOC 依赖于 Neo4j 的内部 API，其版本需要和 Neo4j 的版本相匹配。具体匹配关系如表 9-1 所示。

表 9-1　APOC 与 Neo4j 的版本匹配关系

APOC 版本	Neo4j 版本
5.10.1	5.10.0 (5.10.x)
5.9.0	5.9.0 (5.9.x)
5.8.0	5.8.0 (5.8.x)
5.7.0	5.7.0 (5.7.x)

续表

APOC 版本	Neo4j 版本
5.6.0	5.6.0 (5.6.x)
5.5.0	5.5.0 (5.5.x)
5.4.1	5.4.0 (5.4.x)
5.3.0	5.3.0 (5.3.x)
5.2.1	5.2.0 (5.2.x)
5.1.0	5.1.0 (5.1.x)
5.0.0	5.0.0 (5.0.x)
4.4.0.1	4.4.0 (4.4.x)
4.1.0.0	4.1.0 (4.1.x)
4.0.0.16	4.0.6 (4.0.x)
3.5.0.11	3.5.16 (3.5.x)
3.4.0.6	3.4.12 (3.4.x)
3.3.0.4	3.3.6 (3.3.x)
3.2.3.6	3.2.9 (3.2.x)
3.1.3.9	3.1.7 (3.1.x)
3.0.8.6	3.0.5～3.0.9 (3.0.x)
3.5.0.0	3.5.0-beta01
3.4.0.2	3.4.5
3.3.0.3	3.3.5
3.2.3.5	3.2.3
3.1.3.8	3.1.5

APOC 的安装步骤如下。

步骤 1：下载 APOC 安装包。

Neo4j 的 APOC 手册中有 APOC 安装包的下载地址，读者可以通过该地址下载适配的版本。本书选用的安装包是 apoc-3.5.0.11-all.jar。

步骤 2：安装 APOC。

将步骤 1 下载的 jar 文件复制到 Neo4j 的 plugins 目录下。在 Windows 环境下，plugins 目录的路径为 D:\neo4j-community-3.5.5\plugins；在 Ubuntu 环境下，plugins 目录的路径为 /var/lib/neo4j/plugins。

步骤 3：修改配置文件。在 neo4j.conf 配置文件中添加以下内容。

```
dbms.security.procedures.unrestricted=apoc.*
```

上述配置语句可以完成 APOC 的函数和过程授权。若不配置改行语句，则在执行函数和过程时，可能会出现错误：apoc.algo.pagerank is not available due to having restricted success rights, check configuration（其意为 apoc.algo.pagerank 具有受限的 scress 权限，故不可用，请检查配置）。

步骤 4：重启 Neo4j 服务。

步骤 5：在可视化界面运行以下代码。

```
return apoc.version()
```

得到的返回值如下。可以看出，返回值中出现了对应的版本号，这说明安装成功。

```
|"apoc.version()"|
|"3.5.0.11"      |
```

9.2.2 APOC 的使用

APOC 提供了数据集成、数据导出、数据结构、高级图查询等诸多功能，本小节将对部分过程和函数进行演示。相比于过程，函数更易于理解。函数可以直接应用在 Cypher 查询中，对传入的数据进行计算并返回计算后的结果，这点与 Cypher 内置的函数没有明显区别。过程的调用必须使用 Call 命令，APOC 中的过程可以类比于关系数据库中的存储过程。

1．APOC 提供的过程和函数概述

APOC 提供的过程与函数数量较多，在使用过程中若需要基于 APOC 实现，可以在官网手册中获得更详细的使用说明。读者在查看过程中，可以将 APOC 3.5 版本的官网手册和 APOC 5.10 版本的官网手册对比着阅读。

APOC 的常见功能如下。

（1）数据集成

APOC 支持将各种数据格式（如 JSON、XML 和 XLS）导入到 Neo4j 中，也可以从关系数据库 MongoDB、Elasticsearch 中将数据导入到 Neo4j 数据库中。这些过程大多位于 apoc.load 包下，也有部分位于 apoc.import 包、apoc.mongodb 包、apoc.es 包下。

（2）数据导出

Neo4j 可以通过备份和导出命令来导出整个数据库，但不支持导出子图，或者将数据以标准数据格式导出。APOC 扩展了 Neo4j 的导出功能，使得 Neo4j 能够将数据导出为 JSON、CSV、GraphML、Cypher 脚本等格式。

APOC 支持导出的过程大多位于 apoc.export 包下。在将数据导出到文件系统中时可能会出现权限问题，这时可以通过在 neo4j.conf 文件中设置以下属性来启用权限。

```
apoc.export.file.enabled=true
```

如果没有设置为上述代码，在执行导出操作时，将出现以下错误消息，其意为调用 apoc.export.csv.all 失败。

```
Failed to invoke procedure apoc.export.csv.all
```

（3）数据结构

APOC 提供用于操作数据结构的函数和过程。针对数据结构的操作主要分为 3 种，分别是转换功能、映射功能和集合功能。转换功能主要位于 apoc.convert 包中，用于强制转换值的类型。映射功能位于 apoc.map 包中，用于对 map 类型数据进行操作。集合功能主要位于 apoc.coll 包中，用于对集合和列表进行操作。

（4）时间格式操作

APOC 提供了对时间类型、时间戳和日期字符串进行格式化的函数，这些函数主要位于 apoc.temporal 包和 apoc.date 包中。

（5）数学运算

APOC 提供关于数学运算的函数和过程，具体包括数学运算（如四舍五入、最大/最小值等）、精确计算、数字格式转换、位运算等。数学运算函数主要位于 apoc.math 包中，精确计算函数位于 apoc.number.exact 包中，数字格式转换函数位于 apoc.number 包中，位运算操作位于 apoc.bitwise 包下。

（6）高级图查询

APOC 提供的高级图查询包含扩展路径、扩展子图、邻居功能、路径操作、关系查询、节点查询、并行节点搜索等，与之相关的函数或过程主要位于 apoc.path、apoc.neighbors、apoc.rel、apoc.nodes、apoc.search 等包中。

（7）触发器

APOC 提供触发器，其功能类似于关系数据库中触发器的功能，可以在创建、更新或删除 Neo4j 中的数据时触发相关操作。与之相关的函数或过程主要位于 apoc.trigger 包中。需要注意的是，如果启用 apoc.trigger 包，那么需要在 neo4j.conf 中启用，使用的代码如下。

```
apoc.trigger.enabled=true
```

（8）文本和查找索引

从 3.5 版本开始，Neo4j 提供内置的、不区分大小写的、可配置的全文索引。原有的手工检索和全文检索（位于 apoc.index 包中）将逐渐被废弃。全文索引的相关函数或过程位于 apoc.schema 包下。

（9）图算法

在算法方面，APOC 提供路径查找算法。在图算法方面，Neo4j 提供了专用的图算法库 Graph Algorithms Library，目前 APOC 中除了路径查找算法外，其余算法将被弃用，即被删除。如果要使用相关图算法，可使用 Neo4j 图算法库中的算法。路径查找算法主要位于 apoc.algo 包中。

2．APOC 应用

（1）帮助命令

使用以下代码查看 APOC 支持的过程和函数。

```
call apoc.help('apoc')
```

得到的返回值为 APOC 支持的过程和函数，具体如下。

```
1 "procedure"
2 "apoc.algo.aStar"
3 "apoc.algo.aStar(startNode, endNode, 'KNOWS|<WORKS_WITH|IS_MANAGER_OF>',
'distance','lat','lon') YIELD path, weight - run A* with relationship property
name as cost function"
4 "apoc.algo.aStar(startNode :: NODE?, endNode :: NODE?, relationshipTypesAnd
Directions :: STRING?, weightPropertyName :: STRING?, latPropertyName :: STRING?,
lonPropertyName :: STRING?) :: (path :: PATH?, weight :: FLOAT?)"
```

```
null
null
```

由于返回值较长，我们仅列出一条返回结果。为了分析返回结果，我们将返回结果进行分行。各行的含义如下。

第 1 行的 procedure 表示类型为过程。

第 2 行的 apoc.algo.aStar 表示过程的名称。

第 3 行表示该过程的一个应用案例。

第 4 行展示了过程的签名信息，签名的一般形式是 name :: TYPE。在调用过程或函数时，通过签名可以获得对应参数的名称、类型及位置，同时还可获得返回值列的名称和类型。

使用以下代码查看 APOC 支持的过程和函数的数量。

```
CALL dbms.functions() YIELD name WHERE name STARTS WITH 'apoc.' RETURN COUNT(name)
UNION
CALL dbms.procedures() YIELD name WHERE name STARTS WITH 'apoc.' RETURN COUNT(name)
```

得到的返回值为：

```
|"COUNT(name)"|
|246          |
|294          |
```

这表示 3.5.0.11 版本的 APOC 包含了 246 个函数和 294 个过程。

（2）生成随机图

先删除图中所有的节点和关系，代码如下。

```
MATCH (n) DETACH DELETE n
```

然后使用 APOC 生成随机图，代码如下。CALL apoc.generate.ba(10, 2, 'Person',' 朋友') 中的 ba 表示 Barabási–Albert 模型（BA 模型）。

```
CALL apoc.generate.ba(10,2,'Person','朋友')
```

最后查看所有路径，代码如下。

```
MATCH p = (n) - [r] - (m) RETURN p
```

返回结果如图 9-1 所示。

（3）基于 PageRank 算法实现节点排名

在 Google 搜索引擎中，PageRank 算法被用来计算网站的排名。PageRank 算法的规则是：关系越多，以及与重要节点的关系越多，则该节点越重要。

首先，删除图中所有的节点和关系，代码如下。

```
MATCH (n) DETACH DELETE n
```

其次，创建 1000 个节点，代码如下。

```
FOREACH (id in range(1,1000) | CREATE (n:NodeLabel{id:id}))
```

再次，创建 100 万个关系，代码如下。

```
MATCH (n1:NodeLabel),(n2:NodeLabel) WITH n1,n2 LIMIT 1000000 WHERE rand()<0.1
CREATE (n1) - [:REL_TYPE]->(n2)
```

最后，调用 PageRank 算法，计算 NodeLabel 节点中的重要性排名，代码如下。

```
MATCH (n:NodeLabel) WITH collect(n) AS ns
CALL apoc.algo.pageRank(ns) YIELD node,score
```

```
RETURN node,score
ORDER BY score DESC LIMIT 10
```

在 ORDER BY 代码行中,我们添加了 LIMIT 10,这是为了防止出现返回值计算时间过长的情况。上述代码的返回结果如图 9-2 所示,从中可以看出 id 为 185 的节点的关系很多。在图 9-2 中,我们选择展示方式为 "Text",会看到 PageRank 算法计算的具体得分。

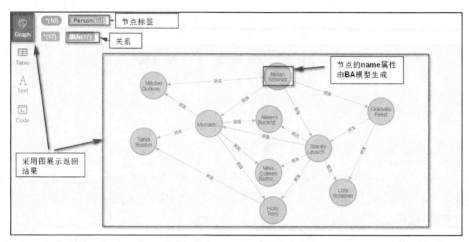

图 9-1　APOC 生成的随机图

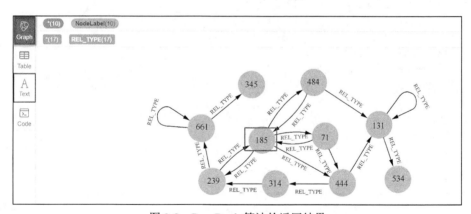

图 9-2　PageRank 算法的返回结果

（4）APOC 函数使用

APOC 的函数使用与 Cypher 的内置函数使用基本一致,下面使用 APOC 实现均值计算功能,代码如下。

```
RETURN apoc.coll.avg([1,2,3,4,5]) AS output
```

上述代码中的 apoc.coll.avg()函数为 APOC 提供的函数。在使用过程中,我们只需要将参数放入函数中,便可得到返回值。上述代码的返回值如下。

```
|"output"|
|3.0     |
```

同样使用 APOC 将数据类型转换为字符串的操作，代码如下。

```
RETURN  apoc.convert.toStringList([1, "2", 3, "Four"]) AS output
```

得到的返回值如下。可以看出，1 也用双引号包裹起来了，这表明其数据类型为字符串。

```
|"output"                |
|["1","2","3","Four"]    |
```

任务 9.3　ALOG 扩展与使用

任务描述：了解 ALOG 的概念，掌握 ALOG 的安装与使用方法。

9.3.1　ALOG 简介与安装

1. ALGO 简介

ALGO 是 Neo4j 提供的一个算法库，其英文全称为 Neo4j Graph Algorithms。Neo4j 3.5 版本之后，Neo4j Graph Algorithms 更新为 Neo4j Graph Data Science。

2. 安装 ALGO

在安装 ALGO 时，需要确定 ALGO 与 Neo4j 的版本。Neo4j 官网提供了一种版本对应关系，我们摘取了部分数据，具体如下。

```
[
    {
        "neo4j": "3.5.9",
        "version": "3.5.9.0",
    },
    {
        "neo4j": "3.5.8",
        "version": "3.5.8.1",
    },
    {
        "neo4j": "3.5.7",
        "version": "3.5.7.0",
    },
    {
        "neo4j": "3.5.6",
        "version": "3.5.6.1",
    },
    {
        "neo4j": "3.5.5",
        "version": "3.5.4.0",
    }
]
```

可以看出，Neo4j 3.5.5 对应的 ALGO 版本号为 3.5.4.0。

安装 ALGO 的步骤如下。

第 9 章 Neo4j 编程操作、扩展与运维管理

步骤 1：下载 ALGO。

在 Neo4j 与 ALGO 版本匹配的 JSON 文件中，可以找到对应版本的 ALGO 安装包下载地址，我们下载 ALGO 3.5.4.0 版本的安装包。

步骤 2：安装 APOC。

将步骤 1 下载的安装包（jar 文件）复制到 Neo4j 的 plugins 目录下。在 Windows 环境下，plugins 目录的路径为 D:\neo4j-community-3.5.5\plugins。在 Ubuntu 环境下，plugins 目录的路径为/var/lib/neo4j/plugins。

步骤 3：修改配置文件。

在 neo4j.conf 配置文件的 dbms.security.procedures.unrestricted 配置项的后面添加",algo.*"，如下所示。

```
dbms.security.procedures.unrestricted = apoc.*,algo.*
```

步骤 4：重启 Neo4j 服务。

步骤 5：测试服务。

在可视化界面运行以下代码。

```
return algo.version()
```

如果返回值中出现了对应的版本号，则证明安装成功。上述代码的返回值如下，可知安装成功。

```
|"algo.version()" |
|"3.5.4"          |
```

接下来在可视化界面运行以下代码，该代码会返回 ALGO 支持的算法。读者可以将支持的算法导出为 CSV 文件。

```
CALL algo.list()
```

得到的返回值，即 ALGO 支持的算法如图 9-3 所示。

图 9-3 ALGO 支持的算法

9.3.2 ALGO 的应用

1. ALGO 提供的图算法

（1）中心性算法

中心性算法主要用于判断图中节点的重要性。很多中心性算法产生于社交网络分析，下面介绍几种中心性算法。

页面排名算法（algo.pageRank），计算网络中的实体权重排名。PageRank 算法的名字来自 Larry Page（Google 公司的创始人之一）的名字，PageRank 算法用于对 Google 搜索引擎搜索结果中的网站进行排名。

文档排名算法（algo.articleRank），是 PageRank 算法的一种变体，用于衡量节点的传递影响。

中介中心性算法（algo.betweenness），是一种检测节点对图中信息流影响程度的算法，该算法计算图中所有节点对之间的非加权最短路径。根据经过该节点的最短路径的数量，每个节点都会得到一个分数。中介中心性算法可用于找到特定疾病的控制基因，以改进药品的靶点。

紧密中心性算法（algo.closeness），是一种度量节点之间距离，即紧密程度的算法。紧密度得分高的节点与其他所有节点的距离最短。

调和中心性算法（algo.closeness.harmonic），用于解决不连通图的问题，是紧密中心性算法的一种变体，起源于社交网络分析领域。

度中心性算法（algo.degree），用于查找图中的重要节点，中心性度量来自节点的传入或（和）传出关系的数量，并取决于关系投影的方向。

（2）社区发现算法

社区发现算法主要用于评估一个群体是如何聚集或划分的，以及该群体的增强或分裂趋势。下面介绍几种社区发现算法。

鲁汶算法（algo.louvain），于 2008 年提出，是一种模块化算法。模块度表示社区内节点连边的权重之和与随机情况下连边的权重之和的差，是评估一个社区网络划分好坏的度量方法。

标签传播算法（algo.labelPropagation），是一种快速查找图中社区的算法，也是一种无监督算法，可用于在社交沟通中理解舆论。

强连通组件算法（algo.scc），用于检测网络中存在的强联通组件（关系存在双边结构）。强连通组件算法可以找到一个群体，在这个群体内，任何一个节点与其他节点均可互相访问。强连通组件算法可用于产品推荐等场景。

（3）路径查找算法

路径查找算法可以找到两个或多个节点之间的最短路径，或者评估路径的可用性。下面介绍几种路径查找算法。

最小生成树算法（algo.mst），用于找到一个连接树，在该树中，从给定的节点访问所有可达节点的权重或成本最小。

最短路径算法（algo.shortestPath），用于计算两个节点之间的最短路径。最短路径算法有 A 星算法（algo.shortestPath.astar）和 Yen's k-最短路径算法（algo.kShortestPaths）两种变体。与最短路径算法略有不同，Yen's k-最短路径算法不只会找到最短路径，还会计算出第 1～第 $k-1$ 个最短路径。

全节点对最短路径算法（algo.allShortestPath）和单源最短路径算法（algo.shortestPath.deltastepping），用于查找从选定节点到其他所有节点的最短路径，或查找所有节点对之间的最短路径。

随机路径算法（algo.randomWalk），常用于机器学习或其他图算法的预处理中。

（4）相似度算法

相似度算法使用不同的度量来计算节点对的相似度，下面介绍几种相似度。

杰卡德相似度（algo.similarity.jaccard），用于比较有限样本集之间的相似性与差异性。杰卡德系数值越大，样本相似度越高。

余弦相似度（algo.similarity.cosine），通过计算两个向量的夹角余弦值来评估它们的相似度。

皮尔逊相似度（algo.similarity.pearson），是两个 n 维向量的协方差除以它们的标准差的乘积。

欧氏距离（algo.similarity.euclidean），是指 n 维空间中两点之间的直线距离。

重叠相似度（algo.similarity.overlap），用于度量两个集合之间的重叠。计算方式为两个集合的交集大小除以两个集合中较小的集合的大小。

（5）链接预测算法

链接预测算法用于确定一对节点的紧密程度，下面介绍几种链接预测算法。

Adamic Adar 算法（algo.linkprediction.adamicAdar），是一种测算节点之间共同邻居亲密度的算法。

相同邻居算法（algo.linkprediction.commonNeighbors），其思想是两个有共同朋友的陌生人比没有共同朋友的陌生人更有可能通过介绍来认识。

优先连接算法（algo.linkprediction.preferentialAttachment），是一种度量方法，用于计算节点的亲密度。优先连接算法的思想是一个节点的连接越多，该节点接收新连接的可能性越大。

资源分配算法（algo.linkprediction.resourceAllocation），是一种度量方法，用于计算共享邻居的节点之间的亲密度。

相同社区算法（algo.linkprediction.sameCommunity），是一种确定两个节点是否属于同一个团体的算法。

2．ALOG 的应用

（1）在 import 目录下创建 CSV 文件，并将该文件导入到 neo4j 中

本例需要两个 CSV 文件，它们分别为 transport-nodes.csv 和 transport-relationships.csv 文件。这两个 CSV 文件的物理意义是欧洲道路网子集的数据。

transport-nodes.csv 文件的第 0 列为城市名称，第 1 例和第 2 列为纬度和经度信息，第 3 列为人口数量。

transport-nodes.csv 文件的内容如下。

```
id,latitude,longitude,population
"Amsterdam",52.379189,4.899431,821752
"Utrecht",52.092876,5.104480,334176
"Den Haag",52.078663,4.288788,514861
"Immingham",53.61239,-0.22219,9642
"Doncaster",53.52285,-1.13116,302400
"Hoek van Holland",51.9775,4.13333,9382
"Felixstowe",51.96375,1.3511,23689
```

```
"Ipswich",52.05917,1.15545,133384
"Colchester",51.88921,0.90421,104390
"London",51.509865,-0.118092,8787892
"Rotterdam",51.9225,4.47917,623652
"Gouda",52.01667,4.70833,70939
```

transport-relationships.csv 文件的第 0 列为出发城市名称,第 1 列为目的地城市名称,第 2 列关系类别(EROAD 的现实意义为欧洲的高速公路),第 3 列为城市间的距离。

transport-relationships.csv 文件的内容如下。

```
src,dst,relationship,cost
"Amsterdam","Utrecht","EROAD",46
"Amsterdam","Den Haag","EROAD",59
"Den Haag","Rotterdam","EROAD",26
"Amsterdam","Immingham","EROAD",369
"Immingham","Doncaster","EROAD",74
"Doncaster","London","EROAD",277
"Hoek van Holland","Den Haag","EROAD",27
"Felixstowe","Hoek van Holland","EROAD",207
"Ipswich","Felixstowe","EROAD",22
"Colchester","Ipswich","EROAD",32
"London","Colchester","EROAD",106
"Gouda","Rotterdam","EROAD",25
"Gouda","Utrecht","EROAD",35
"Den Haag","Gouda","EROAD",32
"Hoek van Holland","Rotterdam","EROAD",33
```

通过以下代码将 transport-nodes.csv 文件导入到 neo4j 中。

```
WITH "file:///transport-nodes.csv" AS uri
LOAD CSV WITH HEADERS FROM uri AS row
MERGE (place:Place {id:row.id})
SET place.latitude = toFloat(row.latitude),
place.longitude = toFloat(row.latitude),
place.population = toInteger(row.population);
```

通过以下代码将 transport-relationships.csv 导入到 neo4j 中。

```
WITH "file:///transport-relationships.csv" AS uri
LOAD CSV WITH HEADERS FROM uri AS row
MATCH (origin:Place {id: row.src})
MATCH (destination:Place {id: row.dst})
MERGE (origin)-[:EROAD {distance: toInteger(row.cost)}]->(destination);
```

(2)实现无权重最短路径算法

Neo4j 的最短路径算法位于 algo.shortestPath 下。最短路径算法默认图是无方向的,可以用参数 direction: "INCOMING" 或者 direction: "OUTGOING" 来更改默认设置,其中,INCOMING 表示入链,OUTGOING 表示出链。

若将空值作为过程的第 3 个参数传递给最短路径算法,则算法将假设每个关系的默认权重为 1.0,这意味着算法在执行时不考虑权重属性。现在查询从阿姆斯特丹(Amsterdam)到伦敦(London)的最短路径,不考虑权重,具体代码如下。

```
MATCH (source:Place {id: "Amsterdam"}),
```

```
(destination:Place {id: "London"})
CALL algo.shortestPath.stream(source, destination, null)
YIELD nodeId, cost
RETURN algo.getNodeById(nodeId).id AS place, cost
```

得到的返回值如下，这表示从阿姆斯特丹（Amsterdam）到伦敦（London）的无权重最短路径。

```
|"place"     |"cost"|
|"Amsterdam" |0.0   |
|"Immingham" |1.0   |
|"Doncaster" |2.0   |
|"London"    |3.0   |
```

将这几个城市之间的距离加起来，可得到该最短路径的总距离为 720 km。

（3）实现加权重最短路径算法

与无权重最短路径算法类似，加权重最短路径算法只需要将第 3 个参数设置为关系的属性。现在查询从阿姆斯特丹（Amsterdam）到伦敦（London）的加权重最短路径，权重为城市间的距离，代码如下。

```
MATCH (source:Place {id: "Amsterdam"}),(destination:Place {id: "London"})
CALL algo.shortestPath.stream(source, destination, "distance")
YIELD nodeId, cost
RETURN algo.getNodeById(nodeId).id AS place, cost
```

得到的返回值如下。

```
|"place"              |"cost"|
|"Amsterdam"          |0.0   |
|"Den Haag"           |59.0  |
|"Hoek van Holland"   |86.0  |
|"Felixstowe"         |293.0 |
|"Ipswich"            |315.0 |
|"Colchester"         |347.0 |
|"London"             |453.0 |
```

可以发现，无权重的最短路径的总距离成本为 720 km，考虑权重的最短路径的总距离成本为 453 km，节省了 267 km。

任务 9.4　Neo4j 运维

任务描述：掌握 Neo4j 的数据备份与恢复、性能与安全等操作方法。

9.4.1　Neo4j 备份与恢复

Neo4j 3.5.5 是社区版，仅支持离线备份，我们以它为例，介绍 Neo4j 的离线备份与恢复实现。在运行转储和恢复命令之前，应该先关闭数据库。

1．备份 Neo4j 数据库文件

使用以下命令进入当前用户主目录。

```
cd ~
```
创建备份目录的代码如下。
```
mkdir ~/backups
```
备份当前数据库文件的代码如下。
```
neo4j stop && neo4j-admin dump --database=graph.db --to=backups/neo4j-'date " +
%Y_%m_%d"'.dump && neo4j start
```

在上述代码中，使用 neo4j-admin dump 命令可完成数据库文件备份，其中，--database 表示要备份的数据库，--to 表示备份数据库的文件路径。

查看生成的数据库备份文件，代码如下。
```
ubuntu@7af945267144:~$ pwd
/home/ubuntu
ubuntu@7af945267144:~$ ls backups/
neo4j-2023_08_12.dump
```

在上述代码中，neo4j-2023_08_12.dump 文件是生成的数据库转储备份数据。

2. 恢复 Neo4j 数据库

使用以下命令进入当前用户主目录。
```
cd ~
```
恢复数据库，执行的命令如下。
```
sudo neo4j stop && sudo neo4j-admin load --from=backups/neo4j-'date "+%Y_%m_%d"
'.dump --database=graph.db --force && sudo neo4j start
```

在上述代码中，使用 neo4j-admin load 命令可完成数据库恢复，加载备份的数据库文件；当使用--force 选项时，会覆盖现有的数据。

3. Neo4j 导入数据方法

Neo4j 导入数据的方法在前文已经介绍，这里我们仅对导入方法进行汇总，具体如下。
- 通过 Cypher CREATE 语句，为每一条数据写一条 CREATE 语句。
- 通过 Cypher LOAD CSV 语句，将数据格式转换成 CSV 格式，并读取数据。
- 基于 Java API 实现批量导入。
- 通过 neo4j-admin import 命令导入数据。
- 通过 APOC 提供的数据导入方法。

如果需要从 CSV 文件导入大量数据到 Neo4j 数据库中，我们建议使用 neo4j-admin import 命令。此命令只能用于将数据加载到以前未使用过的数据库中，并且每个数据库只能执行一次。

9.4.2 Neo4j 性能与安全

1. Neo4j 运行情况

在浏览器 Cypher 执行窗口输入：
```
:sysinfo
```
便可得到 Neo4j 的运行状况。返回结果如图 9-4 所示。

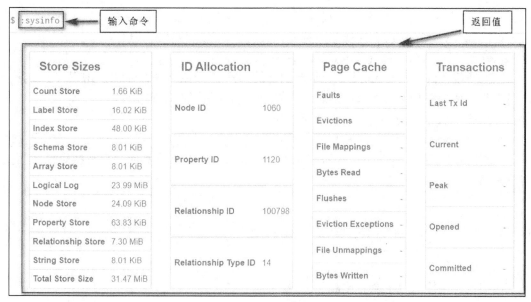

图 9-4　Neo4j 运行状况

从返回结果中可以发现，Neo4j 的运行情况主要分为 4 个方面：Store Sizes（存储容量）、ID Allocation（ID 分配）、Page Cache（页面缓存）、Transactions（事务）。

Store Sizes 主要展示 Neo4j 中存储文件的大小，其中，Node Store 表示节点已用的存储容量，Relationship Store 表示关系已存储容量，其余含义与英文命名基本一致，不再一一描述。

ID Allocation 主要展示 ID 的分配情况，其中，Node ID 表示节点总数，Property ID 表示属性总数，Relationship ID 表示关系总数，Relationship Type ID 表示关系类型的数量。

Page Cache 主要展示页面缓存的情况，其中，Bytes Read 表示页面缓存读入的数据量（单位为字节，B），Bytes Written 表示页面缓存写入的数据量（单位为字节，B），Flushes 表示页面缓存执行的刷新次数。

Transactions 主要展示事务的相关信息，其中，Last Tx Id 表示最后提交事务的 ID，Current 表示当前活动事务的数量，Peak 表示事务并发的最大值，Opened 表示启动事务的数量，Committed 表示提交事务的数量。

2．获取 Neo4j 的用户权限信息

（1）获取用户列表

在 web 界面端输入：

```
CALL dbms.security.listUsers()
```

得到的返回值如下，其中，username 表示存在的用户，falgs 表示该用户是否需要修改密码。

```
|"username"|"flags"|
|"neo4j"   |[]     |
```

（2）新增用户

在 web 界面创建新用户 tempname（该用户首次时登录需要修改密码），具体代码如下。

```
CALL dbms.security.createUser('tempname','123456',true)
```
再次输入创建用户命令（该用户首次登录不需要修改密码），具体如下。
```
CALL dbms.security.createUser('tempname1','123456',false)
```
在上两段代码中，'tempname'表示新创建的用户名，'123456'表示用户密码，true 表示该用户首次登录需要修改密码，false 表示该用户首次登录时不需要修改密码。

在浏览器端输入以下代码，查看用户列表。
```
CALL dbms.security.listUsers()
```
得到的返回值如下，其中，password_change_required 表示对应用户首次登录时需要修改密码。

```
|"username"    |"flags"                       |
|"neo4j"       |[]                            |
|"tempname"    |["password_change_required"]  |
|"tempname1"   |[]                            |
```

（3）删除用户

在浏览器端输入以下命令来删除用户。
```
CALL dbms.security.deleteUser('tempname1')
```
其中，'tempname1'表示要删除的用户名。如果删除的用户名不存在，或待删除的用户名为当前用户，那么系统会抛出异常，并回滚当前事务。

在上段代码中，我们删除了用户 tempname1，接下来在浏览器端输入以下命令，查看用户列表。
```
CALL dbms.security.listUsers()
```
得到的返回值如下。可以看出，tempname1 的信息已不存在。

```
|"username"   |"flags"                       |
|"neo4j"      |[]                            |
|"tempname"   |["password_change_required"]  |
```

（4）查看当前用户

在浏览器端输入以下命令来查看当前用户。
```
CALL dbms.security.showCurrentUser()
```
得到的返回值如下。

```
|"username"|"flags"|
|"neo4j"   |[]     |
```

（5）修改当前用户密码

在浏览器端输入以下命令来修改当前用户密码。
```
CALL dbms.security.changePassword("123456")
```
上述代码将当前 neo4j 用户的密码修改为 123456。

本章小结

首先，本章介绍了 Neo4j 的编程操作、Neo4j 扩展包的相关知识，以及 Neo4j 运维的相关操作。然后，本章介绍了 APOC 的安装方法、使用方法，以及 APOC 支持的过程和函数。最后，本章介绍了 ALGO 的安装方法、使用方法，以及 ALGO 支持的图算法，同时介绍了 Neo4j 的备份恢复方法、性能与安全的相关操作。

学完本章，读者需要掌握如下知识点。

1. Java 操作 Neo4j 的方法。
2. Python 操作 Neo4j 的方法。
3. APOC 和 ALGO 的安装方法和配置文件的修改方法。
4. APOC 支持的过程和函数。
5. ALGO 支持的图算法。
6. Neo4j 的备份与恢复功能。
7. Neo4j 的性能与安全操作。

第 10 章　其他 NoSQL 数据库

本章主要介绍其他主流的 NoSQL 数据库：开源的高扩展的分布式全文检索引擎 Elasticsearch、用于联机分析的列式数据库管理系统 ClickHouse、用于时序数据存储分析的时序数据库和存储向量类型的向量数据库。已具备这些知识的读者可有选择地学习本章内容。

【学习目标】
1．熟悉 Elasticsearch 数据库及其基本操作语句。
2．熟悉 ClickHouse 数据库及其基本操作语句。
3．了解时序数据库的概述与特点。
4．了解向量数据库的概述与优缺点。

任务 10.1　Elasticsearch

任务描述：了解 Elasticsearch 的背景、发展历程和核心特点，掌握 Elasticsearch 的基础概念和基本操作方法。

10.1.1　Elasticsearch 背景

1．简介

Elasticsearch 是一个基于 Lucene 构建的开源、分布式、RESTful 接口的全文搜索引擎。Elasticsearch 使用倒排索引技术，将文档中的词语进行分词，并将分出的单个词语统一放入一个分词库，在搜索时，根据关键字去分词库中搜索，从而快速找到相关信息，Elasticsearch 能够进行横向扩展，可以在极短的时间内存储、搜索和分析大量的数据。

图 10-1 展示了是数据库网站 DB-Engines 在 2023 年 8 月发布的数据库流行度排行榜。从中可以看出，Elasticsearch 位于前 10 名，其受欢迎的程度可见一斑。

2．发展历程

许多年前，一个叫沙伊·巴农（Shay Banon）的年轻人想为正在学习厨艺的新婚妻子编写一款菜谱搜索软件。在开发过程中，他发现搜索引擎库 Lucene 不仅使用门槛高，还有许多重复性工作，因此决定在 Lucene 的基础上封装一个简单易用的搜索应用库，并将其命名为 Compress。Elasticsearch 的前身就在这样浪漫的机缘下诞生了。

Rank			DBMS	Database Model	Score		
Aug 2023	Jul 2023	Aug 2022			Aug 2023	Jul 2023	Aug 2022
1.	1.	1.	Oracle	Relational, Multi-model	1242.10	-13.91	-18.70
2.	2.	2.	MySQL	Relational, Multi-model	1130.45	-19.89	-72.40
3.	3.	3.	Microsoft SQL Server	Relational, Multi-model	920.81	-0.78	-24.14
4.	4.	4.	PostgreSQL	Relational, Multi-model	620.38	+2.55	+2.38
5.	5.	5.	MongoDB	Document, Multi-model	434.49	-1.00	-43.17
6.	6.	6.	Redis	Key-value, Multi-model	162.97	-0.80	-13.43
7.	↑8.	↑8.	Elasticsearch	Search engine, Multi-model	139.92	+0.33	-15.16
8.	↓7.	↓7.	IBM Db2	Relational, Multi-model	139.24	-0.58	-17.99
9.	9.	9.	Microsoft Access	Relational	130.34	-0.38	-16.16
10.	10.	10.	SQLite	Relational	129.92	-0.27	-8.95
11.	11.	↑13.	Snowflake	Relational	120.62	+2.94	+17.50
12.	12.	↓11.	Cassandra	Wide column	107.38	+0.86	-10.76
13.	13.	↓12.	MariaDB	Relational, Multi-model	98.65	+2.55	-15.24
14.	14.	14.	Splunk	Search engine	88.98	+1.87	-8.46
15.	↑16.	15.	Amazon DynamoDB	Multi-model	83.55	+4.75	-3.71

图 10-1　DB-Engines 发布的数据库流行度排行榜

之后，Shay Banon 沙伊·巴农找到了一份工作，工作内容涉及大量的高并发分布式应用场景。于是，他决定重写 Compress，引入了分布式架构，并将 Compress 更名为 Elasticsearch。Elasticsearch 的第一个版本发布于 2010 年 5 月，发布后引发强烈反响。

Elasticsearch 在 GitHub 上发布后，使用量骤增，并很快有了自己的社区。没过多久，社区中的 Steven Schuurman、Uri Boness、Simon Willnauer 与 Shay Banon 一起成立了搜索公司 Elasticsearch Inc.。

在 Elasticsearch Inc. 成立前后，另外两个开源项目也正在快速发展：一个是 Jordan Sissel 的开源可插拔数据采集工具 Logstash，另一个是 Rashid Khan 的开源数据可视化 UI Kibana。由于作者间对彼此产品比较熟悉，因此他们决定合作发展，最终形成了 Elastic Stack 的经典技术栈 ELK：Elasticsearch, Logstash, Kibana。

从此以后，Elasticsearch 迅速发展，增加了许多新功能和特性。Elasticsearch 主要版本的发布时间如图 10-2 所示。

发布日期	版本号	时间间隔
2010-02-08	V0.2	
2010-05-14	V0.7	95 天
2014-02-14	V1.0	1372 天
2015-10-28	V2.0	621 天
2016-10-26	V5.0	364 天
2017-11-14	V6.0	384 天
2019-04-10	V7.0	512 天
2022-02-11	V8.0	1038 天

图 10-2　Elasticsearch 主要版本的发布时间

3. 核心特点

（1）Elasticsearch 对复杂分布式机制的透明隐藏特性

Elasticsearch 不仅是一个开源的搜索引擎，同时也是一套分布式的系统。分布式是为了应对大数据量。对于使用者来说，Elasticsearch 隐藏了复杂的分布式机制，使分布式机制对读者具有透明性。

分片机制：我们创建的文档能直接保存到 Elasticsearch 集群中，不需要知道这个文档会被保存在哪个分片中。

集群发现机制：先启动一个 Elasticsearch 进程，然后启动第二个 Elasticsearch 进程。这时，第二个进程将自动发现存在的集群，并自动加入这个集群。

分片负载均衡：假设集群中有 3 个节点，有 25 个片需要分配到这 3 个节点中，这时 Elasticsearch 会自动地进行均匀分配，以保证每一个节点均衡的读写负载请求。

（2）Elasticsearch 的搜索与分析功能

Elasticsearch 提供了强大的搜索与分析功能，用户可以使用不同的查询语言进行（高级）搜索，并对搜索结果进行聚合、排序、过滤等处理。同时，Elasticsearch 还支持复杂的数据分析和统计功能，可以帮助用户从海量数据中发现有价值的信息。

（3）Elasticsearch 的可伸缩与可用性

分布式架构使 Elasticsearch 具有良好的可伸缩性和高可用性。用户可以根据需求来水平扩展集群，并通过复制和故障转移机制来提高系统的稳定性和容错性。

10.1.2　Elasticsearch 基础内容

1. 基础概念

（1）集群

一个集群（Cluster）由一个唯一的名称进行标识，其名默认为 "elasticsearch"。集群名称非常重要，具有相同集群名称的节点才会组成一个集群。集群名称可以在配置文件中来指定。

（2）节点

节点（Node），即一个 Elasticsearch 实例。节点也有自己的名称，在启动时默认以一个随机的 UUID 的前 7 个字符作为自己的名称。用户也可以为节点指定名称。节点通过集群名称在网络中发现同伴，并组成集群。一个节点也可以是一个集群。

节点可以分为以下 3 类。

主节点：集群中的一个节点会被选为主（Master）节点，该节点负责管理集群范畴的变更，例如创建或删除索引、添加节点到集群或从集群删除节点。Master 节点无须参与文档层面的变更和搜索，这意味着仅有一个 Master 节点并不会因流量增长而成为瓶颈。任意一个节点都可以成为 Master 节点。

数据节点：包含已建立索引的文档的分片。数据节点处理与数据相关的操作，例如 CRUD、搜索和聚合。每个节点都可以通过设定配置文件 elasticsearch.yml 中的 node.data 属性为 true（默认）成为数据节点。

客户端节点：如果 node.master 属性和 node.data 属性都被设置为 false，那么该节点将是一个客户端节点，扮演负载均衡的角色，将接收的请求路由到集群中的其他节点上。

（3）索引

Elasticsearch 数据管理的顶层单位叫作索引（Index），它的概念相当于关系数据库中数据库的概念。每个索引有唯一的名称，用户通过这个名称来操作对应索引。每个索引的名称必须是小写字母。一个索引是一个文档的集合。一个集群中可以有多个索引。

（4）类型

文档可以分组，比如 employee 文档可以按部门分组，也可以按职位分组。这种分组叫作类型，它是虚拟的逻辑分组，用于过滤类型，这类似于关系数据库中的数据表。

（5）文档

索引中单条记录称为文档（Document）。许多条文档构成一个索引。文档使用 JSON 格式来表示。同一个索引中文档的结构不要求保持相同，但我们建议保持相同，因为这样有利于提高搜索效率。

（6）分片

创建一个索引时可以指定索引分成多少个分片进行存储。每个分片本身也是一个功能完善且独立的"索引"，可以被放置在集群的任意节点上。分片的优点是支持容量的水平切分/扩展，支持在多个分片上进行分布式的、并行的操作，从而提高系统的性能。

当查询的索引分布在多个分片上时，Elasticsearch 会把查询请求发送给每个相关的分片，并将这些分片的查询结果组合在一起。而应用程序并不知道分片的存在，即这个过程对用户来说是透明的。

2．基本操作

安装：首先从 Elasticsearch 官方网站下载 Elasticsearch 安装包，然后按照官方文档提供的步骤进行安装和配置。

启动：安装完成后，使用命令行进入 Elasticsearch 安装目录的 bin 文件夹，执行以下命令来启动 Elasticsearch 服务。

```
./elasticsearch
```

（1）创建索引

在 Elasticsearch 中，数据存储在索引中，可以使用 RestFUL API 或者 Elasticsearch 的客户端库来创建索引。以下是使用 curl 命令创建名为 "my_index" 的索引的示例。

```
curl -X PUT "localhost:9200/my_index"
```

（2）添加文档

在索引中添加文档，文档采用 JSON 格式来表示。以下是向"my_index" 索引中添加一个文档的示例。

```
curl -X POST "localhost:9200/my_index/_doc" -H "Content-Type:application/json" -d '
{
    "title": "Elasticsearch Example",
    "content": "This is an example document for Elasticsearch."
}'
```

(3) 搜索文档

以下是搜索 "my_index" 索引中标题包含 "Elasticsearch" 的文档的示例。

```
curl -X GET "localhost:9200/my_index/_search" -H "Content-Type:application/json"
 -d '
{
    "query": {
        "match": {
            "title": "Elasticsearch"
        }
    }
}'
```

(4) 聚合数据

Elasticsearch 提供了强大的聚合功能，可以对数据进行分组、计数、计算平均值等处理。以下是一个示例，演示 "my_index" 索引中数据的聚合计算。

```
curl -X GET "localhost:9200/my_index/_search" -H "Content-Type:application/json"
 -d '
{
    "aggs": {
        "avg_price": {
            "avg": {
                "field": "price"
            }
        }
    }
}'
```

任务 10.2　ClickHouse

任务描述：了解 ClickHouse 的背景、发展历程和核心特点，掌握 ClickHouse 的基础概念和基本操作方法。

10.2.1　ClickHouse 简介

商务智能（Business Intelligence，BI）系统的典型应用场景是多维分析，某些时候可以直接使用 OLAP 指代这类场景。一款优秀的 BI 类产品应该需要具备一站式、自服务且简单易用、实时应答、专业化和智能化的特征。

ClickHouse 具有 ROLAP、在线实时查询、完整的数据库管理系统、列式存储、不需要任何数据预处理、支持批量更新、拥有非常完善的 SQL 支持和函数、支持高可用、不依赖 Hadoop 复杂生态、开箱即用等许多特点，因此非常适用于 BI 领域。同时，ClickHouse 也广泛应用于电信、金融、信息安全、物联网等领域。

在采集数据的过程中，Click（点击）一次页面会产生一个 Event（事件）。这个过程可以理解为基于页面的点击事件（流），面向数据仓库进行 OLAP 分析，因此 ClickHouse 的全称是 Click Stream，Data WareHouse。图 10-3 展示了 ClickHouse 名称的含义。

Click Stream

ClickHouse =

Data Ware**House**

图 10-3　ClickHouse 名称的含义

10.2.2　ClickHouse 基础内容

1．基础概念

下面介绍 ClickHouse 中涉及的一些基本名词，以便于读者能够更好地理解 ClickHouse。

（1）表引擎

表引擎即表的类型，它是 ClickHouse 的核心概念，决定了：

- 数据的存储方式和位置，写到哪里以及从哪里读取数据；
- 支持哪些查询以及如何支持；
- 并发访问数据；
- 索引的使用（如果存在）；
- 是否可以执行多线程请求。

（2）数据库

数据库是 ClickHouse 集群中的最高级别对象，内部包含表、列、视图、函数、数据类型等。

（3）表

表是数据的组织形式，由行和列构成。

ClickHouse 的表从数据分布上来看，可以分为本地表和分布式表两种类型；从存储引擎上来看，可以分为单机表和复制表两种类型。

（4）表分区

表中的数据可以按照指定的字段进行分区存储，每个分区在文件系统中以目录的形式存在。常用的分区字段是时间字段，数据量大的表可以按照小时进行分区，数据量小的表可以按照天或者月进行分区。查询时使用分区字段作为 Where 语句条件，可以有效过滤掉大量非结果集数据。

（5）分片

在超大规模数据的处理场景下，单台服务器的存储、计算资源会成为性能瓶颈。为了进一步提高效率，ClickHouse 将海量数据分散存储到多台服务器上，每台服务器只存储和处理海量数据的一部分。在这种架构下，每台服务器称为一个分片。

一个分片本身就是 ClickHouse 的一个实例节点。分片的本质是提高查询效率，将一份全量的数据分成多份（片）能够降低单节点的数据扫描数量，提高查询性能。

（6）副本

为了在异常情况下保证数据的安全性和服务的高可用性，ClickHouse 提供了副本机制,将单台服务器的数据冗余地存储在2台或更多台服务器上。

(7)集群

在物理构成上,ClickHouse 集群是由多个 ClickHouse Server 实例组成的分布式数据库。这些 ClickHouse Server 根据购买规格的不同,可能包含1个或多个副本、1个或多个分片。在逻辑构成上,一个 ClickHouse 集群可以包含多个数据库对象。

2. 数据表定义

ClickHouse 中有众多表引擎,不同的表引擎在底层数据存储上千差万别,在功能和性能上各有侧重。但实际生产中,使用最广泛的表引擎就是 MergeTree 引擎。

MergeTree 引擎是 ClickHouse 中最有特色,也是功能最强大的表引擎,实现了数据的分区、副本、突变、合并。我们在这里主要以使用 MergeTree 引擎为例,讲解数据表的组织和存储形式,以及内容。

数据表的目录组成可用如下树型结构表示。

```
clickhouse
└── test_db
         ├── test_table_a
         │        ├── 20210224_0_1_1_2
         │        ├── 20210224_3_3_0
         │        ├── 20210225_0_1_2_3
         │        └── 20210225_4_4_0
         └── test_table_b
                  ├── 20210224_0_1_1_2
                  ├── 20210224_3_3_0
                  ├── 20210225_0_1_2_3
                  └── 20210225_4_4_0
```

在 ClickHouse 中,一个典型的数据表在文件系统中的目录结构如图 10-4 所示。

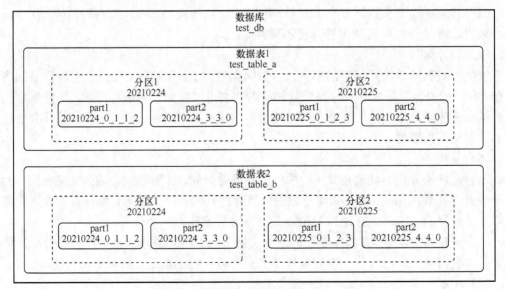

图 10-4 数据表的目录结构

数据库、数据表、分区都是按文件目录组织起来的，每个数据库会有对应的库目录，库中的每个表也会有各自对应的表目录。

每张表会包含若干个分区，这里的分区是一个逻辑概念，并不像数据表那样有目录与自己一一对应。在目录形式上，分区实际是一系列 Part（分区）的集合。每张表至少会有一个分区，如果不进行分区配置，则默认是一个全分区。

我们不再深入介绍 Part 的内容，对此有兴趣的读者可以自行查阅相关资料。

3．基本操作

（1）数据库操作——创建数据库

ClickHouse 可以通过指定表引擎的方式来创建数据库。在默认情况下，ClickHouse 使用的是原生的数据库引擎 Ordinary，当然也可以使用其他引擎，比如 MySQL 引擎。数据库的创建有以下两种情况。

情况 1：使用默认引擎创建数据库的语法结构如下。

```
CREATE database [if not exists] < database-name >;
```

语法结构中的 database-name 表示数据库名称。

示例：创建 myDB 数据库，代码如下。

```
CREATE database if not exists myDB;
```

情况 2：使用其他引擎创建数据库的语法结构如下。

```
CREATE DATABASE [IF NOT EXISTS] < database-name > [ON CLUSTER< cluster-name >]
 [ENGINE = engine(...)]
```

语法结构中的<cluster-name>表示 ClickHouse 集群的名称，ENGINE 关键字用于指定使用的引擎。这条语句会在 ClickHouse 中创建一个数据库，该数据库是其他引擎已存在的数据库的映射。我们可以对这个数据库执行 select 和 insert 命令，并把操作结果同步到指定引擎数据库。

示例：MySQL 中已存在一个名为 myMySQLDB 的数据库，我们使用以下代码在 ClickHouse 中创建数据库 myDB，并将该数据库映射到 myMySQLDB 上。

```
CREATE database if not exists myDB ENGINE = MySQL('127.0.0.1:3306',
'myMy SQLDB', 'root', '123456');
```

（2）数据库操作——删除数据库

删除数据库的语法结构与 SQL 语法结构基本相同，具体如下。

```
DROP database < database-name >;
```

示例：删除创建的 myDB 数据库，代码如下。

```
DROP database myDB;
```

（3）数据表操作——创建数据表

与创建数据库不同，创建数据表必须指定引擎，否则系统会报错，其语法结构如下。

```
CREATE table < table-name > (
   < field-name > type [COMMENT ...],
   ...
) ENGINE = (...)
[option]
```

语法结构中的 table-name 表示创建的数据表的表名,field-name 表示数据表中所包含字段的字段名,type 表示字段对应的数据类型,COMMENT 用于说明当前字段的含义,ENGINE 用于指定创建数据表时使用的表引擎,option 选项表示创建表时的其他操作。

示例:使用 MergeTree 引擎创建工厂商品数据表 product,代码如下。

```
CREATE table product (
    factory_goods_id UInt32 COMMENT '工厂商品编号',
    goods_name String COMMENT '商品名称',
    shop_id UInt32 COMMENT '店铺编号',
    shop_name String COMMENT '店铺名称',
    create_time DateTime COMMENT '创建时间',
    update_time DateTime COMMENT '更新时间'
) ENGINE = MergeTree()
PRIMARY KEY factory_goods_id
ORDER BY factory_goods_id;
```

(4)数据表操作——删除数据表

删除数据表的语法结构与 SQL 语法结构基本相同,具体如下。

```
DROP table if exists < table-name >;
```

示例:删除创建的工厂商品数据表 product,代码如下。

```
DROP table if exists product;
```

如果 ClickHouse 是在集群上部署的,那么删除数据表应该带着集群的名称。

示例:删除 factoryCluster 集群上的工厂商品数据表 product,代码如下。

```
DROP table product on CLUSTER elune;
```

(5)插入数据

插入数据的语法结构与 SQL 语法结构相似,二者不同之处主要体现在 ClickHouse 可以进行字段的批量插入。

ClickHouse 的语法结构如下。

```
INSERT into [database-name.]< table-name > [(< field-name >, ...)]
VALUES (<value>, ...), (<value>, ...), ...;
```

可以看到,VALUES 关键字后面可以跟多组数据,这说明 ClickHouse 的插入数据可以用于批量插入数据。

示例:在工厂商品数据表 product 中插入多条数据,代码如下。

```
INSERT into product(factory_goods_id, goods_name, shop_id, shop_name,
create_time, update_time)
values(1, '商品1号', 1, '店铺1号', '2023-07-06', '2023-07-07'),
    (2, '商品2号', 2, '店铺2号', '2023-07-06', '2023-07-07'),
    (3, '商品3号', 1, '店铺3号', '2023-07-06', '2023-07-07');
```

(6)查询数据

查询数据的语法结构与 SQL 语法结构基本相同,具体如下。

```
SELECT < field-name >, ...FROM < table-name > [where < condition >];
```

语法结构中的 condition 表示查询条件。

示例:查询工厂商品数据表 product 的数据,代码如下。

```
SELECT factory_goods_id, goods_name, shop_id, shop_name, create_time,
```

```
update_time FROM product;
```
另外，在查询过程中，如分组、排序、聚合函数甚至表连接的语法结构都与 SQL 对应的语法结构相似，此处不再赘述。感兴趣的读者可以自行查阅相关资料。

（7）修改数据

修改数据的语法结构与 SQL 语法结构略有不同，可以简单地理解为 ClickHouse 将 SQL 中 DDL 的修改与 DML 的修改合二为一。ClickHouse 修改数据的语法结构如下。
```
ALTER table < table_name > UPDATE field = value, ... WHERE < condition >;
```
示例：将工厂商品数据表 prodcut 中 shop_id 为 2 的 shop_name 修改为店铺 3 号，代码如下。
```
ALTER table product UPDATE shop_name = '店铺3号' WHERE shop_id = 2;
```
（8）删除数据

删除数据的语法结构与 SQL 语法结构略有不同，可以简单地理解为 ClickHouse 将 SQL 中 DDL 的修改与 DML 的删除合二为一。ClickHouse 的语法结构如下。
```
ALTER table < table_name > DELETE WHERE < condition >;
```
示例：删除工厂商品数据表 prodcut 中 factory_goods_id 为 3 的记录，代码如下。
```
ALTER table product DELETE WHERE factory_goods_id = 3;
```
需要注意的是，清空一张表的数据必须要加集群的名字，具体语法结构如下。
```
TRUNCATE table < table-name > on CLUSTER < cluster-name >;
```
示例：清空 factoryCluster 集群中的工厂商品数据表 prodcut 的数据，代码如下。
```
TRUNCATE table product on CLUSTER factoryCluster;
```

任务 10.3　时序数据库

任务描述：了解时序数据库的背景、核心特点以及应用场景。

10.3.1　时序数据库背景

1. 简介

时序数据库的全称为时间序列数据库，主要指用于处理带时间标签（按照时间的顺序进行变化，即时间序列化）的数据。带时间标签的数据也称为时间序列数据。

时间序列数据主要是各类实时监测、检查与分析设备所采集或产生的数据，这些数据的典型特点是：产生频率高（每一个监测点一秒可产生多条数据）、严重依赖采集时间（每一条数据均要对应唯一的时间）、测点多且数据量大（常规的实时监测系统均有成千上万个的监测点。监测点每秒都会产生数据。

下面是 DB-Engines Ranking 发布的时序数据库流行度排行榜，如图 10-5 所示。

2. 发展历程

时序数据库虽然近几年才进入大众视野，但其发展可以追溯到 20 世纪 90 年代。当时监控领域出现了时序数据存储的需求，由此出现了第一代时序数据库。作为代表的数据库

RRDtool Whisper 是固定大小的数据库，可以快速存储数值型数据，但是这类数据库的读性能比较弱，缺乏针对时间的特殊优化。

Rank Aug 2023	Rank Jul 2023	Rank Aug 2022	DBMS	Database Model	Score Aug 2023	Score Jul 2023	Score Aug 2022
1.	1.	1.	InfluxDB	Time Series, Multi-model	29.87	-1.05	+0.09
2.	2.	2.	Kdb	Multi-model	8.43	+0.20	-0.91
3.	3.	3.	Prometheus	Time Series	7.84	-0.21	+1.22
4.	4.	4.	Graphite	Time Series	5.60	-0.23	-0.44
5.	5.	5.	TimescaleDB	Time Series, Multi-model	5.12	+0.34	+0.33
6.	6.	↑9.	DolphinDB	Time Series, Multi-model	3.49	-0.36	+1.90
7.	7.	7.	RRDtool	Time Series	3.30	-0.12	+0.78
8.	8.	↓6.	Apache Druid	Multi-model	3.30	+0.07	+0.57
9.	9.	↑13.	TDengine	Time Series, Multi-model	2.68	-0.25	+1.54
10.	10.	↑11.	QuestDB	Time Series, Multi-model	2.53	+0.09	+1.24
11.	11.	↓8.	OpenTSDB	Time Series	2.26	-0.03	+0.22
12.	12.	12.	GridDB	Time Series, Multi-model	2.20	+0.13	+0.94
13.	13.	↓10.	Fauna	Multi-model	1.78	+0.11	+0.40
14.	14.	↑16.	VictoriaMetrics	Time Series	1.28	-0.01	+0.52
15.	15.	↓14.	Amazon Timestream	Time Series	1.23	+0.05	+0.26
16.	16.	↑19.	M3DB	Time Series	0.95	-0.14	+0.44
17.	↑18.	↑23.	Heroic	Time Series	0.94	+0.08	+0.63
18.	↑21.	18.	eXtremeDB	Multi-model	0.93	+0.14	+0.31
19.	↓17.	↓15.	CrateDB	Multi-model	0.89	-0.03	-0.05
20.	20.	↑22.	Apache IoTDB	Time Series	0.82	-0.01	+0.41

图 10-5 时序数据库排行榜（部分）
注：截止时间为 2023 年 8 月。

随着大数据的发展，时序数据出现爆发式增长。不只是监控系统，其他系统也有更多处理时序数据的需求。2011 年出现了以 OpenTSDB、KairosDB 为代表的基于分布式存储的时序数据库，这类时序数据库在继承通用存储优势的基础上，针对时间进行优化。比如 OpenTSDB 底层依赖 HBase 集群存储，根据时序的特征对数据进行压缩，节省存储空间；用时序守护进程进行读/写处理，对时序数据的常用查询进行封装，提供数据聚合、过滤等操作。这类专用于时序数据的数据库比第一代时序数据库在存储和查询性能上有明显提高，但也有许多不足，比如低效的全局 UID 机制、依赖 Hadoop 和 HBase 环境、部署及维护成本高等。

随着微服务的发展，时序数据库在高速发展，OpenTSDB 存在的不足促进了低成本的垂直型时序数据库的诞生。以 IfluxDB 为代表的垂直型时序数据库成为时序数据库市场的主流，对时序数据具备更高效的存储读取等数据处理能力。InfluxDB 的单机版本采用类似日志结构合并树的时间结构合并树存储结构，引入了时间线的概念，根据时间特征对数据实现了很好的分类，减少了冗余存储，提高了数据压缩率。相对于 OpenTSDB 需要配置 Java 环境和 HBase 环境，InfluxDB 基于 Goland 语言，并且使用类 SQL 语言的 InfluxQL，更易于开发人员使用。

10.3.2 核心特点

（1）数据写入的特点

写入平稳、持续、高并发高吞吐。时序数据的写入是比较平稳的，这点与应用数据不同。应用数据通常与应用的访问量成正比，其访问量通常存在波峰/波谷。时序数据的产生通常以一个固定的时间频率产生，不会受其他因素的制约。数据生成的速度是相对比较平稳的。

写多读少。与时序数据相关的95%~99%的操作是写操作，说明时序数据是典型的写多读少数据。这与其数据特性相关，例如监控数据，监控项可能很多，但是真正读取的数据可能比较少，人们通常只关心几个特定的关键指标或者特定场景的数据。

实时写入最近生成的数据，无更新。时序数据的写入是实时的，且每次写入都是最近生成的数据。这与其数据生成的特点相关，因为数据生成是随着时间推进来进行的，而新生成的数据会实时地进行写入。

已写入数据无更新。在时间维度上，随着时间的推进，每次写入的数据都是新数据，不存在旧数据的更新。

（2）数据存储的特点

数据量大。从监控数据为例，如果我们采集监控数据的时间间隔是 1 s，那么一个监控项每天会产生86400个时间点。若有10000个监控项，则一天就会产生864000000个数据点。在物联网场景下，这个数字会更大，每天采集的数据的规模是TB级甚至是PB级的。

冷热分明：时序数据有非常典型的冷热特征，越是历史的数据，被查询和分析的概率越低。

具有时效性。时序数据通常会有一个保存周期，超过这个保存周期的数据可以被认为是失效的，可以进行回收。这么做一方面是因为越是历史的数据，可利用的价值越低；另一方面是为了节省存储成本，低价值的数据可以被清理。

多精度数据存储。在查询的特点中我们提到时序数据出于存储成本和查询效率的考虑，会需要一个多精度的查询，同样时序数据库也需要一个多精度数据的存储。

10.3.3 应用场景

时序数据库的应用场景在物联网、互联网等领域应用广泛，下面列举了一些时序数据库的应用场景。

公共安全：上网记录、通话记录、个体追踪、区间筛选。

电力行业：智能电表、电网、发电设备的集中监测。

互联网：服务器/应用监测、用户访问日志、广告点击日志。

物联网：电梯、锅炉、水表等各种联网设备的监测。

交通行业：实时路况、路口流量的监测。

金融行业：交易记录、存取记录，以及相关设备的监测。

任务 10.4　向量数据库

任务描述：了解向量数据库的工作原理，熟悉向量数据库的特点及应用场景。

10.4.1　向量数据库概述

1．简介

向量数据库是一种特殊的数据库，专门用于存储和管理向量数据。向量数据是指由多个数值组成的数据，这些数值通常表示某种特征或属性。例如，一张图片可以表示为一个由像素值组成的向量，一个文本可以表示为一个由单词频率组成的向量。

向量数据库的主要特点是能够高效地存储和查询大规模的向量数据。向量数据库通常采用基于向量相似度的查询方式，即根据向量之间的相似度来检索数据，这种查询方式可以用于各种应用场景，例如图像搜索、音乐推荐、文本分类等。

向量数据库的实现方式有很多种，其中比较常见的是基于向量索引的方法。这种方法将向量数据映射到一个高维空间中，并在这个空间中构建索引结构，以支持高效的相似度查询。

向量数据库在人工智能、机器学习、大数据等领域有着广泛的应用，可以帮助用户快速地检索和分析大规模的向量数据，从而提高数据处理的效率和准确性。

下面是 DB-Engines Ranking 发布的向量数据库流行度排行榜，如图 10-6 所示。

Rank			DBMS	Database Model	Score		
Aug 2023	Jul 2023	Aug 2022			Aug 2023	Jul 2023	Aug 2022
1.	1.	1.	Kdb	Multi-model	8.43	+0.20	-0.91
2.	↑3.		Pinecone	Vector DBMS	2.61	+0.34	
3.	↓2.		Chroma	Vector DBMS	2.45	+0.04	
4.	4.	↓2.	Milvus	Vector DBMS	1.42	+0.06	+1.04
5.	5.	↓3.	Weaviate	Vector DBMS	1.35	+0.08	+1.23
6.	6.		Vald	Vector DBMS	0.89	+0.04	
7.	7.	↓4.	Qdrant	Vector DBMS	0.64	+0.03	+0.55
8.	8.		Deep Lake	Vector DBMS	0.61	+0.05	
9.	9.		Vespa	Multi-model	0.56	+0.01	
10.	10.		MyScale	Multi-model	0.14	-0.05	

图 10-6　向量数据库排行榜
注：截止时间为 2023 年 8 月。

2．工作原理

向量数据库是一种基于向量空间模型的数据库，其工作特点主要包括以下几个方面。

数据存储：向量数据库将数据存储为向量，每个向量表示一个数据对象。向量的维度数取决于数据对象的特征数。

向量索引：为了加快查询速度，向量数据库使用向量索引来存储向量数据。向量索引是一种数据结构，可以将向量数据按照一定的规则进行划分和组织，以便快速地进行查询和检索。

相似度计算：向量数据库的查询操作主要基于相似度计算。当用户输入一个查询向量时，向量数据库会计算该向量与数据库中所有向量的相似度，并返回相似度较高的前几个向量作为查询结果。

查询优化：为了提高查询效率，向量数据库采用了一系列查询优化技术，例如基于向量索引的查询优化、基于近似相似度计算的查询优化等。

10.4.2 向量数据库的特点

与传统的关系数据库不同，向量数据库使用向量作为基本数据类型，可以高效地处理大规模的复杂数据。向量数据库具有以下优点。

高效处理大规模数据。向量数据库使用向量化计算，可以高效地处理大规模的复杂数据，比传统的关系数据库更快。

支持高维数据。向量数据库可以处理高维数据，例如图像、音频和视频等，这些数据在传统的关系数据库中很难处理。

支持复杂查询。向量数据库支持复杂的查询操作，例如相似性搜索和聚类分析，这些操作在传统的关系数据库中很难实现。

易于扩展。向量数据库可以轻松地扩展到多个节点，以处理更大规模的数据。

向量数据库存在以下缺点。

相对较新。向量数据库是一种相对较新的技术，目前市场上的产品还比较少。

学习成本高。向量数据库使用向量作为基本数据类型，使用者需要掌握向量计算的相关知识，学习成本较高。

不适用于所有场景。向量数据库适用于处理大规模的复杂数据，但对于一些简单的数据处理场景，传统的关系数据库可能更加适用。

10.4.3 向量数据库的应用场景

向量数据库的应用场景非常广泛，下面介绍一些典型的应用场景。

图像搜索和识别：通过对图像中的特征向量进行存储和索引，可以实现高效的图像搜索和识别，这在电商、游戏、社交媒体等场景中非常普遍。

智能语音识别：通过将语音信号转化为向量形式，并与预计特征向量库进行比对，从而实现智能的语音识别。智能家居、智能客服、智能语音助手等场景中应用广泛。在智能客服场景中，通过将问题进行向量化处理，并与机器预存储的问题库进行比对，可以实现更加准确的自助解决方案推荐和快速满足用户的需求。

推荐系统：通过对用户行为或者产品特征进行向量表示，并对这些向量进行存储、索引和比对，可以更加准确地实现内容推荐、广告投放、舆情监控等应用。

金融风控分析：对客户交易记录等数据进行向量化、存储、索引和比对处理，可以实现客户风险预测，为用户提出合适的投资建议。

本章小结

在任务 10.1 中,本章介绍了 Elasticsearch 的基础知识,包括 Elasticsearch 的背景、发展历程以及核心特点,接着介绍了 Elasticsearch 的基本操作方法。在任务 10.2 中,本章主要介绍了 ClickHouse 的发展和基本操作方法。在任务 10.3 中,本章主要介绍了时序数据库的发展、工作原理,以及应用场景。在任务 10.4 中,本章主要介绍了向量数据库的发展、工作原理、特点以及应用场景。

学完本章,读者应该掌握如下知识。
1. Elasticsearch 的特点。
2. Elasticsearch 的基本操作方法。
3. ClickHouse 的特点。
4. ClickHouse 的基本操作方法。
5. 时序数据库的工作原理。
6. 向量数据库的工作原理。

第 11 章 综合实验

我们在前面介绍了 4 种分布式数据库，这里选取部分数据库来完成综合案例。这些案例主要包括 HBase 数据库与关系数据库数据迁移、MongoDB 数据存储与可视化分析、Redis 整合 Nginx 实现网页缓存和 Neo4j 社交网络查询实验。

【学习目标】
1. 完成 HBase 综合实验。
2. 完成 MongoDB 综合实验。
3. 完成 Redis 综合实验。
4. 完成 Neo4j 综合实验。

任务 11.1　HBase 数据库与关系数据库数据迁移

任务描述：完成 Hadoop、HBase 以及 Thrift 服务的启动；基于 Python 连接 MySQL，通过 Python 操作 MySQL；基于 Python 实现 MySQL 数据导入 HBase。

11.1.1　环境设置

本实验的环境为：Ubuntu 18.04、MySQL 5.7.28、Python 3.9、HBase 2.4.17。

进行本实验前需要先安装 HBase，HBase 的安装过程可参考前文内容。接下来将 HBase 安装包（/opt/hbase）复制到 Python 的 site-packages 路径（/usr/local/python3.9.17/lib/python3.9/site-packages）下。读者也可以根据自己安装路径进行修改。

更新 Ubuntu 镜像源，并安装相关依赖，代码如下。

```
pip install pymysql == 1.1.0
pip install thrift == 0.16.0
pip install hbase-thrift == 0.20.4
```

Python 连接 HBase 需要使用 Thrift，且需要用 Thrift 生成的 hbase.py 和 ttypes.py 覆盖 Python HBase 库对应的文件。Thrift 生成的 hbase.py 和 ttypes.py 见本书配套资源。之后使用以下命令，替换 HBase 库中的这两个文件。

```
sudo cp Hbase.py /usr/local/python3.9.17/lib/python3.9/site-packages/hbase/
sudo cp ttypes.py /usr/local/python3.9.17/lib/python3.9/site-packages/hbase/
```

11.1.2 MySQL 数据库的设计与数据导入

1. 数据库设计

本实验的数据为学生课程成绩。实体和实体间的关系都存储在数据库中，本实验中的实体有学生和课程，分别对应学生信息数据表 studentInfo 和课程信息数据表 courseInfo，实体之间的关系为选课及成绩，对应成绩数据表 gradeInfo。MySQL 中的表结构如图 11-1 所示。

```
mysql> desc studentinfo;
+--------+------------+------+-----+---------+-------+
| Field  | Type       | Null | Key | Default | Extra |
+--------+------------+------+-----+---------+-------+
| 学号   | int(11)    | NO   | PRI | NULL    |       |
| 姓名   | char(20)   | NO   |     | NULL    |       |
| 年龄   | int(11)    | YES  |     | NULL    |       |
| 性别   | tinyint(1) | YES  |     | NULL    |       |
+--------+------------+------+-----+---------+-------+
4 rows in set (0.01 sec)

mysql> desc gradeinfo;
+-----------+---------+------+-----+---------+-------+
| Field     | Type    | Null | Key | Default | Extra |
+-----------+---------+------+-----+---------+-------+
| 学号      | int(11) | NO   | PRI | NULL    |       |
| 课程号    | int(11) | NO   | PRI | NULL    |       |
| 成绩      | int(3)  | YES  |     | NULL    |       |
+-----------+---------+------+-----+---------+-------+
3 rows in set (0.00 sec)

mysql> desc courseinfo;
+-----------+----------+------+-----+---------+-------+
| Field     | Type     | Null | Key | Default | Extra |
+-----------+----------+------+-----+---------+-------+
| 课程号    | int(11)  | NO   | PRI | NULL    |       |
| 课程名    | char(20) | NO   |     | NULL    |       |
| 教师      | char(20) | YES  |     | NULL    |       |
+-----------+----------+------+-----+---------+-------+
3 rows in set (0.00 sec)
```

图 11-1　MySQL 中的表结构

如果还是以 3 张表的形式将数据存储在 HBase 中，这将没有任何意义。因为 HBase 有列族的概念，所以我们将 3 张表的数据整合在 HBase 的一张表中。HBase 中表的逻辑结构如图 11-2 所示。

	StuInfo			Grades		
	姓名	年龄	性别	大数据导论	NoSQL 数据库	Python
001	张俊	18	男	80	90	
002	李莉	18	女	85	78	88
003	王刚	18	男	90	80	

图 11-2　HBase 表的逻辑结构

HBase 将 studentInfo 表映射到 HBase 表的 StuInfo 列族上，将 gradeInfo 表和 courseInfo 表映射到 Grades 列族上，并通过 HBase 列族形式将数据整合到一起。如此一来，用户查询起来会更加方便。对于出现大量空值的场景，这种方式也可以节约存储空间。

2．导入数据

导入数据的步骤如下。

步骤 1：创建 coursesel.sql 文件。SQL 文件内容如下。

```
-- Host: localhost    Database: coursesel
-- ------------------------------------------------------
-- Server version    8.0.13

/*!40101 SET @OLD_CHARACTER_SET_CLIENT = @@CHARACTER_SET_CLIENT */;
/*!40101 SET @OLD_CHARACTER_SET_RESULTS = @@CHARACTER_SET_RESULTS */;
/*!40101 SET @OLD_COLLATION_CONNECTION = @@COLLATION_CONNECTION */;
 SET NAMES utf8 ;
/*!40103 SET @OLD_TIME_ZONE = @@TIME_ZONE */;
/*!40103 SET TIME_ZONE = ' + 00:00' */;
/*!40014 SET @OLD_UNIQUE_CHECKS = @@UNIQUE_CHECKS, UNIQUE_CHECKS = 0 */;
/*!40014 SET @OLD_FOREIGN_KEY_CHECKS=@@FOREIGN_KEY_CHECKS, FOREIGN_KEY_CHECKS=0 */;
/*!40101 SET @OLD_SQL_MODE = @@SQL_MODE, SQL_MODE = 'NO_AUTO_VALUE_ON_ZERO' */;
/*!40111 SET @OLD_SQL_NOTES = @@SQL_NOTES, SQL_NOTES = 0 */;

--
-- Table structure for table 'courseInfo'
--

DROP TABLE IF EXISTS 'courseInfo';
/*!40101 SET @saved_cs_client = @@character_set_client */;
 SET character_set_client = utf8 ;
CREATE TABLE 'courseInfo' (
    '课程号' int(11) NOT NULL,
    '课程名' char(20) NOT NULL,
    '教师' char(20) DEFAULT NULL,
    PRIMARY KEY ('课程号')
) ENGINE=InnoDB DEFAULT CHARSET = utf8 COLLATE=utf8_general_ci;
/*!40101 SET character_set_client = @saved_cs_client */;

--
-- Dumping data for table 'courseInfo'
--

LOCK TABLES 'courseInfo' WRITE;
/*!40000 ALTER TABLE 'ourseInfo' DISABLE KEYS */;
INSERT INTO 'courseInfo' VALUES (1,'大数据导论','罗旭'),(2,'NoSQL 数据库','张洋'),
(3,'Python','徐娇');
/*!40000 ALTER TABLE 'courseInfo' ENABLE KEYS */;
UNLOCK TABLES;

--
```

```sql
-- Table structure for table 'gradeInfo'
--

DROP TABLE IF EXISTS 'gradeInfo';
/*!40101 SET @saved_cs_client = @@character_set_client */;
 SET character_set_client = utf8 ;
CREATE TABLE 'gradeInfo' (
    '学号' int(11) NOT NULL,
    '课程号' int(11) NOT NULL,
    '成绩' int(3) DEFAULT NULL,
    PRIMARY KEY ('学号', '课程号')
) ENGINE=InnoDB DEFAULT CHARSET = utf8 COLLATE = utf8_general_ci;
/*!40101 SET character_set_client = @saved_cs_client */;

--
-- Dumping data for table 'gradeInfo'
--

LOCK TABLES 'gradeInfo' WRITE;
/*!40000 ALTER TABLE 'gradeInfo' DISABLE KEYS */;
INSERT INTO 'gradeInfo' VALUES (1,1,80),(1,2,90),(2,1,85),(2,2,78),(2,3,88),
(3,1,98),(3,2,80);
/*!40000 ALTER TABLE 'gradeInfo' ENABLE KEYS */;
UNLOCK TABLES;

--
-- Table structure for table 'studentInfo'
--

DROP TABLE IF EXISTS 'studentInfo';
/*!40101 SET @saved_cs_client = @@character_set_client */;
 SET character_set_client = utf8 ;
CREATE TABLE 'studentInfo' (
    '学号' int(11) NOT NULL,
    '姓名' char(20) NOT NULL,
    '年龄' int(11) DEFAULT NULL,
    '性别' tinyint(1) DEFAULT NULL,
    PRIMARY KEY ('学号')
) ENGINE=InnoDB DEFAULT CHARSET = utf8 COLLATE = utf8_general_ci;
/*!40101 SET character_set_client = @saved_cs_client */;

--
-- Dumping data for table 'studentInfo'
--

LOCK TABLES 'studentInfo' WRITE;
/*!40000 ALTER TABLE 'studentInfo' DISABLE KEYS */;
INSERT INTO 'studentInfo' VALUES (1,'张俊',18,'男'),(2,'李莉',18, '女'),
(3,'王刚',18,'男');
/*!40000 ALTER TABLE 'studentInfo' ENABLE KEYS */;
```

```
UNLOCK TABLES;
/*!40103 SET TIME_ZONE = @OLD_TIME_ZONE */;

/*!40101 SET SQL_MODE = @OLD_SQL_MODE */;
/*!40014 SET FOREIGN_KEY_CHECKS = @OLD_FOREIGN_KEY_CHECKS */;
/*!40014 SET UNIQUE_CHECKS = @OLD_UNIQUE_CHECKS */;
/*!40101 SET CHARACTER_SET_CLIENT = @OLD_CHARACTER_SET_CLIENT */;
/*!40101 SET CHARACTER_SET_RESULTS = @OLD_CHARACTER_SET_RESULTS */;
/*!40101 SET COLLATION_CONNECTION = @OLD_COLLATION_CONNECTION */;
/*!40111 SET SQL_NOTES = @OLD_SQL_NOTES */;

-- Dump completed on 2023-08-10 14:32:18
```

步骤 2：登录 MySQL，创建数据库，代码如下。

```
create database coursesel;
```

步骤 3：导入数据，代码如下。

```
use coursesel;
source coursesel.sql;
```

步骤 4：查看数据是否导入，代码如下。

```
show tables;
```

得到的返回结果如图 11-3 所示。可以看出，courseInfo、gradeInfo、studentInfo 这 3 个表已导入 MySQL。

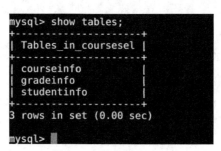

图 11-3　数据导入结果

3．Python 读取 MySQL

Python 读取 MySQL 的步骤如下。

步骤 1：Python 连接 MySQL，代码如下。

```
import pymysql
```

步骤 2：连接数据库，代码如下。

```
# 打开 MySQL 并连接
db = pymysql.connect(host = "localhost", user = "root", password = "123456",
database = "coursesel")
```

在上述代码中，localhost 表示本地数据库，如果连接远程数据库，那么可使用 ip: port 形式，例如 10.100.9.33: 3306；root 和 123456 分别表示连接数据库的用户名和密码；coursesel 表示用到的具体数据库名。

步骤 3：获取学生基本信息，代码如下。

```
# 使用 cursor()方法创建一个游标对象 cursor
cursor = db.cursor()
# 执行 SQL 语句
cursor.execute("SELECT * FROM studentInfo")
# 获取所有记录列表
stuInfo = cursor.fetchall()
print(stuInfo)
```

得到的返回结果如图 11-4 所示。

```
/opt/conda3/bin/python3.6 /home/ubuntu/PycharmProjects/untitled/d.py
((1, '张俊', 18,'男'),(2, '李莉', 18,'女'),(3, '王刚', 18, '男'))
Process finished with exit code 0
```

图 11-4　获取的学生基本信息

步骤 4：获取课程信息。使用 fetchall() 方法获取查询的结果，返回结果的 stuInfo 为列表结构，存储了多行数据。我们对每个学生从 gradeInfo 和 courseInfo 表中获取他的课程信息，代码如下。

```
stuInfo=cursor.fetchall()
# print(stuInfo)
for row in stuInfo:
    id = row[0]
    name = row[1]
    age = row[2]
    sex = row[3]
    # 根据学号查询该学生所选课程的相关信息
    sqlCourse = "SELECT courseInfo.课程名,gradeInfo.成绩   " \
                "FROM studentInfo,courseInfo,gradeInfo   " \
                "WHERE studentInfo.学号 = gradeInfo.学号   " \
                "and courseInfo.课程号 = gradeInfo.课程号 " \
                "and studentInfo.学号 = '%s' " % (id)
    cursor1.execute(sqlCourse)
    courses = cursor1.fetchall()
    print(courses)
```

得到的结果如图 11-5 所示。

```
/opt/conda3/bin/python3.6 /home/ubuntu/PycharmProjects/untitled/d.py
(('大数据导论', 80), ('NoSQL数据库', 90))
(('大数据导论', 85), ('NoSQL数据库', 78), ('Python', 88))
(('大数据导论', 90), ('NoSQL数据库', 80))
```

图 11-5　获取学生课程信息

11.1.3　启动 HBase 以及 Thrift 服务

1. 启动 HBase

在终端输入：

```
cd /opt/hbase/bin/
./start-all.sh
```

并通过 jps 命令查看是否启动成功，返回结果如图 11-6 所示。

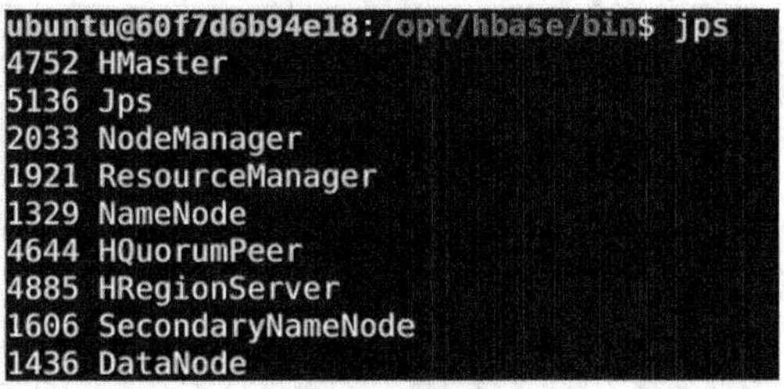

图 11-6　HBase 启动结果

2．启动 Thrift 服务

在终端输入：

```
./hbase-daemon.sh start thrift
```

并通过 jps 命令查看是否启动成功，返回结果如图 11-7 所示。

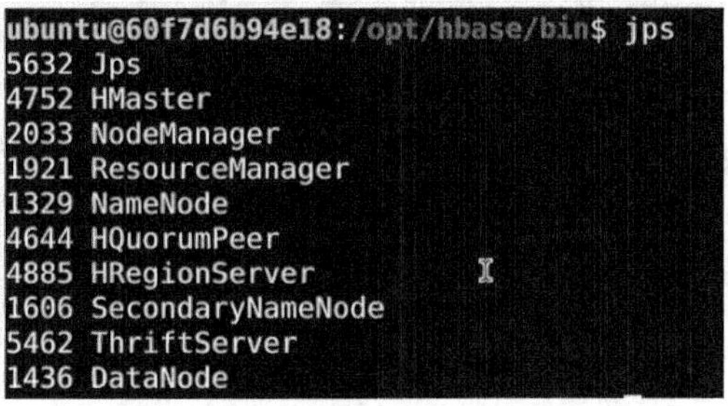

图 11-7　Thrift 启动结果

11.1.4　将数据从 MySQL 导入 HBase

1．插入 HBase

Python 连接 HBase 需要使用 Thrift 服务。下载安装并启动 Thrift 服务后，在 Python 中导入相应的库包，代码如下。

```
from thrift.transport import TSocket
from hbase import Hbase
from hbase.ttypes import *
```

之后，使用以下代码连接 HBase 以及创建表。

```
transport = TSocket.TSocket('host', 9090)
protocol = TBinaryProtocol.TBinaryProtocol(transport)
client = Hbase.Client(protocol)
transport.open()
```

在上述代码中，TSocket()方法中的第一个参数 host 表示 HBase 服务器地址，9090 表示 HBase 启动的默认端口号。使用 HBase.Client 类创建 Client 对象。

连接 HBase 后，使用以下代码创建表结构。

```
#定义列族
cf1 = ColumnDescriptor(name = 'stuInfo')
cf2 = ColumnDescriptor(name = 'Grades')
client.createTable('courseGrade', [cf1, cf2])
```

首先，上述代码使用 ColumnDescriptor()方法描述一个列族，其中的参数表示列族名。读者还可以增加该方法的其他参数，如设置最大保存版本数 maxVersions。然后，上述代码使用 createTable()方法创建表，其中的第一个参数表示表名，第二个参数表示列族列表。

接下来使用以下代码向列族中插入数据，使用 mutateRow()方法插入一个逻辑行，该行对应多个列。

```
#插入 HBase courseGrade 表的 stuInfo 列族
mutations = [Mutation(column = "stuInfo:name", value = name),
             Mutation(column = "stuInfo:age", value = str(age)),
             Mutation(column = "stuInfo:sex", value = str(sex))]
client.mutateRow('courseGrade', str(id), mutations)
```

其中，mutateRow()方法的第一个参数表示文本类型的表名，第二个参数表示文本类型的行键，第三个参数表示文本类型的列值列表。读者还可以在这些参数后面设置 JSON 格式的可选属性。

下面用同样的方式将学生的选课信息插入 Grades 列族，代码如下。Grades 列族中以 courseName 为列名，成绩 score 为具体单元格的值。

```
mutations = [Mutation(column = "Grades:'%s'"%(courseName), value = str(score))]
client.mutateRow('courseGrade', str(id), mutations)
```

2. 查询数据

我们查询学号为 1 的学生的所有选课信息，代码如下。

```
client.getRow('courseGrade','1')
client.get('courseGrade','1', 'StuInfo:name')
```

在上述代码中，get()和 getRow()方法必须设置表名和行键，它们中的第一个参数表示表名，第二参数表示行键。HBase 中所有的数据类型为字符串型。getRow()方法只能获取一个逻辑行的数据，并且必须指定行键，因此，如需根据学生姓名来查询学生的选课信息，则可以使用 Tscan()方法，具体如下。

```
scan = TScan()
scan.columns = ['stuInfo']
afilter = "valueFilter( = ,'substring:李莉')"
scan.filterString = afilter
scanner = client.scannerOpenWithScan("courseGrade",scan,None)
result = client.scannerGetList(scanner,4)
```

其他查询方法请查阅 Python HBase API 的相关文档。

将数据从 MySQL 导入 HBase 中的完整代码如下。

```
from thrift.transport import TSocket
from hbase import Hbase
from hbase.ttypes import *
import pymysql
```

```python
# 打开 HBase 数据库连接
transport = TSocket.TSocket('localhost', 9090)
protocol = TBinaryProtocol.TBinaryProtocol(transport)
client = Hbase.Client(protocol)
transport.open()

#定义列族
cf1 = ColumnDescriptor(name = 'stuInfo')
cf2 = ColumnDescriptor(name = 'Grades')

#建立表结构
try:
    # 判断表是否存在
    tables_list = client.getTableNames()
    if "courseGrade" in tables_list:
        #如果表存在则删除重新建立
        client.disableTable('courseGrade')
        client.deleteTable('courseGrade')
        client.createTable('courseGrade', [cf1, cf2])
    else:
        # 如果不存在，则创建表
        client.createTable('courseGrade', [cf1, cf2])
except:
    print("创建表失败！")

# 打开 mysql 数据库连接
db = pymysql.connect(host = "localhost", user = "root", password = "123456", database="coursesel")
# 使用 cursor()方法创建一个游标对象 cursor
cursor = db.cursor()
cursor1 = db.cursor()
# SQL 查询学生表信息
sqlStu = "SELECT * FROM studentinfo"
try:
    # 执行 SQL 语句
    cursor.execute(sqlStu)
    # 获取所有记录列表
    stuInfo = cursor.fetchall()
    for row in stuInfo:
        id = row[0]
        name = row[1]
        age = row[2]
        sex = row[3]
        #插入 HBase courseGrade 表的 stuInfo 列族
        mutations = [Mutation(column = "stuInfo:name", value = name),
                    Mutation(column = "stuInfo:age", value = str(age)),
                    Mutation(column = "stuInfo:sex", value = str(sex))]
        client.mutateRow('courseGrade', str(id), mutations)

        #根据学号查询该学生所选课程的相关信息
```

```
            sqlCourse = "SELECT courseInfo.课程名,gradeInfo.成绩 " \
                    "FROM studentInfo,courseInfo,gradeInfo " \
                "WHERE studentInfo.学号 = gradeInfo.学号 " \
                "and courseInfo.课程号 = gradeInfo.课程号 
                 and studentInfo.学号 = '%d'" %(id)
            cursor1.execute(sqlCourse)
            # 获取所有记录列表
            courses = cursor1.fetchall()
            for course in courses:
                courseName = course[0]
                score = course[1]
                # 插入 HBase courseGrade 表的 Grades 列族
                mutations = [Mutation(column = "Grades:'%s'"%(courseName),
                             value = str(score))]
                client.mutateRow('courseGrade', str(id), mutations)
            result = client.getRow('courseGrade', str(id))
            print(result)
except Exception as err:
    print(err)

# 关闭数据库连接
transport.close()
db.close()
```

任务 11.2　MongoDB 数据存储与可视化分析

任务描述：MongoDB 是文档数据库，采用 BSON 格式来存储数据。在文档中嵌套其他文档类型，使得 MongoDB 具有很强的数据描述能力。本实验首先通过 python 读取数据文件，然后数据存储到 MongoDB 中，最后基于这些数据进行模拟的房产信息查询、聚合分析和可视化展示等。本实验所用数据为模拟房地产数据，不具有真实含义。

11.2.1　环境设置

本实验的环境为：Ubuntu18.04；Python 3.9.0；MongoDB 6.0.8。
进行本实验前需要先安装 MongoDB，MongoDB 的安装过程可参考前文内容。更新 Ubuntu 镜像源，并安装相关依赖，具体代码如下。

```
sudo apt-get update
pip install --upgrade pip
pip install requests      # requests == 2.27.1
pip install lxml          # lxml == 4.9.3
pip install pymongo       # pymongo == 4.1.1
pip install matplotlib    # matplotlib == 3.3.4
```

11.2.2 获取和存储数据

要分析房源信息，先要获取原始的房源数据。本实验使用 Python 读取 JSON 数据集，获取房地产公司的楼盘（新房）信息。JSON 数据集存储的房源数据如下所示，其中包括房源所在区域、小区名、房型、面积、地址、价格等信息。

```
{
"quyu_1": {
"area": "区域1",
"title": "小区A",
"type": "住宅",
"square": "建面 64-173 ㎡",
"detail_area": "区域1 其他",
"detail_place": "东大街1号",
"price": 6800
},
"quyu _2": {
"area": "区域1",
"title": "小区B",
"type": "住宅",
"square": "建面 92-105 ㎡",
"detail_area": "区域1 其他",
"detail_place": "东大街和南大街交汇处",
"price": 5500
},
...,
" quyu_10": {
"area": "区域2",
"title": "小区C",
"type": "住宅",
"square": "建面 107-143 ㎡",
"detail_area": "北大街",
"detail_place": "西大街和北大街交汇区",
"price": 7000
}
}
```

具体数据集及获取方式请查看随书资料。

1. 读取数据并插入文档

创建 load_mongo.py 文件，定义 get_areas()函数，用于读取 JSON 数据集并向 MongoDB 中批量插入文档。具体代码如下。

```
import json
def get_areas(col):
with open('loupan.json', 'r', encoding = 'utf-8') as fp:
 areas = json.load(fp)
 area_list = []
 for area in areas.values():
```

```
area_list.append(area)
col.insert_many(area_list)
```

上面代码首先导入 json 依赖，然后调用 json 库中的 load()函数来读取 JSON 文件流并转换成 Python 字典对象。

2．连接数据库并存储数据

定义 main()函数，用于连接数据库并存储数据。本实验中的房源信息将存储到 MongoDB 中，数据库名称为"fangyuan"，集合名称为"loupan"。具体代码如下。

```
def main():
    print('start!')
    # 设置 mongo 数据库
    client = MongoClient('127.0.0.1', 27017)
    db = client.get_database("fangyuan")
    col = db.get_collection("loupan")
    get_areas(col)
    print('finish!')
if __name__ == '__main__':
    main()
```

11.2.3　分析数据并可视化

存储房源信息（数据）后，下面进行数据分析，例如，获取每个区域房价的平均值和最大值，并将其以条形图的形式展示出来。

以下代码可 Windows 和 Ubuntu 的环境下运行，如果需要在 Ubuntu 下运行，可以使用 Ubuntu 环境下代码，同时注释掉 Windows 环境下的代码；如果需要在 Windows 环境下运行，可以使用 Windows 环境下代码，同时注释掉 Ubuntu 环境下的代码。

1．导入依赖并连接 MongoDB

代码如下。

```
from pymongo import MongoClient
import matplotlib.pyplot as plt
import matplotlib.font_manager as fm      # Windows 环境下运行
# from matplotlib.font_manager import *    # Ubuntu 环境下运行
import matplotlib

matplotlib.use('TkAgg')

# 连接 MongoDB 数据库
client = MongoClient(127.0.0.1, 27017)
db = client.get_database("fangyuan")
col = db.get_collection("loupan")
```

2．获取数据

基于 MongoDB 聚合管道技术对数据进行分组计算，对房源的区域进行分组聚合，并过滤掉房价待定且不是住宅用途的房源，具体代码如下。

```
# 设置 match 和 group 分组聚合管道得到城市每个区住房的房价信息
# 过滤掉房价待定且不是住宅用途的房源
```

```
pipeline = [
    {"$match":
        {
            "type": "住宅",
            "price": {"$ne": 0}
        }
    },
    {"$group":
        {
            "_id": "$area",
            "avgPrice": {"$avg": "$price"},
            "MaxPrice": {"$max": "$price"}
        }
    },
]
data = col.aggregate(pipeline)
for item in data:
    print(item)
print("-" * 20)
```

上面代码的返回值如下。

```
--------------------
{'_id': '花祖', 'avgPrice': 42690.5, 'MaxPrice': 59000}
{'_id': '白芳', 'avgPrice': 20383.3, 'MaxPrice': 27500}
{'_id': '成海', 'avgPrice': 8308.3, 'MaxPrice': 14500}
{'_id': '静幽', 'avgPrice': 5720.0, 'MaxPrice': 6800}
{'_id': '武晶', 'avgPrice': 13862.5, 'MaxPrice': 18100}
{'_id': '繁川', 'avgPrice': 17928.6, 'MaxPrice': 27000}
{'_id': '久贵', 'avgPrice': 10857.1, 'MaxPrice': 15000}
{'_id': '洛平', 'avgPrice': 8308.3, 'MaxPrice': 14500}
{'_id': '桦平', 'avgPrice': 10785.7, 'MaxPrice': 14000}
{'_id': '麒雅', 'avgPrice': 28600.0, 'MaxPrice': 42000}
{'_id': '耀凡', 'avgPrice': 11183.3, 'MaxPrice': 15000}
{'_id': '庆洲', 'avgPrice': 8263.2, 'MaxPrice': 10300}
{'_id': '昌盛', 'avgPrice': 26385.0, 'MaxPrice': 26770}
{'_id': '本速', 'avgPrice': 6483.3, 'MaxPrice': 8400}
{'_id': '察古', 'avgPrice': 8308.3, 'MaxPrice': 14500}
{'_id': '生杭', 'avgPrice': 21450.0, 'MaxPrice': 25300}
{'_id': '雄碧', 'avgPrice': 34000.0, 'MaxPrice': 38000}
--------------------
```

从输出结果中可以看出，不同区或房价的最高值和平均值还是有较大差别的。为更好的展示分析结果，下面对数据进行可视化操作。

3. 数据可视化

对基于聚合统计出的数据使用 Python 来绘制条形图，这需要使用 matplotlib 库。具体代码如下。

```
# 进行聚合计算操作
lists = col.aggregate(pipeline)
label_list = []
```

```python
num_list1 = []
num_list2 = []
# 获取聚合后的数据并插入label_list，num_list1, num_list2用于纵横坐标显示
for list in lists:
    label_list.append(list['_id'])
    num_list1.append(round(list['avgPrice'], 1))
    num_list2.append(list['MaxPrice'])

# 设置中文字体和负号正常显示

myfont = fm.FontProperties(fname = r"c:\windows\fonts\simhei.ttf")    # 解决中文乱码
Windows下配置

# myfont = FontProperties(fname = '/usr/share/fonts/truetype/wqy/wqy-zenhei.ttc')
# 解决中文乱码 Ubuntu下配置

matplotlib.rcParams['axes.unicode_minus'] = False    # 解决正负号问题

x = range(len(num_list1))

# 绘制条形图。条形中点横坐标，height表示长条形高度；width表示长条形宽度，默认值0.8；label
# 为后面设置legend做准备
rects1 = plt.bar(x, height = num_list1, width = 0.4, alpha = 0.8, color = 'red',
                 label="均值")
rects2 = plt.bar([i + 0.4 for i in x], height = num_list2, width = 0.4,
                 color = 'green', label = "最大值")
plt.ylim(0, max(num_list2)+1000)    # y轴取值范围
plt.ylabel("价格/元", fontproperties = myfont)

# 设置x轴刻度显示值；参数一：中点坐标；参数二：显示值
plt.xticks([index + 0.2 for index in x], label_list, fontproperties = myfont)
plt.xlabel("区域", fontproperties = myfont)
plt.title("某市地区房价", fontproperties = myfont)
plt.legend()    # 设置题注

for rect in rects1:
    height = rect.get_height()
    plt.text(rect.get_x() + rect.get_width() / 2, height+1, str(height),
             ha = "center", va = "bottom", fontproperties = myfont)
for rect in rects2:
    height = rect.get_height()
    plt.text(rect.get_x() + rect.get_width() / 2, height+1, str(height),
             ha = "center", va = "bottom", fontproperties = myfont)
# 显示条形图
plt.show()
# 关闭数据库连接
client.close()
```

数据可视化结果如图11-8所示。

第 11 章 综合实验

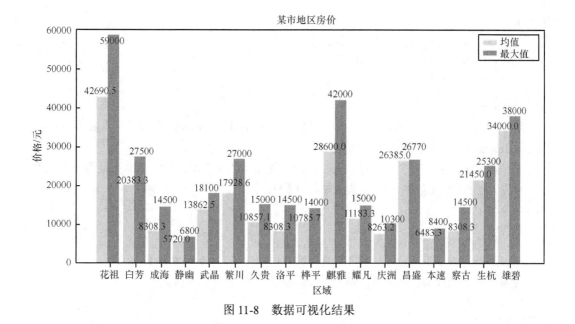

图 11-8　数据可视化结果

任务 11.3　Redis 整合 Ngnix 实现网页缓存

Redis 提供键值对数据存储服务，并提供多种语言的 API。常用的应用场景包括会话缓存、页面缓存、消息队列平台、技术排序等。本实验将基于 Nginx 的 Web 服务 OpenResty 平台，实现网页缓存功能。

11.3.1　环境设置

本实验的环境为：Ubuntu 16.04、Redis 7.0.12、OpenResty 1.21.4.2、MySQL 5.7.28。进行本实验之前，需要先安装 Redis，Redis 的安装过程可参考前文内容。

11.3.2　OpenResty 环境搭建

OpenResty 是一个基于 Nginx 的可伸缩的 Web 平台，Web 开发人员可以使用 Lua 脚本语言调动 Nginx 支持的各种 C 模块及 Lua 模块。在性能方面，OpenResty 可以快速构造出高并发且连续响应的高性能 Web 应用系统。

Lua 是一种轻量小巧的脚本语言，用标准 C 语言编写并以源代码形式开放，其设计是为了嵌入应用程序，从而为应用程序提供灵活的扩展和定制功能。

OpenResty 依赖库有：perl 5.6.1+、libreadline、libpcre、libssl，所以我们需要先安装好这些依赖库。安装代码如下。

```
apt-get install libreadline-dev libpcre3-dev libssl-dev perl
```

接下我们可以在 OpenResty 官网下载最新的 OpenResty 安装包并解压和编译安装，代

· 301 ·

码如下。

```
tar xzvf openresty-1.21.4.2.tar.gz    # 解压
cd openresty-1.21.4.2/
./configure
gmake
gmake install
```

默认情况下 Open Resty 会被安装到/usr/local/openresty 目录下,我们可以使用./configure --help 查看更多的配置选项。

安装成功后,我们就可以使用 OpenResty 直接输出 HTML 页面来验证是否正常工作。

首先,我们可以创建一个工作目录,代码如下。

```
mkdir /home/www
cd /home/www/
mkdir logs/ conf/
```

在上述代码中,logs 目录用于存储日志,conf 目录用于存储配置文件。

接着,我们在 conf 目录下创建一个 nginx.conf 文件,代码如下。

```
worker_processes  1;
error_log logs/error.log;
events {
    worker_connections 1024;
}
http {
    server {
        listen 9000;
        location / {
            default_type text/html;
            content_by_lua 'ngx.say("<p>Hello, World!</p>")';
        }
    }
}
```

以上代码是个典型的 Nginx 配置,这里我们将 HTML 代码直接写在了配置文件中。配置这个文件后,系统会返回一个默认页面。

下面启动 OpenResty,启动命令为:

```
cd /home/www
/usr/local/openresty/nginx/sbin/nginx -p 'pwd'/ -c conf/nginx.conf
```

其中,–p 指定项目目录,–c 指定配置文件。上述代码执行后如果没有任何输出,则说明启动成功。

接下来我们使用 curl 命令来测试是否能够正常范围,代码如下。

```
curl http://localhost:9000/ # 内部网址
```

输出结果如下。

```
<p>Hello, World!</p>
```

我们还可以通过浏览器访问 http://localhost:9000/,如图 11-9 所示。可以看到,我们在配置文件写的内容已正常输出。

第 11 章 综合实验

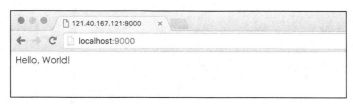

图 11-9　OpenResty 运行结果

OpenResty 的目标是让 Web 服务直接运行在 Nginx 服务内部，充分利用 Nginx 的非阻塞输入/输出模型，从而对 HTTP 客户端请求，甚至对远程后端诸如 MySQL、PostgreSQL、Memcaches、Redis 等都能进行一致的高性能响应。

一些高性能的服务可以直接使用 OpenResty 访问 MySQL 或 Redis,，这大大提高了应用的性能。

11.3.3　在 Nginx 代理服务器中使用 Redis 缓存网页数据

下面我们使用 Redis 实现在 Nginx 代理服务器上的页面内容的载入缓存与缓存读取。

Redis 缓存网页数据的方案如图 11-10 所示，具体为：能在页面上显示新闻信息，并能实现 Ngingx 缓存和 Redis 缓存的多级缓存功能。

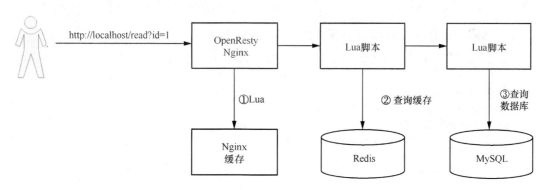

图 11-10　Redis 缓存网页数据的方案

多级缓存机制具体如下。

① 首先访问 Nginx，我们先从 Nginx 本地缓存中获取数据，获取数据后 Nginx 直接响应。

② 如果没有从 Nginx 那里获取到数据，那么访问 Redis。我们可以从 Redis 中获取数据，如果有则返回，并将数据缓存到 Nginx 中。

③ 如果没有从 Redis 那里获取到数据，那么访问 MySQL。我们从 MySQL 中获取数据，再将数据存储到 Redis 中。

1．MySQL 原始资源数据创建

下面的代码展示了在 MySQL 数据库中创建资源数据库和数据表，以及写入原始资源数据的实现方法。

```sql
CREATE DATABASE 'redisCache';
USE 'redisCache';

/* Table structure for table 'tb_content' */

DROP TABLE IF EXISTS 'tb_content';

CREATE TABLE 'tb_content' (
    'id' bigint(20) NOT NULL AUTO_INCREMENT,
    'category_id' bigint(20) NOT NULL COMMENT '内容类目ID',
    'title' varchar(200) DEFAULT NULL COMMENT '内容标题',
    'msg' varchar(500) DEFAULT NULL COMMENT '链接',
    PRIMARY KEY ('id') USING BTREE,
    KEY 'category_id' ('category_id') USING BTREE
) ENGINE=InnoDB AUTO_INCREMENT = 32 DEFAULT CHARSET = utf8 ROW_FORMAT=DYNAMIC;

/* Data for the table 'tb_content' */

insert  into 'tb_content' ('id', 'category_id', 'title', 'msg') values
(28,1,'JingDong',' 对比式标题是通过同类产品进行对比来突出自己产品的特点,加深消费者对本产品的认识'),
(29,1,'BigLottery',' 雄鸡不鸣则已,一鸣惊人;雄鹰不飞则已,一飞冲天。
    ')
)
```

2. 创建 Lua 脚本文件实现资源文件缓存入 Redis

创建 Lua 脚本文件/root/lua/68/update_content.lua,代码如下。

```lua
ngx.header.content_type = "application/json;charset = utf-8"
local cjson = require("cjson")
local mysql = require("resty.mysql")
-- 获取用户请求的参数 (请求url"?"后的参数)
local uri_args = ngx.req.get_uri_args()
-- 请求参数里的"id"参数的值
local id = uri_args["id"]

-- 连接MySQL数据库
local db = mysql:new()
db:set_timeout(1000)
-- 连接信息,host,port,database,user,password
local props = {
host = "127.0.0.1",
port = 3306,
database = " redisCache ",
user = "root",
password = "root"
}
-- 获取数据库连接
local res = db:connect(props)
-- SQL 语句
local select_sql = "SELECT url,pic FROM tb_content WHERE category_id = "..id.." "
```

```
-- 执行查询语句
res = db:query(select_sql)
-- 关闭数据库
db:close()

-- redis
local redis = require("resty.redis")
local red = redis:new()
red:set_timeout(2000)
-- redis 的 IP 地址及端口
local ip ="127.0.0.1"
local port = 6379
red:connect(ip,port)
-- redis 密码，如果没有就直接注释掉
-- red:auth("root")

--调用 API 获取数据
local resp, err = red:get("hello")
if not resp then
    ngx.say("get msg error : ", err)
    return close_redis(red)
end
-- 存储,key="content_1",value=res 的 JSON 类型,(res 为 mysql 数据库里查询出的数据)
red:set("content_"..id,cjson.encode(res))
red:close()

-- 输出 true
ngx.say("{flag:true}")
```

注意：对于 MySQL 和 Redis 的地址和用户名密码等信息，读者要根据实际配置做相应修改。

3. 修改 Nginx 配置文件

先修改 usr/local/openresty/nginx/conf/nginx.conf 文件内容的第一行，具体如下。

```
# user nobody; 配置文件第一行原来为这样，现改为下面的配置。
user root root;
```

将配置文件使用的根目录设置为 root，目的就是将来要使用 Lua 脚本文件的时候，直接可以加载 root 目录下的 Lua 脚本文件。

然后配置 nginx 的 server，将用户请求 update_content?id=1 转给 Lua 脚本文件进行处理，代码如下。

```
# user  nobody;
user root root;
worker_processes  1;

# error_log  logs/error.log;
# error_log  logs/error.log  notice;
# error_log  logs/error.log  info;

# pid        logs/nginx.pid;
```

```
events {
    worker_connections  1024;
}


http {
    include       mime.types;
    default_type  application/octet-stream;

    # log_format  main  '$remote_addr - $remote_user [$time_local] "$request" '
    # '$status $body_bytes_sent "$http_referer" '
    # '"$http_user_agent" "$http_x_forwarded_for"';

    # access_log  logs/access.log  main;

    # cache
    lua_shared_dict dis_cache 128m;


    sendfile        on;
    # tcp_nopush     on;

    # keepalive_timeout  0;
    keepalive_timeout  65;

    # gzip  on;

    server {
        listen       80;
        server_name  localhost;

        # 将用户请求 update?id = 1 转到 update_content.lua 脚本文件进行处理
        location /update {
            content_by_lua_file /root/lua/68/update_content.lua;
        }
    }
}
```

最后，重启 Nginx，代码如下。

```
# 进入 Nginx 的 sbin 文件夹 /usr/local/openresty/nginx/sbin
cd /usr/local/openresty/nginx/sbin
# 重启 nginx
./nginx -s reload
```

4. 验证数据缓存到 Redis 的结果

访问（内部网址）http://127.0.0.1/update?id=1，浏览器页面如图 11-11 所示。

我们在数据库中查询缓存内容，如图 11-12 所示。

第 11 章 综合实验

图 11-11 数缓存到 Redis 的验证结果

图 11-12 查询缓存内容

至此，我们已经成功地将数据缓存到 Redis 数据库中。

下面，我们进一步实现浏览同一个网址时能够从 Reids 缓存中读取内容的功能，达到高速缓存的目的。具体步骤如下。

步骤 1：读取 Redis 缓存的 Lua 脚本文件。

缓存的意义在于用户请求的资源能先从缓存中进行读取，从而提高性能和减少服务器端的负载压力。接下来我们实现从 Redis 中读取缓存的内容。

新建脚本/root/lua/68/ad_read.lua，代码如下。

```
ngx.header.content_type = "application/json;charset = utf-8"
-- 获取请求中的参数 ID
local uri_args = ngx.req.get_uri_args();
local position = uri_args["id"];

-- 获取 Nginx 本地缓存 dis_cache
```

```
local cache_ngx = ngx.shared.dis_cache;
-- 根据 ID 获取 Nginx 本地缓存数据
local adCache = cache_ngx:get('ad_cache_'..position);

if adCache == "" or adCache == nil then
-- 引入 redis 库
    local redis = require("resty.redis");
    -- 创建 redis 对象
    local red = redis:new()
    -- 设置超时时间
    red:set_timeout(2000)
    -- 连接
    local ok, err = red:connect("127.0.0.1", 6379)
    -- 获取 key 的值
    red:auth("root")
    local res_content=red:get("ad_"..position)
    -- 输出到返回响应中
    ngx.say(res_content)
    -- 关闭连接
    red:close()
    -- 将 Redis 中获取到的数据存入 Nginx 本地缓存模块，缓存存活时间为 10*60 s（即 10 min）
    cache_ngx:set('ad_cache_'..position, res_content, 10*60);

else
 -- Nginx 本地缓存中获取到数据直接输出
    ngx.say(adCache)
end
```

步骤 2：Nginx 配置文件增加读取 Redis 缓存逻辑，代码如下。

```
# user  nobody;
user root root;
worker_processes  1;

# error_log  logs/error.log;
# error_log  logs/error.log  notice;
# error_log  logs/error.log  info;

# pid        logs/nginx.pid;

events {
    worker_connections  1024;
}

http {
    include       mime.types;
    default_type  application/octet-stream;

    # log_format  main  '$remote_addr - $remote_user [$time_local] "$request" '
    #                  '$status $body_bytes_sent "$http_referer" '
    #                  ' "$http_user_agent" "$http_x_forwarded_for" ';
```

```
    # access_log  logs/access.log  main;

    # cache
    lua_shared_dict dis_cache 128m;

    sendfile        on;
    # tcp_nopush on;

    # keepalive_timeout  0;
    keepalive_timeout   65;

    # gzip  on;

    server {
        listen       80;
        server_name  localhost;

        # 将用户请求 update?id = 1 转到 update_content.lua 脚本文件进行处理
        location /update {
            content_by_lua_file /root/lua/68/update_content.lua;
        }

        # 将用户请求 read?id=1 转到 ad_update.lua 脚本文件处理
        location /read {
            content_by_lua_file /root/lua/68/ad_read.lua;
        }

    }

}
```

该配置文件主要实现了如下逻辑：
- 定义 Nginx 缓存空间；
- 用户请求 read?id=1,将该请求转到 ad_update.lua 脚本文件进行处理。

加载该配置文件，代码如下。

```
# 进入 Nginx 的 sbin 文件夹/usr/local/openresty/nginx/sbin
cd /usr/local/openresty/nginx/sbin

# 重新加载 Nginx
./nginx -s reload
```

步骤 3：结果验证

首先访问（内部网址）http://127.0.0.1/update?id=1，将数据加载到 Redis 中。然后访问（内部网址）http://127.0.0.1/read?id=1，这时 Redis 缓存中的数据可加载到 Nginx 缓存中，如图 11-13 所示。

第一次访问成功后关闭 Redis，这时可以看到该页面仍然可以正常访问。再次访问（内部网址）http://127.0.0.1/read?id=1，我们发现内容已经在 Nginx 缓存中，如图 11-14 所示。这说明已经完成了图 11-10 所示的多级缓存功能。

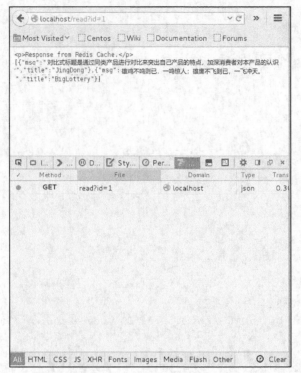

图 11-13　Redis 中查询缓存内容

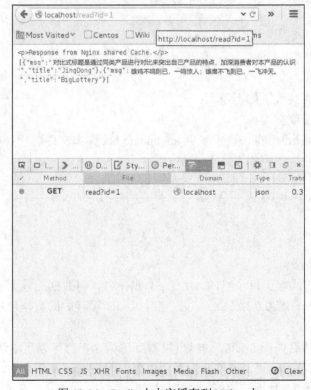

图 11-14　Redis 中内容缓存到 Nginx 中

任务 11.4　Neo4j 社交网络查询

任务描述：掌握 Neo4j 数据导入、模式查找等方法，并实现好友推荐功能。

11.4.1　环境设置

本实验的环境为：Ubuntu 16.04、Java 8、Neo4j 3.5.5。
在开始实验之前，先通过以下代码删除所有数据。

```
MATCH (n) DETACH DELETE n
```

说明：我们在进行实验之前删除所有数据仅为了查看方便。在生产过程中，读者执行此命令时一定要慎重。

11.4.2　数据准备与导入

本实验包括两种数据集：一种是实体数据集，包括教师数据（people.csv）、高校数据（school.csv）、高校类别数据（schooltype.csv）和教室群体数据（title.csv）等；另一种是关系数据，包括教师-高校关系数据（rel-ps.csv）、学校-高校类别关系数据（rel-sc.csv）、教师—教师群体关系数据（rel-pt.csv）等数据。

1．实体数据

（1）教师数据

people.csv 文件共有 29 位教师信息，部分如下。

```
id,school,college,name,rank,title,degree,graduation,research,email
1,北京大学,计算机科学技术研究所,肖老师,教授,NULL,硕士,北京大学,图形与图像处理技术;网络与信息安全技术,xxx@pku.edu.cn
......
29,中国科学技术大学,网络空间安全学院,郭老师,教授,NULL,NULL,NULL,量子信息;量子光学;信息安全,xxx@ustc.edu.cn
```

下面执行导入语句，具体如下。

```
LOAD CSV WITH HEADERS  FROM "file:///people.csv" AS line
MERGE (p:People{id:line.id,name:line.name,school:line.school,
college:line.college,rank:line.rank,title:line.title,
degree:line.degree,graduation:line.graduation,
research:line.research,email:line.email})
```

之后这 29 位教师信息便会被导入 Neo4j 中，其中，教师实体标签为 People，包括 ID、name、degree、email 等属性。

（2）高校数据

高校实体包括高校 ID、高校名称、高校英文名称、高校类别等 4 个属性。school.csv 文件的具体数据如下。

```
id,name,ename,type
s1,北京大学,Peking University,双一流高校
```

```
s2,清华大学,Tsinghua University,双一流高校
s3,武汉大学,Wuhan University,双一流高校
s4,中国科学技术大学,University of Science and Technology of China,双一流高校
```
下面执行导入语句,具体如下。
```
LOAD CSV WITH HEADERS  FROM "file:///school.csv" AS line
MERGE (p:School{id:line.id,name:line.name,ename:line.ename,type:line.type})
```

(3) 高校类别数据

高校类别实体包括双一流高校和非双一流高校。schooltype.csv 的具体数据如下。
```
id,name
c1,双一流高校
c2,非双一流高校
```
下面执行导入语句,具体如下。
```
LOAD CSV WITH HEADERS  FROM "file:///schooltype.csv" AS line
MERGE (p: SchoolType{id:line.id,name:line.name})
```

(4) 教师群体数据

教师群体主要包括院士、长江学者等。读者可以自行增加相关群体,如基金课题。title.csv 文件的具体数据如下。
```
id,name
t1,院士
t2,长江学者
```
下面执行导入语句,具体如下。
```
LOAD CSV WITH HEADERS  FROM "file:///title.csv" AS line
MERGE (p:Title{id:line.id,name:line.name})
```

至此,导入完成。接下来使用以下语句查看目前存在的节点标签和数量。
```
MATCH (n) RETURN DISTINCT labels(n), count(*)
```
得到的返回值如下。
```
|"labels(n)"    |"count(*)"|
|["People"]     |29        |
|["SchoolType"] |3         |
|["School"]     |4         |
|["Title"]      |2         |
```

2. 关系数据

(1) 教师-高校关系数据

教师-高校关系数据包括 3 个字段:from_id,表示教师 ID;type,表示关系类别;to_id 表示教师所属学校 ID。rel-ps.csv 文件的内容具体如下。
```
from_id,type,to_id
1,属于,s1
2,属于,s2
3,属于,s2
4,属于,s2
5,属于,s2
6,属于,s2
7,属于,s2
8,属于,s2
```

```
9,属于,s2
10,属于,s3
11,属于,s3
12,属于,s3
13,属于,s3
14,属于,s3
15,属于,s3
16,属于,s3
17,属于,s3
18,属于,s3
19,属于,s3
20,属于,s3
21,属于,s3
22,属于,s3
23,属于,s3
24,属于,s3
25,属于,s3
26,属于,s3
27,属于,s3
28,属于,s4
29,属于,s4
```

下面执行导入命令，具体如下。

```
LOAD CSV WITH HEADERS FROM "file:///rel-ps.csv" AS line
MATCH   (from:People{id:line.from_id}),(to:School{id:line.to_id})
MERGE   (from)-[r:属于{type:line.type}]->(to)
```

（2）学校–高校类别关系数据

学校–高校类别数据包括 3 个字段：from_id，表示学校 ID；type，表示关系类别；to_id，表示学校所属的高校类别 ID。rel-sc.csv 文件的具体数据如下。

```
from_id,type,to_id
s1,属于,c1
s2,属于,c1
s3,属于,c1
s4,属于,c1
```

下面执行导入命令，具体如下。

```
LOAD CSV WITH HEADERS FROM "file:///rel-sc.csv" AS line
MATCH   (from:School{id:line.from_id}),(to:SchoolType{id:line.to_id})
MERGE   (from)-[r:属于{type:line.type}]->(to)
```

（3）教师–教师群体关系数据

教师–教师群体数据包括 3 个字段：from_id，表示教师 ID；type，表示关系类别；to_id 表示教师群体 ID。rel-pt.csv 文件的具体数据如下。

```
from_id,type,to_id
2,是,t1
11,是,t1
28,是,t1
29,是,t1
4,是,t2
```

下面执行导入命令，具体如下。

```
LOAD CSV WITH HEADERS FROM "file:///rel-pt.csv" AS line
MATCH   (from:People{id:line.from_id}),(to:Title{id:line.to_id})
MERGE   (from)-[r:是{type:line.type}]->(to)
```

到此，实体和关系的导入完成。下面查看图数据库存在的全部路径，代码如下。

```
MATCH p = (()-[]-()) RETURN p
```

返回结果如图 11-15 所示，从中可以看到导入的实体和关系。

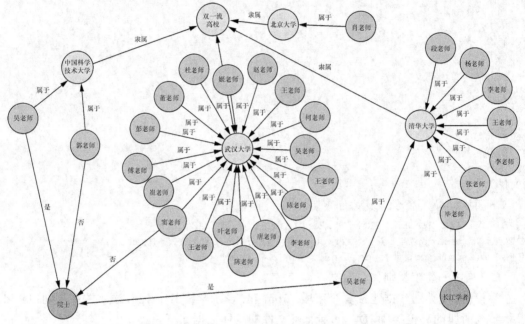

图 11-15　导入的实体和关系

11.4.3　查询语句

1. 节点信息查询

使用 MATCH 命令查找 name 属性为"杨老师"的节点信息，具体如下。

```
MATCH (people {name: "杨老师"}) RETURN people
```

在返回值展示方式中选择"Table"，得到的返回值如下。

```
{
    "college": "网络科学与网络空间研究院",
    "graduation": "清华大学",
    "school": "清华大学",
    "degree": "博士",
    "name": "杨老师",
    "rank": "教授",
    "id": "6",
    "title": "NULL",
```

```
        "research": "IPv6 及新一代互联网体系结构;互联网络管理;网络测量与网络空间安全;云计算、虚
拟# 化及资源管理调度",
        "email": "xxx@cernet.edu.cn"
}
```

查询 10 个标签为 People 的节点的 name 属性，代码如下。

```
MATCH (p: People) RETURN p.name limit 10
```

在返回值展示方式中选择"Table"，得到的返回值如下。

```
p.name
"段老师"
"杨老师"
"王老师"
"张老师"
"李老师"
"吴老师"
"窦老师"
"杜老师"
"崔老师"
"陈老师"
```

查询匹配 school 属性为清华大学或北京大学的节点，代码如下。

```
MATCH (p: People)
WHERE p.school="清华大学" OR p.school="北京大学"
RETURN p.id, p.name, p.school
```

在返回值展示方式中选择"Text"，得到的返回值如下。

```
|"p.id"|"p.name" |"p.school" |
|"5"   |"段老师"  |"清华大学"  |
|"6"   |"杨老师"  |"清华大学"  |
|"7"   |"王老师"  |"清华大学"  |
|"8"   |"张老师"  |"清华大学"  |
|"9"   |"李老师"  |"清华大学"  |
|"2"   |"吴老师"  |"清华大学"  |
|"3"   |"李老师"  |"清华大学"  |
|"4"   |"毕老师"  |"清华大学"  |
|"1"   |"肖老师"  |"北京大学"  |
```

2. 关系查询

查找清华大学隶属的高校类别，代码如下。

```
MATCH (s: School {name: "清华大学"})-[:属于]->(People)
RETURN s, People
```

在返回值展示方式中选择"Text"，得到的返回值如下。

```
|"s"         |"People"            |
|{"name":"清华大学","ename":"Tsinghua University","id":"s2","type":"双一流高校"}
|{"name":"双一流高校","id":"c1"}    |
```

查找清华大学的所有老师，代码如下。

```
MATCH (p)-[:属于]->(s: School {name: "清华大学"})
RETURN s, p
```

在返回值展示方式中选择"Graph"，得到的返回值如图 11-16 所示。

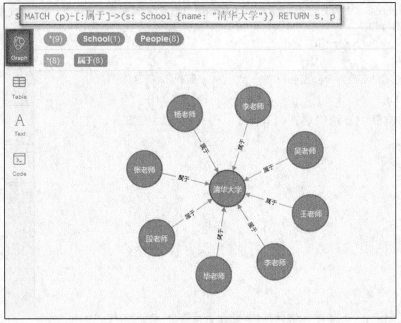

图 11-16 清华大学的所有老师

查找杨老师属于哪个高校,并返回该高校的 name 属性值,代码如下。

```
MATCH (p {name:"杨老师"})-[:属于]->(School)
RETURN School.name
```

在返回值展示方式中选择"Text",得到的返回值如下。

```
|"School.name"|
|"清华大学"    |
```

查找与"杨老师"同属于一个学校的老师,代码如下。

```
MATCH (p: People {name: "杨老师"})-[:属于]->(m)<-[:属于]-(coPeople)
RETURN coPeople.name, coPeople.school
```

在返回值展示方式中选择 Text,得到的返回值如下。

```
|"coPeople.name"|"coPeople.school"|
|"李老师"        |"清华大学"         |
|"吴老师"        |"清华大学"         |
|"王老师"        |"清华大学"         |
|"李老师"        |"清华大学"         |
|"张老师"        |"清华大学"         |
|"段老师"        |"清华大学"         |
|"毕老师"        |"清华大学"         |
```

查找与中国科学技术大学有关系的教师,代码如下。

```
MATCH (p:People)-[relateTo]-(s:School {name: "中国科学技术大学"})
RETURN p.name, type(relateTo), relateTo, s.name
```

在返回值展示方式中选择"Text",得到的返回值如下。

```
|"p.name"  |"type(relateTo)"|"relateTo"         |"s.name"          |
|"郭老师"   |"属于"           |{"type":"属于"}    |"中国科学技术大学" |
|"吴老师"   |"属于"           |{"type":"属于"}    |"中国科学技术大学" |
```

3. 查询关系路径

查找与"杨老师"存在 3 度及以内关系的老师和学校，代码如下。

```
MATCH (p:People {name:"杨老师"})-[*1..3]-(s)
RETURN DISTINCT s
```

在返回值展示方式中选择"Graph"，得到的返回值如图 11-17 所示。

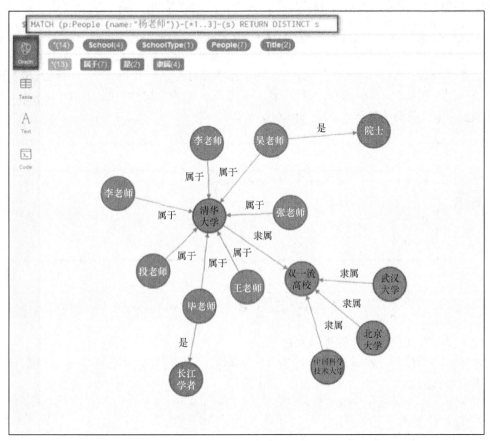

图 11-17　和"杨老师"存在 3 度及以内关系的老师和学校

查找老师"杨老师"和"王老师"之间的最短关系路径，代码如下。

```
MATCH p=shortestPath(
 (b:People {name:"杨老师"})-[*]-(m:People {name:"王老师"}))
RETURN p
```

返回值如图 11-18 所示，其中展示了"杨老师"属于清华大学，"王老师"属于武汉大学，他们通过双一流高校关联在一起。

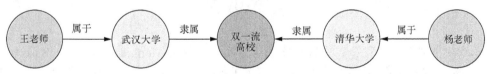

图 11-18　王老师和杨老师之间的最短关系路径

4. 好友推荐

(1)给老师推荐好友

查找与“杨老师”没有直接合作且与“杨老师”不在同一个教师群体，但与杨老师的同校教师在一个教师群体的老师，将其推荐该老师给“杨老师”，代码如下。

```
MATCH (p:People {name:"杨老师"})-[:属于]->(m)<-[:属于]-(中间人),
 (中间人)-[:是]->(m2)<-[:是]-(待推荐人)
WHERE NOT  (p)-[:是]->(m2)
RETURN m.name,m2.name, `中间人`.name, `待推荐人`.name as Recommended, count(*) as len
ORDER BY len DESC
```

上述代码有些复杂，我们对其进行解释。本次推荐存在一个中间人，中间人与“杨老师”属于同一所高校，且中间人与待推荐人属于同一个教师群体 m2。同时“杨老师”不属于 m2 群体。得到的返回值如图 11-19 所示。

$ MATCH (p:People {name:"杨老师"})-[:属于]->(m)<-[:属...

m.name	m2.name	`中间人`.name	Recommended	len
"清华大学"	"教授"	"吴老师"	"吴老师"	1
"清华大学"	"教授"	"吴老师"	"郭老师"	1
"清华大学"	"教授"	"吴老师"	"窦老师"	1

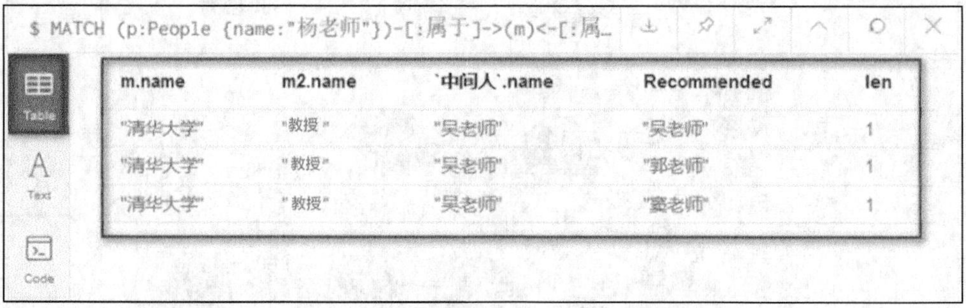

图 11-19　给“杨老师”推荐的好友

(2)找与某两位老师都存在关系的中间人

如果清华大学的“杨老师”要认识武汉大学的“窦老师”，那么需找出可以充当中间人的老师，代码如下。

```
MATCH (p:People {name:"杨老师"})-[:属于]->(m)<-[:属于]-(中间人),
 (中间人)-[:是]->(m2)<-[:是]-(c: People {name:"窦老师"})
RETURN p, m, 中间人, m2, c
```

得到的返回值如图 11-20 所示。

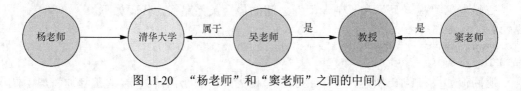

图 11-20　“杨老师”和“窦老师”之间的中间人

本章小结

本章主要讲解了 4 种分布式数据库的综合实验，包括 MongoDB 实验、HBase 实验、Redis 实验和 Neo4j 实验。这些实验将数据库的操作与编程语言、数据分析技术、缓存技术、好友推荐等场景结合起来，帮助读者更好地掌握分布式数据库的应用思路和方法。

学完本章，读者需要掌握如下知识点。
1. Python 读写 MySQL 和 HBase 的过程。
2. Python 操作 MongoDB 的方法，并能对数据库中的数据进行可视化分析展示。
3. Redis 键值型数据库的使用方法。
4. Redis 在网页缓存中的应用方法。
5. Neo4j 导入节点和关系文件的过程。
6. Neo4j 的复杂查询技巧。